职业教育大数据技术专业系列教材

Docker 容器技术

主　编　张　婵　王新强
副主编　彭亚发　邢海燕　罗　佳　王　英
参　编　韩少男　朱金坛　王同梅　许志恒
　　　　　吴　敏　赵万博

机械工业出版社

本书系统地介绍了Docker容器的核心开发技术，包括Docker环境部署、Docker镜像与容器、Docker数据持久化与网络通信、Docker镜像仓库应用、Docker镜像构建、Docker可视化管理平台以及Docker集群搭建。本书从Docker基本原理开始，深入浅出地讲解了Docker的构建与操作，内容系统全面，可帮助开发人员、运维人员快速部署Docker应用。

本书可作为各类职业院校大数据技术及相关专业的教材，也可作为相关技术人员的参考用书。

本书配有电子课件，选用本书作为授课教材的教师可登录机械工业出版社教育服务网（www.cmpedu.com）注册后免费下载。

图书在版编目（CIP）数据

Docker容器技术 / 张婵，王新强主编. —北京：机械工业出版社，2023.8
职业教育大数据技术专业系列教材
ISBN 978-7-111-73383-6

Ⅰ. ①D… Ⅱ. ①张… ②王… Ⅲ. ①Linux操作系统—程序设计—职业教育—教材 Ⅳ. ①TP316.85

中国国家版本馆CIP数据核字（2023）第114164号

机械工业出版社（北京市百万庄大街22号 邮政编码100037）
策划编辑：李绍坤 责任编辑：李绍坤 侯 颖
责任校对：牟丽英 梁 静 封面设计：鞠 杨
责任印制：刘 媛

北京中科印刷有限公司印刷

2023年9月第1版第1次印刷
184mm×260mm • 12.5印张 • 260千字
标准书号：ISBN 978-7-111-73383-6
定价：39.80元

电话服务
客服电话：010-88361066
010-88379833
010-68326294

网络服务
机 工 官 网：www.cmpbook.com
机 工 官 博：weibo.com/cmp1952
金 书 网：www.golden-book.com
机工教育服务网：www.cmpedu.com

前言

党的二十大报告提出，“加快构建新发展格局，着力推动高质量发展”“加快建设制造强国、质量强国、航天强国、交通强国、网络强国、数字中国。”为了加快数字中国建设，实现绿色发展与区域协调发展，推进算力基础设施的建设与应用，云计算平台作为重要的 IT 基础设施，将被广泛应用于数字中国建设。而 Docker 实现了各类应用在云环境中的快速部署和迁移。

Docker 是 Docker 公司开发的一个开源的基于 LXC 技术搭建的 Container 容器引擎，源代码托管在 GitHub 上，基于 Go 语言进行开发实现。

Docker 能够将应用程序与该程序的依赖，打包在一个文件里面。运行这个文件，就会生成一个虚拟容器。程序在这个虚拟容器里运行，就好像在真实的物理机上运行一样。有了 Docker，就不用担心环境问题。

Docker 的出现解决了因互联网应用的不断增多而导致的开发和维护困难的问题，从开发者工作站到著名的云计算提供商，使程序的开发、测试和部署更加容易和快速。

本书的特点

本书从不同的视角对 Docker 的应用现状、Docker 的架构、Docker 中的镜像和容器以及 Docker 管理平台进行介绍，涉及 Docker 的各个方面，主要包含 Docker 环境部署、镜像的使用和构建、容器的操作、镜像仓库的应用、Docker 管理工具的使用以及 Docker 集群搭建等，让读者全面、深入、透彻地理解 Docker 开发的各种操作命令和相关工具使用，提高实际开发项目的水平和能力。全书知识点的讲解由浅入深，使每一位读者都能有所收获，也保持了整本书的知识深度。

本书结构条理清晰、内容详细，每个项目都通过项目描述、学习目标、项目分析、项目技能和项目实施五个模块进行相应知识和技能的讲解。其中，项目描述介绍本项目学习的主要内容；学习目标对本项目内容的学习提出要求；项目分析对当前项目的实现进行概述；项目技能对本项目包含的知识点、技能点进行讲述；项目实施对本项目中的案例进行了步骤化的讲解。

本书的主要内容

本书分为七个项目。

项目一　从虚拟化概念开始，讲述了 Docker 的相关概念、优势、架构、应用现状等内容，最后详细讲解了 Docker 环境的安装方法。

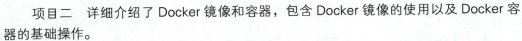

项目二　详细介绍了 Docker 镜像和容器，包含 Docker 镜像的使用以及 Docker 容器的基础操作。

项目三　详细介绍了 Docker 数据持久化与网络通信，包括容器数据持久化方法、Docker 容器端口的配置以及 Docker 网络设置等。

项目四　详细介绍了 Docker 镜像仓库应用，包括 Docker 云镜像加速器、Docker Hub 镜像仓库、Redistry 私人镜像仓库构建、Harbor 私有镜像仓库。

项目五　详细介绍了 Docker 镜像的构建方法，包括本地构建镜像和云端镜像自动构建。

项目六　详细介绍了 Docker 可视化管理平台的使用，包括 Docker UI 可视化管理工具的使用、Portainer Docker 管理工具的使用、Rancher 全栈化管理工具的使用。

项目七　详细介绍了 Docker 集群的搭建，包括 Docker Compose 多容器管理、Docker Swarm 集群管理等内容。

学时分配：

项　目	动手操作学时	理 论 学 时
项目一　Docker 环境部署	2	4
项目二　Docker 镜像与容器	4	4
项目三　Docker 数据持久化与网络通信	2	4
项目四　Docker 镜像仓库应用	4	4
项目五　Docker 镜像构建	2	4
项目六　Docker 可视化管理平台	4	4
项目七　Docker 集群搭建	2	4

本书由张婵和王新强任主编，彭亚发、邢海燕、罗佳、王英任副主编；韩少男、朱金坛、王同梅、许志恒、吴敏、赵万博参加编写。其中，由广东轻工职业技术学院张婵和天津中德应用技术大学王新强负责教材项目架构设计和各项目目标，确定教材的指导思想和编写内容；广东交通职业技术学院彭亚发负责编写项目一，广东轻工职业技术学院张婵负责编写项目二和项目四，山东劳动职业技术学院邢海燕和广东轻工职业技术学院罗佳负责编写项目三、项目五，天津海运职业学院王英负责编写项目六，天津滨海职业学院韩少男负责编写项目七。西安铁路职业技术学院朱金坛、天津滨海汽车工程职业学院王同梅、扬州工业职业技术学院许志恒、浙江东方职业技术学院吴敏、天津市经济贸易学校赵万博对本书的编写给予了支持。

由于编者水平有限，书中难免有疏漏或不足之处，敬请读者批评指正。

编　者

目录

Project 1

项目一 Docker环境部署

项目描述

网络技术飞速发展，互联网用户越来越多，基数庞大的网民同时会产生海量数据。在信息技术高速发展的今天，某公司技术主管和技术人员产生了如下对话。

技术主管：在忙什么？

技术人员：在看一些虚拟化的知识，但不知道应该学习哪个方面。

技术主管：这个还不简单，Docker 容器技术是非常受欢迎的。

技术人员：是吗？那么它容易学吗？我怕学不会。

技术主管：不要担心，Docker 学起来还是挺容易的。

技术人员：那就好，那我该从哪儿入手呢？

技术主管：你可以简单了解 Docker 及其现状，之后掌握其环境安装。

技术人员：好的，我这就去学习。

通过对话可知，在虚拟化技术诞生之前，不断增加的应用需求加剧硬件资源的消耗，但随着云计算与虚拟化技术的快速发展，使用物理主机开发和测试的场景越来越少，许多企业和结构也都逐步将服务向虚拟化迁移。当然，Docker 容器技术是一个不错的选择，它不仅能够有效地节约硬件资源，最大的优点在于能够保证测试环境和生产环境的一致性，从而缩短测试部署时间和开发周期，提高工作效率。本项目通过对搭建Docker环境的相关操作进行讲解，最终实现在 CentOS 中搭建 Docker 环境。

学习目标

通过对 Docker 环境部署项目的学习，了解 Docker 容器和镜像数据，懂得虚拟化知识，熟悉 Docker 的基本框架，掌握 Docker 在不同系统环境下的安装方法，具有独立在不同环境调试和安装 Docker 的能力。

项目分析

本项目主要实现 Docker 通过 yum 方式在 CentOS 虚拟机中进行部署。在“项目技能”中，简单讲解了什么是 Docker 以及 Docker 的应用现状，详细说明了在不同环境下应如何进行 Docker 部署。

项目技能

技能点一 Docker 简介

随着互联网的飞速发展，虚拟化技术具有广阔的发展空间，并被广泛应用于各种关键场景中。从最开始 IBM 推出的主机虚拟化，到后来的 VMWare、KVM 等虚拟机虚拟化，再到目前的以 Docker 为代表的容器技术，可以说，虚拟化技术不仅是应用场景的变化，其技术自身也在不断地创新、突破。

1．虚拟化的含义

虚拟化是一种资源管理技术，能够实现计算机虚拟化或服务器虚拟化。通过虚拟化技术，将一台或多台计算机的物理资源，如 CPU、内存、网络、磁盘及存储等进行抽象，统一形成逻辑上的“计算资源池”“存储资源池”“网络资源池”。虚拟机就是为从这些资源池中动态申请虚拟 CPU（vCPU）、虚拟内存、虚拟 I/O、虚拟网卡等虚拟资源而创建的一台逻辑主机。

虚拟化包括硬件虚拟化、操作系统虚拟化等。其中，硬件虚拟化是指对计算机的虚拟，能够将真实的计算机硬件隐藏并显示出一个抽象计算平台；操作系统虚拟化是指允许存在多个隔离的用户空间实例。

2．Docker 的含义

Docker 是由 dotCloud 公司于 2013 年正式提出的一个基于 Go 语言应用开发的一种快速创建隔离环境的工具，可用于开发和部署应用程序。Docker 允许在容器内运行任何基于 Linux 的操作系统，能够提供更大的灵活性。Docker 目前已有多个相关项目（Docker 三剑客、Kubernetes 等），Docker 的生态体系也在逐渐形成。由于 Docker 的出现对业界的影响，后来 dotCloud 正式更名为 DockerInc。Docker 官网如图 1-1 所示。

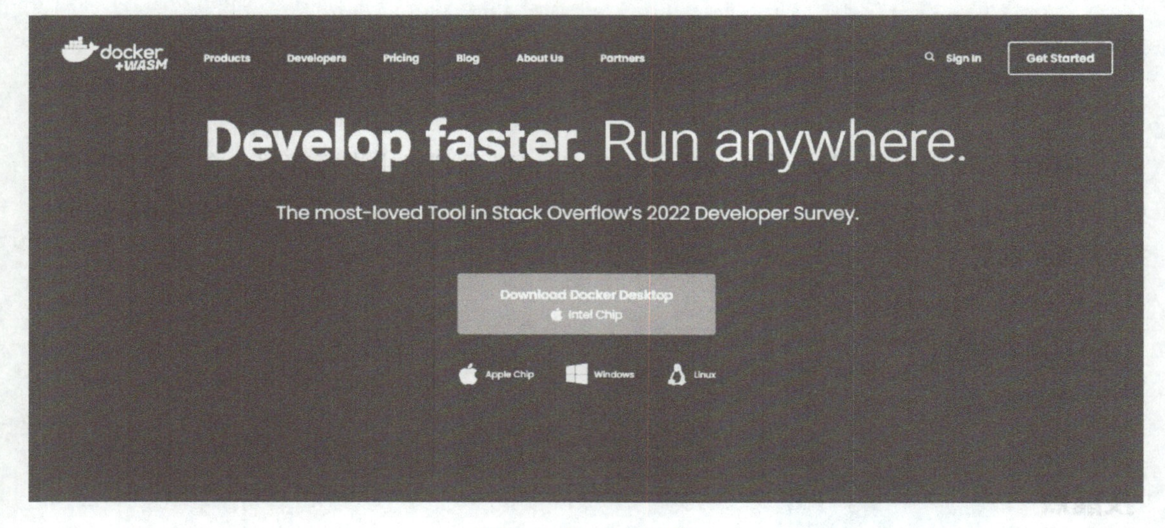

图 1-1　Docker 官网

3．容器技术的发展

容器的概念起源于 1979 年提出的 UNIX chroot 概念，该概念指将一个进程和子进程的根目录改变到文件系统中的一个新位置，让进程只能够访问这个新位置，从而达到进程隔离的目的。

- 2000 年，FreeBSD 开发出一款新型的容器技术 Jails，其原理类似于 chroot，是最早的功能丰富的容器技术。Jails 包含了用户、文件系统、网络等的隔离。
- 2001 年，Linux 发布了名为 Linux VServer 的容器技术；2004 年，Solaris 发布了名为 Solaris Containers 的容器技术。Solaris Containers 与 Linux VServer 都能够将资源进行隔离，形成虚拟服务器。
- 2005 年，推出了能够为每个容器提供完整文件系统、进程、网络和对象隔离等的 OpenVZ 容器技术。该技术能够通过对 Linux 内核打补丁提供虚拟化支持。
- 2007 年，Google 实现了 Control Groups（CGroups）技术并将其加入到了 Linux，为容器资源分配提供了技术支持。
- 2008 年，第一个较为完善的容器 LXC 诞生。
- 2013 年，Docker 容器诞生。到目前为止，Docker 也是最为流行的容器技术。
- 2014 年，CoreOS 推出了 Rocket 容器技术与 Docker 类，其比 Docker 更加安全。
- 2016 年，Windows 支持了原生 Docker，不再需要借助 Linux 虚拟机。

现在，容器技术已经非常成熟了，同时，容器技术还带动了容器云的发展，繁衍出了许多容器云的管理技术，如较为出众的 Kubernetes。

4．Docker 的核心概念

目前，Docker 已经支持了市面上大部分的主流系统，如 CentOS 7 以上版本的操作系统、Ubuntu 14.04 以上版本的系统。Docker 基础的出现实现了服务的毫秒级启动，并且还使开发环境具备了良好的可移植性，节省了环境调试的时间，减少了开发周期。Docker 有三个基本概念。

（1）镜像

Docker 镜像（Image）是一个能够用来创建容器的只读的模板文件，Docker 提供了一套简单的创建镜像和更新镜像的方法，除了能够自己创建镜像外，还能够直接只使用其他开发人员已经创建好的镜像模板创建容器。Docker 官方网站专门有一个页面是存储的所有可用的镜像，网址是 index.docker.io。

（2）容器

容器（Container）是从镜像创建的运行的实例，容器可以被当作是一个简易版的 Linux 环境，它可以被启动、停止、删除。容器与容器之间是相互隔离的，所以能够保证平台的安全。在项目开发时会使用 Docker 容器运行项目。

Docker 虚拟化和传统虚拟机是不同的。传统虚拟机技术是通过程序虚拟出一整套硬件设备，并在虚拟设备上运行完整的操作系统，然后在系统中运行应用进程。而在 Docker 容器中，没有虚拟化的硬件设备，程序直接运行在宿主机的内核中，因此 Docker 容器比虚拟机更为轻便。传统虚拟机架构与 Docker 架构分别如图 1-2 和图 1-3 所示。

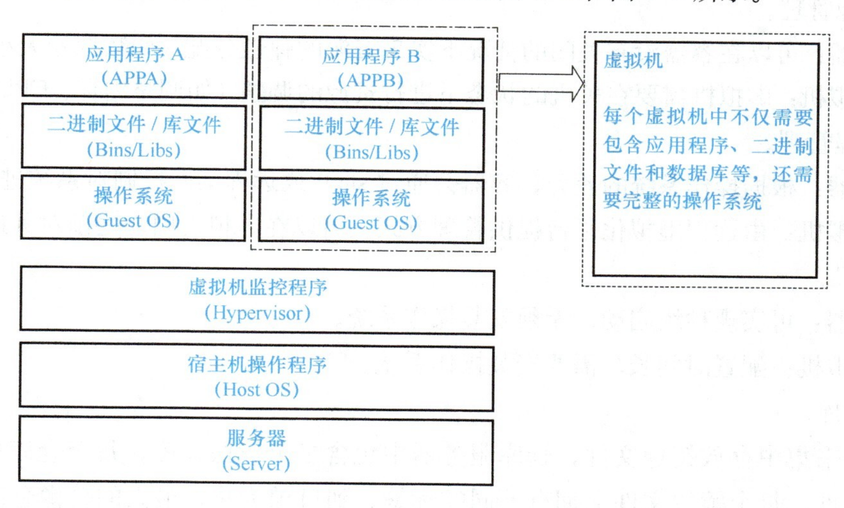

图 1-2　传统虚拟机架构

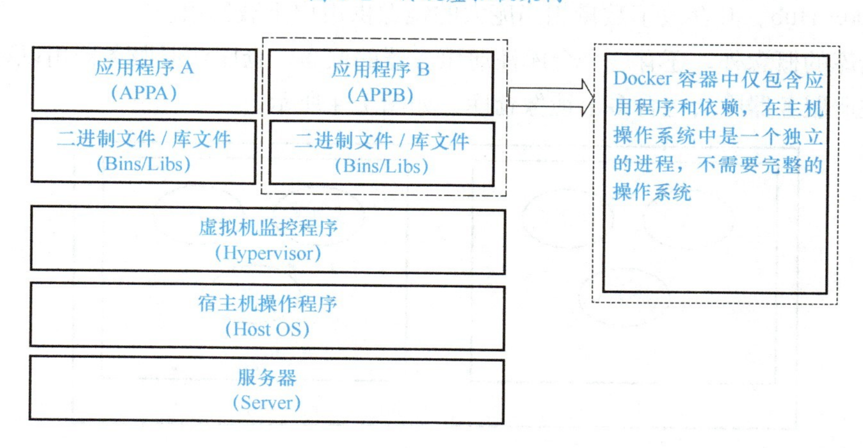

图 1-3　Docker 架构

Docker 与虚拟机的对比如下。

1）相同点。

Docker 与虚拟机的相同点是均支持 root 权限、具备在不同主机之间迁移的能力、能够进行远程控制、具有备份和回滚操作。

2）操作系统。

- 容器：能够轻松创建多个操作系统，性能高于虚拟机。
- 虚拟机：可以安装任何操作系统，但由于是完整的操作系统且需要虚拟化出整套硬件，资源消耗较大。

3）优点。

- 容器：在同一套硬件系统中可以运行大量容器，更为高效集中。
- 虚拟机：每个虚拟机都拥有一套完整的属于自己的硬件资源（如 CPU、RAM 和磁盘等），并且拥有操作系统的 root 权限。

4）资源管理。

- 容器：可以在容器没有关闭的情况下实现资源的弹性分配（如数据卷大小调整等）。
- 虚拟机：虚拟机需要在关机的状态下进行资源的调整（如调整内存、CPU 核数等）。

5）远程管理。

- 容器：根据操作系统的差异，容器会通过 shell 或远程桌面控制对系统进行管理。
- 虚拟机：由远程虚拟化平台提供管理方式，可以在虚拟机启动之前对其进行管理。

6）配置。

- 容器：可实现秒级启动，无须安装操作系统。
- 虚拟机：配置时间长，需要安装操作系统。

（3）仓库

仓库用来集中存放镜像文件，仓库服务器中包含多个镜像仓库，每个仓库中又包含大量的镜像文件，每个镜像文件又拥有不同的标签。到目前为止，最大的镜像仓库是 Docker 官方的 Docker Hub。其存放了数量相当庞大的镜像供用户下载使用。

除了仓库的概念外，还有一个仓库注册服务器的概念，仓库注册服务器用以存放仓库，一台仓库注册服务器中会包含多个镜像仓库，如图 1-4 所示。

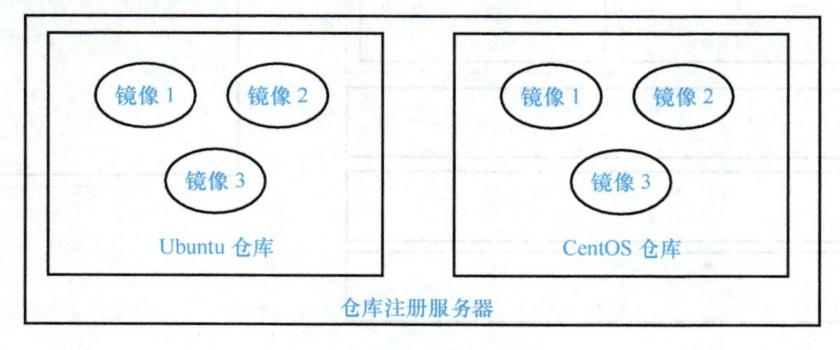

图 1-4　仓库注册服务器与仓库

5. Docker 的优势

Docker 的版本迭代技术越来越成熟，因其具有的五大优势，越来越多的企业考虑或已经开始使用 Docker。Docker 的五大优势分别为：持续集成、版本控制、可移植性、隔离性和安全性。

（1）持续集成

Docker 在保持跨平台部署情况下的环境一致性方面表现十分突出，因此得到了开发界和运维界的青睐。当项目在发布时，常会因为开发环境和实际部署环境的差异导致程序无法正常运行，这些差异有可能是安装包版本差异带来的依赖关系不同引起的。使用 Docker 能够很好地避免此类问题的发生，因为 Docker 保证了从项目开发到发布的环境一致性，能够保证容器内的配置和依赖在开发和部署时的环境一致性。

（2）版本控制

通过对持续集成概念的了解可知，Docker 容器可以保证开发环境与发布环境的一致性，从而保证环境的标准化。由此概念可推导出，Docker 容器还可以做到像 git 版本仓库一样管理项目的版本。项目在升级组件时可能会导致整个系统的损坏，使用 Docker 不但可以轻松地实现项目版本回滚，还能够实现环境的回滚。这个操作类似于虚拟机的快照，但恢复虚拟机快照的过程会消耗大量的时间，而 Docker 可在数秒内完成版本和环境的回滚。

（3）可移植性

可移植性是 Docker 最大的优点之一。目前为止，大多数主流的云计算产品提供商，如亚马逊的 AWS 和谷歌的 GCP 等，都将 Docker 引入了他们的平台中。Docker 能够在亚马逊的 EC2 实例、谷歌的 GCP 实例、Rackspace 服务器或者 VirtualBox 这些提供主机操作系统的平台上运行。如果将这些 Docker 容器移植到其他平台上运行可以保证环境一致性和功能性。除了 AWS 和 GCP，Docker 在其他不同的 IaaS 提供商也运行得非常好，例如微软的 Azure、OpenStack 和可以被具有不同配置的管理者所使用的 Chef、Puppet、Ansible 等。

（4）隔离性

隔离性是指 Docker 能够保证应用程序和资源分离。Docker 能够使用不同的容器运行使用不同堆栈的应用程序，保证每个容器都拥有独立的资源，并且与其他容器的资源隔离。这样做的好处在于，如果在删除服务器中的某个应用程序时，可能会引发依赖关系冲突，而 Docker 可以确保应用程序被完全清除且不会影响到其他容器，因为不同的应用程序运行在不同的容器上而容器之间的资源是隔离的。

除此之外，Docker 还能保证每个容器只能使用管理员所分配的资源（包括 CPU、内存和磁盘空间），避免了某个应用程序占用资源量过高导致其他应用程序无法正常运行的情况。

（5）安全性

Docker 能够保证运行在不同容器间的应用程序完全隔离，并在通信流量和管理上赋予管理员完全的控制权。但 Docker 容器不能互相查看彼此间运行的应用程序进程。从体系结构角度来看，每个容器只使用自己的资源。

为了加强 Docker 的安全性，Docker 能够将宿主机的敏感挂载点变为只读的，并且在写时复制系统确保容器间不能互相读取数据。此外，Docker Hub 上提供的 Docker 镜像都是通过数字签名来确保安全性的。由于 Docker 容器间的隔离机制，所以其中一个容器内的应用程序被非法破坏也不会影响其他容器内的应用程序。

6. Docker 架构

Docker 采用了 C/S（客户端 / 服务器）架构模式，而 Docker 的后端是一个非常松耦合的架构，模块各司其职，并有机组合，支撑 Docker 的运行。Docker 的 C/S 架构模式如图 1-5 所示。

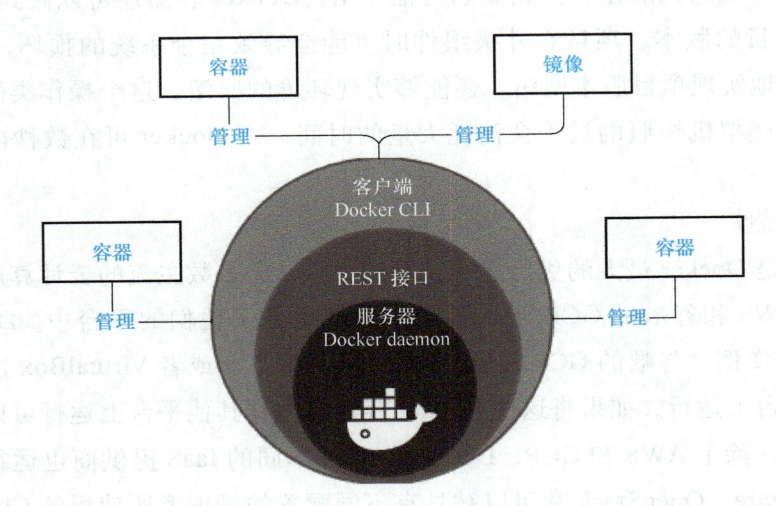

图 1-5　Docker 的 C/S 架构模式

由图 1-5 可知，Docker 主要由三个部分组成。

1）服务器：用来运行 Docker daemon 进程，能够接收来自客户端的消息，可以用于管理镜像、容器、网络、数据卷等 Docker 对象。

2）REST 接口：主要用于与 Docker daemon 进行交互。

3）客户端：能够使用 REST 接口进行 Docker daemon 访问。

在 Docker 项目运行时，是通过上面三个部分紧密配合进行工作的。在 Client 中，存储 Docker 的相关命令；在 Registry 中，存储 Docker 的相关镜像，供 DOCKER_HOST 中使用；在 DOCKER_HOST 中，管理镜像和容器，通过 Client 中的命令从 Registry 中获取镜像之后，使用该镜像通过相关命令可实现容器的创建。具体运行结构如图 1-6 所示。

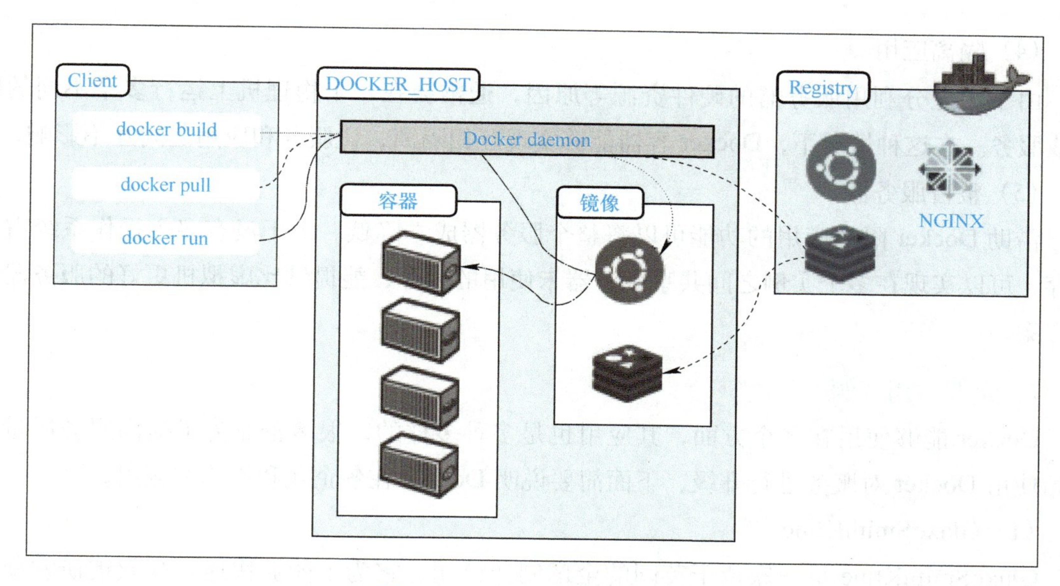

图 1-6 Docker 项目运行结构

技能点二 Docker 应用现状

1. 应用场景

Docker 容器技术优点很多，其中最为突出的是配置简单和容器启动速度快。下面来总结一些 Docker 的使用场景，更清晰地说明如何借助 Docker 的优势，在低开销的情况下，打造一个一致性的环境。

（1）简化配置

简化配置是 Docker 解决的主要问题也是主要应用场景。当需要在一套硬件设备上运行不同平台（系统、软件）时，虽然使用虚拟机能够实现，但虚拟机需要创建一个完整的操作系统，且虚拟硬件设备对资源消耗较大，而 Docker 在降低硬件资源消耗的情况下实现了与虚拟机相同的功能，同一个 Docker 环境可以在不同的环境中使用，降低了硬件需求和环境耦合度。

（2）代码流水线（Code Pipeline）管理

一个项目从开发环境中的开发到生产环境中的部署，中间需要经过很多中间环境，但是由于每个中间环境都会有细微的差别，可能会导致项目不能正常运行，而 Docker 能够做到将开发环境和生产环境统一，让项目从开发到部署变得更为简单。

（3）提高开发效率

为了能够减少项目能在本地正常运行而到了生产环境不能正常运行的情况，一般会让开发环境尽量靠近生产环境，测试时会在本地开发环境中同时运行多个虚拟机。但由于开发环境内存配置较低，所以经常需要增加内存，而且反复配置虚拟机比较烦琐。而 Docker 占用的内存较少，并且能够在秒级时间开机启动，不需要再进行其他配置即可直接使用，在开发环境中运行几十个容器也不会有压力。

（4）隔离应用

由于想充分利用服务器的硬件资源等原因，通常会在一个物理机上运行多个不同的应用或服务。在这种情况下，Docker 容器能够实现互相隔离，让服务和应用之间互不影响。

（5）整合服务器

借助 Docker 隔离应用的功能可以将整个服务器成本降低。由于没有多个操作系统占用内存，可以实现在多个实例之间共享服务器未使用的内存，能提供比虚拟机更好的服务器整合方案。

2．企业应用案例

Docker 能够使用在多个方面，其应用也是多种多样的，很多企业为了提高服务质量都开始使用 Docker 对服务进行升级，下面简要说明 Docker 在各企业和机构的应用。

（1）GlaxoSmithKline

GlaxoSmithKline 是一家位于英国的全球制药公司。它为了能够快速、高效地研发新药配方，借助数据科学方法来研制新药瓶。为了能够在计算速度提高的同时解决硬件成本问题和数据安全问题，GlaxoSmithKline 公司借助了 Docker 促进新药的研发速度。GlaxoSmithKline 公司的图标如图 1-7 所示。

图 1-7　GlaxoSmithKline 公司的图标

（2）ASSA ABLOY

ASSA ABLOY 是一个锁具制造商。随着全球性业务的增多，使用传统方式处理这些业务数据会大量消耗人力和物力，所以 ASSA ABLOY 决定使用公共云、微服务和容器技术完成向数字化的转型。ASSA ABLOY 利用 Docker 企业版（Docker EE）作为他们的中央安全容器管理平台来管理全球硬件和软件。ASSA ABLOY 公司的图标如图 1-8 所示。

（3）法国兴业银行（Société Générale）

法国兴业银行一直通过技术和创新给用户带来丰富的体验和推动经济发展。近年该银行决定将其 80% 的应用程序上传至云端运行，并选择使用 Docker 的企业版作为其基础应用程序平台。法国兴业银行的图标如图 1-9 所示。

图 1-8　ASSA ABLOY 公司的图标

图 1-9　法国兴业银行的图标

技能点三 Docker 环境安装

现在比较流行的操作系统都支持 Docker，如 Linux、Mac、Windows 等。其中，在 Linux 系统中有两种方法可以安装 Docker：一种是执行脚本文件安装，另一种是在命令窗口通过 yum 安装。

1．CentOS 下手动下载并安装 Docker

这里讲解的是在 CentOS 7 中使用手动方式安装 Docker 的方法。Docker 官网中提供了最新版本的 Docker 安装包，将其下载到本地执行即可实现 Docker 的安装。Docker 目前最低支持的是 CentOS 7 并且需要 64 位、内核版本在 3.10 以上。安装 Docker 的步骤如下。

第一步：由于 Docker 官方提供的安装脚本在国外，可能会因为网速原因导致下载失败。为了避免此类问题的发生，建议使用国内资源站内的资源进行安装。国内较为知名的 Docker 源文件资源站有阿里云和 DaoCloud，这里选择阿里云的安装包，安装命令如下。

```
[root@master ~]# yum -y update
[root@master ~]# wget https://mirrors.aliyun.com/docker-ce/linux/centos/7.4/x86_64/test/Packages/docker-ce-20.10.9-3.el7.x86_64.rpm
```

效果如图 1-10 所示。

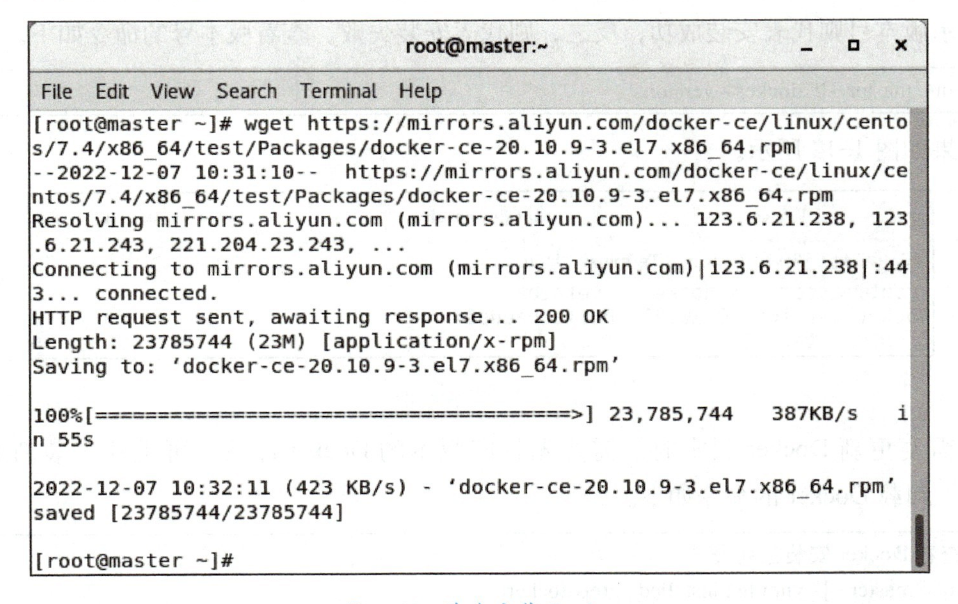

图 1-10 脚本安装 Docker

第二步：安装包下载完成后，使用 yum 安装 Docker。使用 yum 安装 Docker 可避免缺少依赖。命令如下。

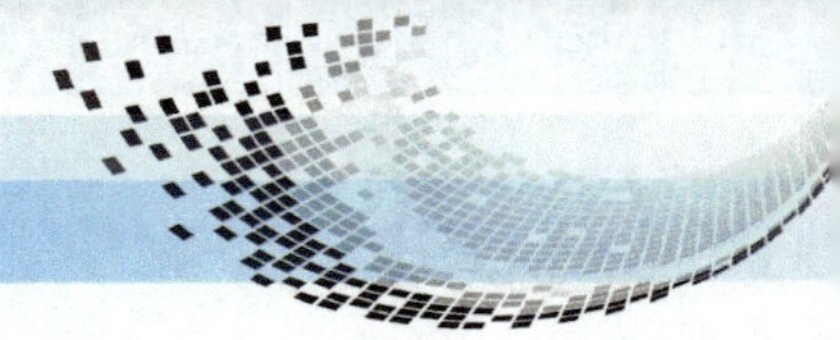

```
[root@master ~]# yum install docker-ce-20.10.9-3.el7.x86_64.rpm
```

结果如图 1-11 所示。

```
root@master:~
File  Edit  View  Search  Terminal  Help
  Verifying  : 1:docker-ce-cli-20.10.21-3.el7.x86_64                   2/9
  Verifying  : fuse-overlayfs-0.7.2-6.el7_8.x86_64                      3/9
  Verifying  : containerd.io-1.6.11-3.1.el7.x86_64                      4/9
  Verifying  : docker-scan-plugin-0.21.0-3.el7.x86_64                   5/9
  Verifying  : 2:container-selinux-2.119.2-1.911c772.el7_8.noarch       6/9
  Verifying  : slirp4netns-0.4.3-4.el7_8.x86_64                         7/9
  Verifying  : 3:docker-ce-20.10.9-3.el7.x86_64                         8/9
  Verifying  : docker-ce-rootless-extras-20.10.21-3.el7.x86_64          9/9
Installed:
  docker-ce.x86_64 3:20.10.9-3.el7

Dependency Installed:
  container-selinux.noarch 2:2.119.2-1.911c772.el7_8
  containerd.io.x86_64 0:1.6.11-3.1.el7
  docker-ce-cli.x86_64 1:20.10.21-3.el7
  docker-ce-rootless-extras.x86_64 0:20.10.21-3.el7
  docker-scan-plugin.x86_64 0:0.21.0-3.el7
  fuse-overlayfs.x86_64 0:0.7.2-6.el7_8
  fuse3-libs.x86_64 0:3.6.1-4.el7
  slirp4netns.x86_64 0:0.4.3-4.el7_8

Complete!
[root@master ~]#
```

图 1-11　安装 Docker

第三步：安装完成后，可以通过查看 Docker 版本来确定 Docker 是否安装成功。若可以正确显示版本号则代表安装成功，反之，则代表安装失败。查看版本号的命令如下。

```
[root@master ~]# docker --version
```

效果如图 1-12 所示。

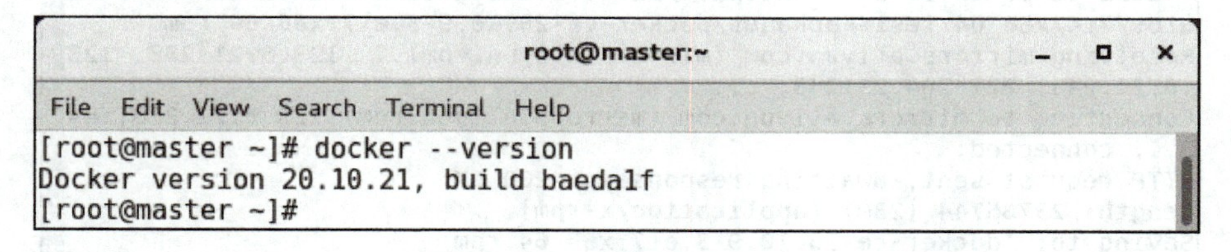

图 1-12　查看版本号

当需要更新 Docker 版本时，需要先将旧版本的 Docker 卸载，再重新安装新版本的 Docker。卸载 Docker 的命令如下。

```
// 查看 Docker 安装包列表
[root@master ~]# yum list installed | grep docker
// 使用安装包名称删除 Docker
[root@master ~]# yum -y remove docker-ce.x86_64
```

效果如图 1-13 所示。

```
root@master:~
File  Edit  View  Search  Terminal  Help
Downloading packages:
Running transaction check
Running transaction test
Transaction test succeeded
Running transaction
  Erasing    : 3:docker-ce-20.10.9-3.el7.x86_64                      1/2
  Erasing    : docker-ce-rootless-extras-20.10.21-3.el7.x86_64       2/2
  Verifying  : docker-ce-rootless-extras-20.10.21-3.el7.x86_64       1/2
  Verifying  : 3:docker-ce-20.10.9-3.el7.x86_64                      2/2

Removed:
  docker-ce.x86_64 3:20.10.9-3.el7

Dependency Removed:
  docker-ce-rootless-extras.x86_64 0:20.10.21-3.el7

Complete!
[root@master ~]#
```

图 1-13　查看 Docker 安装包列表

安装操作完成之后，通过查看 Docker 帮助命令，查看 Docker 是否安装成功、命令能否正常使用，命令如下。

```
[root@master ~]# docker -help
```

结果如图 1-14 所示。

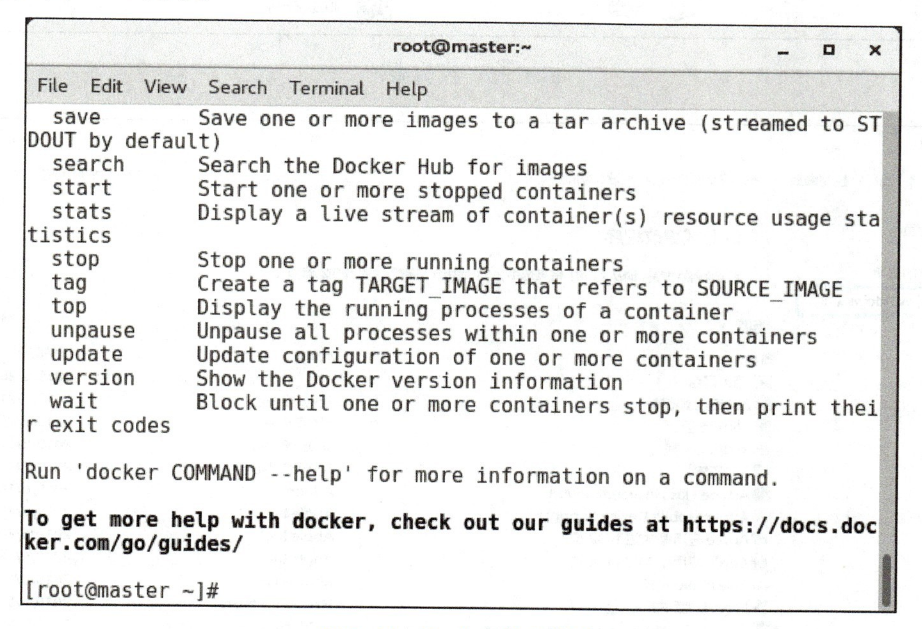

图 1-14　Docker 帮助信息

2．Windows 环境下安装 Docker

在日常开发和使用中，Windows 操作系统的使用量很大，很多用户在使用 Windows 10

操作系统，Docker 也为 Windows 10 专业版推出了安装包。在 Windows 10 中安装 Docker 时需要先开启 Hyper-V 功能（Hyper-V 可以理解为虚拟机平台）。开启 Hyper-V 功能的步骤如下。

第一步：单击控制面板中的“程序和功能”图标（如图 1-15 所示），进入卸载或更改程序界面，如图 1-16 所示。

图 1-15　控制面板

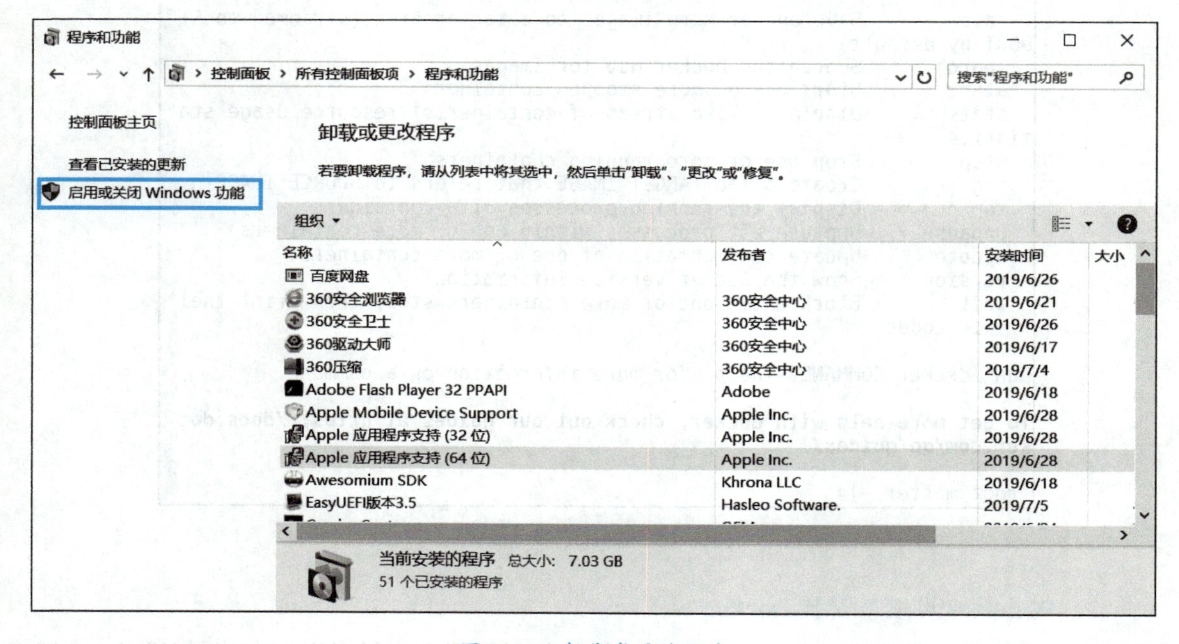

图 1-16　卸载或更改程序

第二步：进入“卸载或更改程序”窗口后，在左侧菜单栏中找到“启用或关闭 Windows 功能”，如图 1-16 所示。

第三步：单击“启动或关闭 Windows 功能”选项进入“Windows 功能”窗口，找到 Hyper-V 功能并进行设置，如图 1-17 所示。

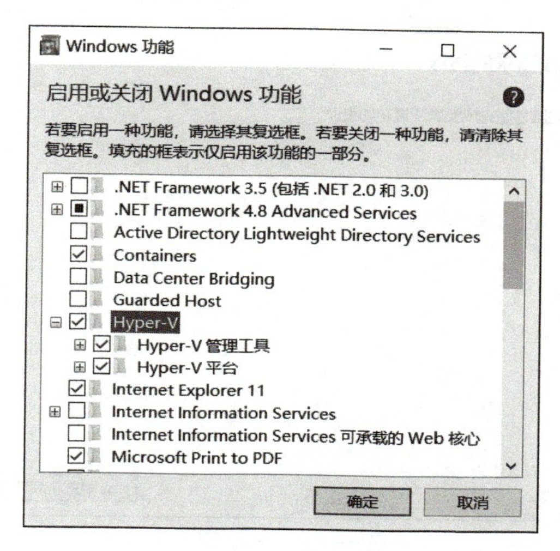

图 1-17　找到 Hyper-V 功能并进行设置

第四步：选中 Hyper-V 复选框，并单击“确定”按钮开始安装 Hyper-V 功能，结果如图 1-18 所示。

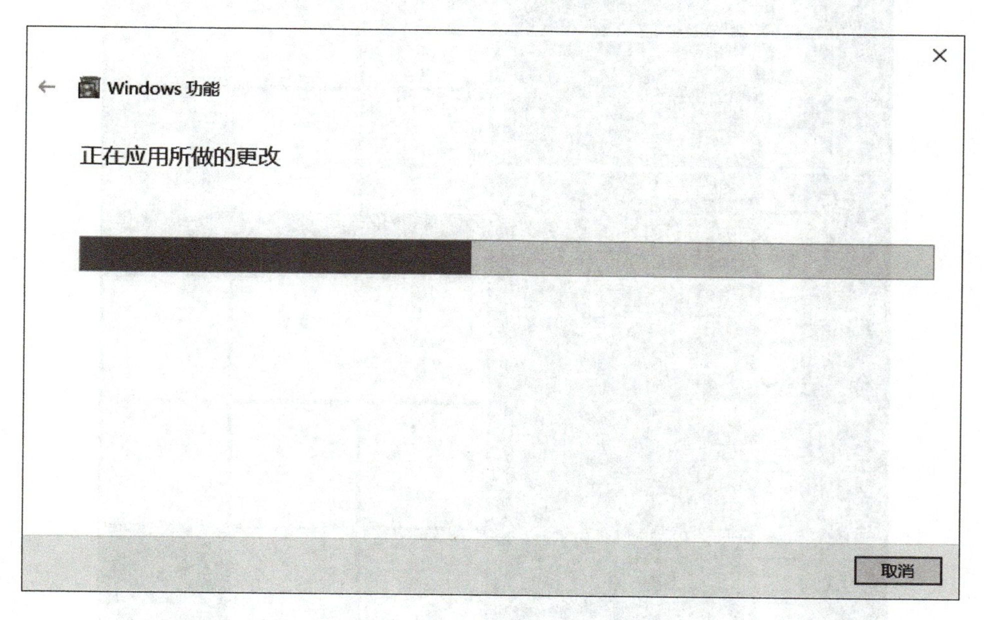

图 1-18　安装 Hyper-V 功能

第五步：Hyper-V 功能安装完成后，显示“Windows 已完成请求的更改”并询问是否“立即重新启动”，如图 1-19 所示。单击“立即重新启动”按钮。

第六步：计算机重启更新完成后，进入菜单栏找到“Windows 管理工具”菜单选项，可以看到已有“Hyper-V 管理器”选项，说明开启成功，如图 1-20 所示。

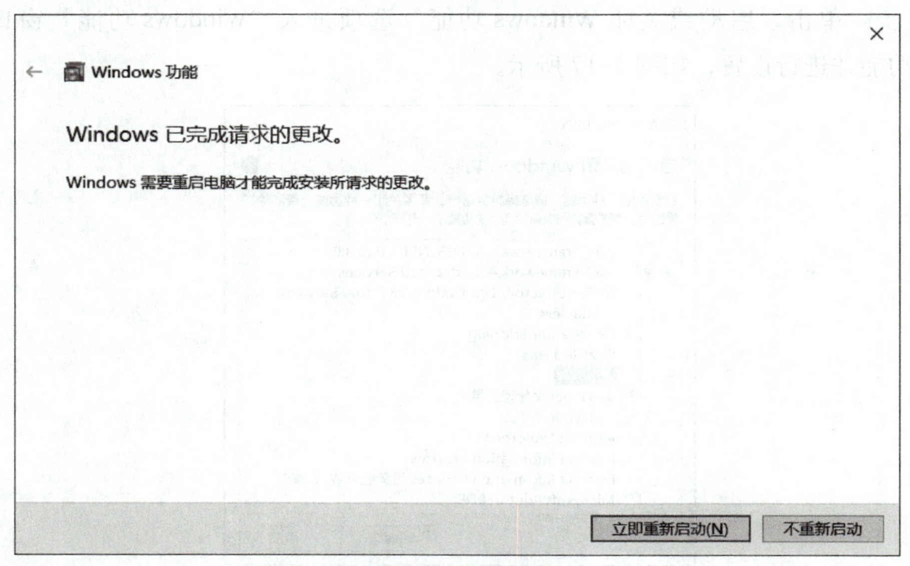

图 1-19　询问界面

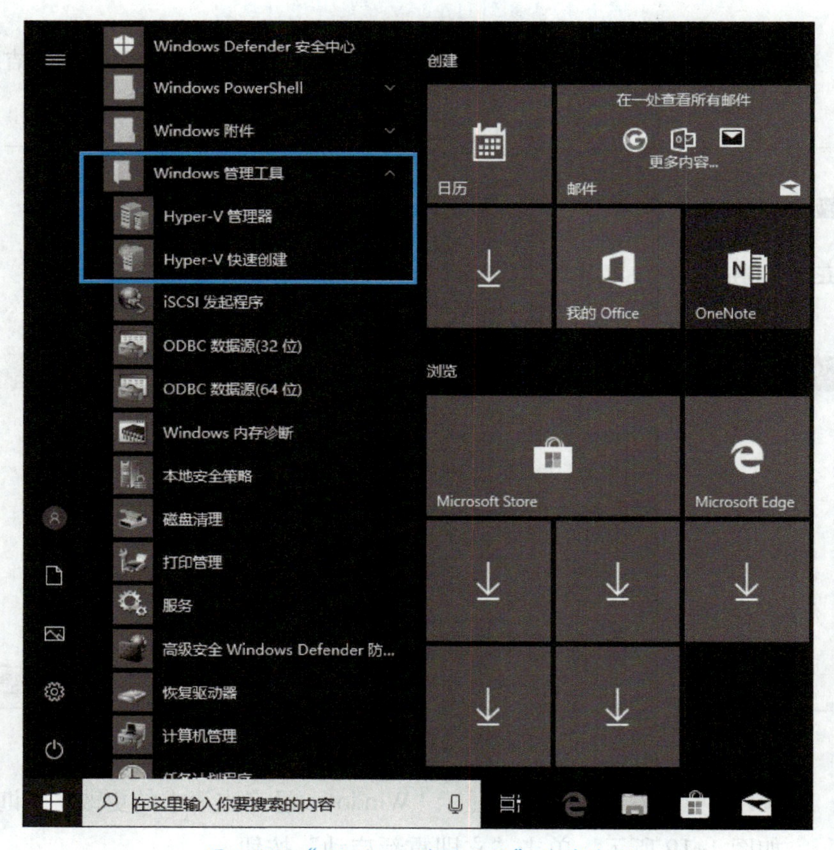

图 1-20　“Windows 管理工具”菜单选项

成功开启 Hyper-V 功能后开始在 Windows 10 中安装 Docker，具体安装步骤如下。

第一步：通过访问 https://www.docker.com/（Docker 官网）进入 Docker 官网，依次单击“Get Started” → “Download for Windows”按钮下载 Docker 安装包，如图 1-21 所示。

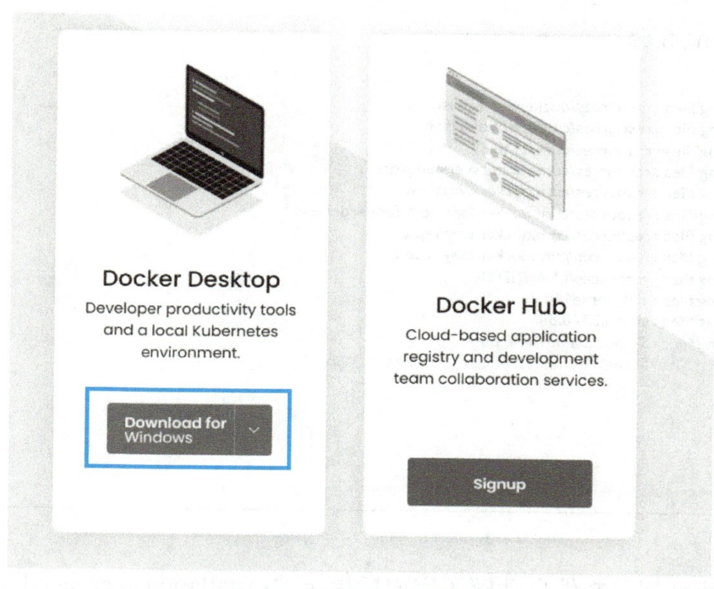

图 1-21 Docker 下载界面

第二步：等待下载完成后提示进行计算机配置，选中“Add shortcut to desktop”复选框向桌面添加快捷方式，并点击“Ok”按钮，如图 1-22 所示。

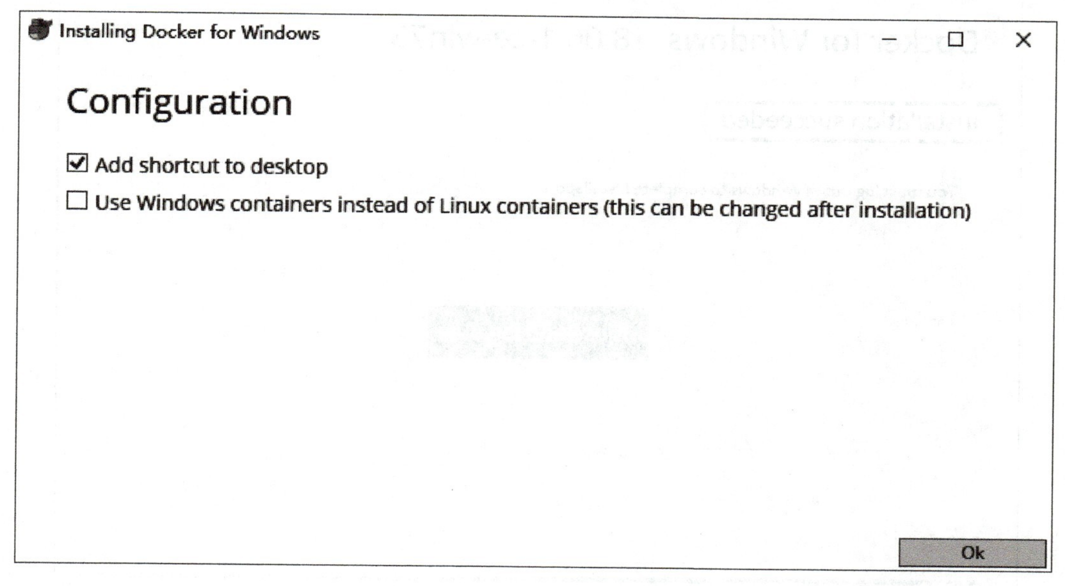

图 1-22 向桌面添加快捷方式

第三步：Docker 开始安装后会提示安装进度，待到 Docker 文件全部解压完成后安装成功。Docker 安装界面如图 1-23 所示。

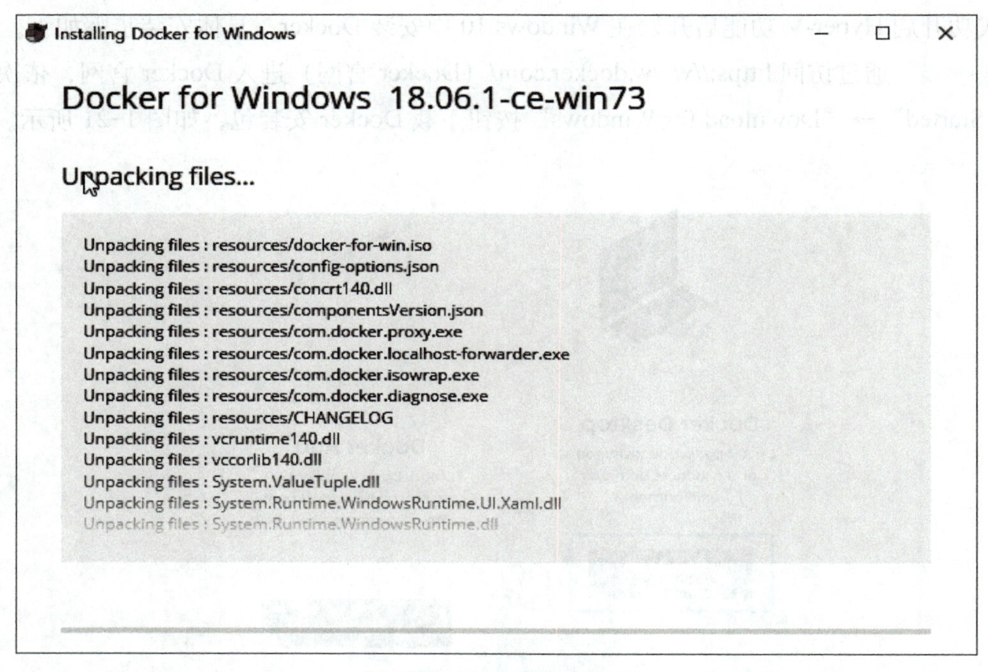

图 1-23　Docker 安装界面

第四步：Docker 相关文件自动解压完成后提示“Installation succeeded”（安装成功），单击“Close and log out”按钮，系统会自动注销并启动（注意保存资料），如图 1-24 所示。

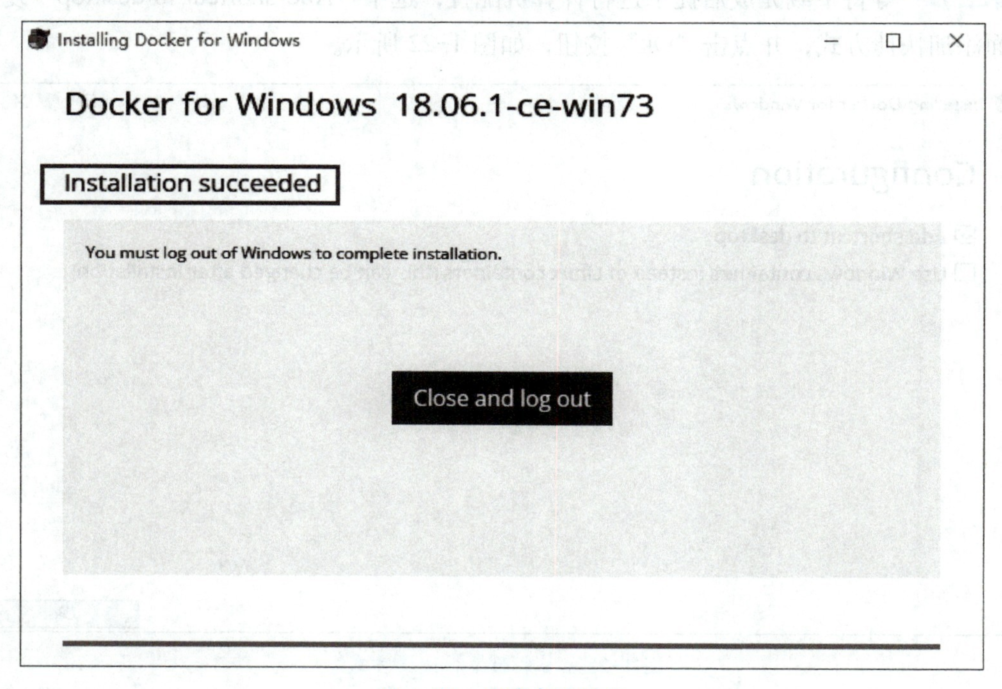

图 1-24　安装成功界面

第五步：双击桌面的 Docker 图标启动 Docker，单击“OK”按钮（单击后系统会重新启动，重启完成后 Docker 启动成功），进入系统后按 <Win+R> 组合键，在打开的“运行”对话框中输入“cmd”进入命令提示符界面，输入“docker version”命令查看 Docker 版本，查看效果如图 1-25 所示。

```
C:\Windows\system32\cmd.exe
Microsoft Windows [版本 10.0.18362.175]
(c) 2019 Microsoft Corporation。保留所有权利。

C:\Users\Xv>docker version
Client: Docker Engine - Community
 Version:           18.09.2
 API version:       1.39
 Go version:        go1.10.8
 Git commit:        6247962
 Built:             Sun Feb 10 04:12:31 2019
 OS/Arch:           windows/amd64
 Experimental:      false

Server: Docker Engine - Community
 Engine:
  Version:          18.09.2
  API version:      1.39 (minimum version 1.12)
  Go version:       go1.10.6
  Git commit:       6247962
  Built:            Sun Feb 10 04:13:06 2019
  OS/Arch:          linux/amd64
  Experimental:     false

C:\Users\Xv>
```

图 1-25　Docker 版本查看效果

3．macOS 下安装 Docker

macOS 也是市面上较为常见的操作系统之一。下面讲解如何在 macOS 下安装并启动 Docker 服务，具体步骤如下所示。

第一步：访问网址 https://docs.docker.com/desktop/install/mac-install/ 下载适用于 macOS 的最新版本 Docker，如图 1-26 所示。

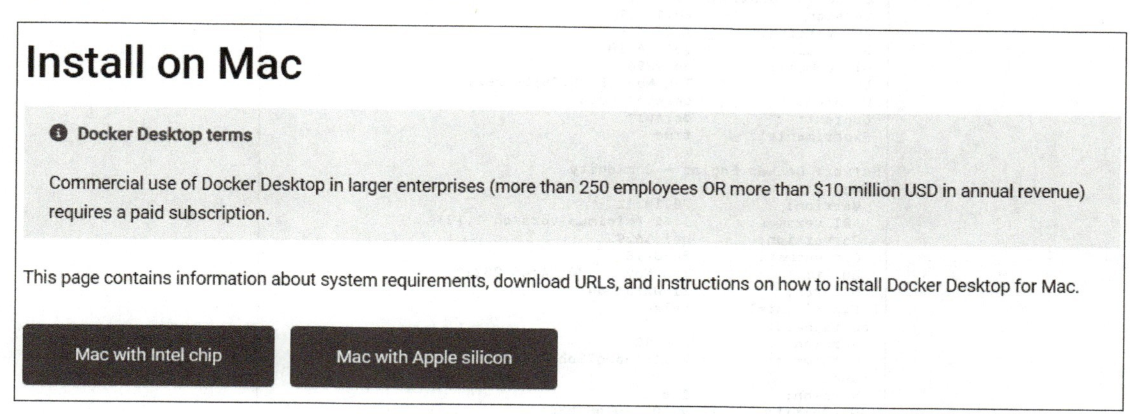

图 1-26　macOS 版 Docker 下载

第二步：双击打开下载好的“Docker.dmg”安装包开始安装 Docker 服务。打开后将 Docker 拖动到“Applications”处开始安装 Docker，如图 1-27 所示。

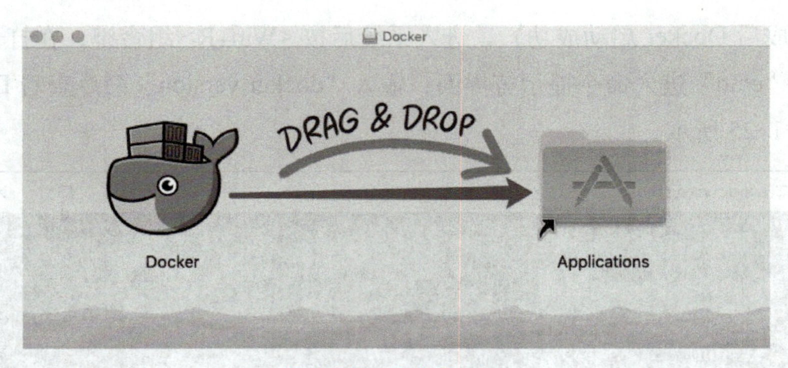

图 1-27　安装 Docker

第三步： 打开启动台，单击启动台中的 Docker 图标，此时会提示验证 Docker，验证完成后进入 Docker 欢迎界面，如图 1-28 所示。

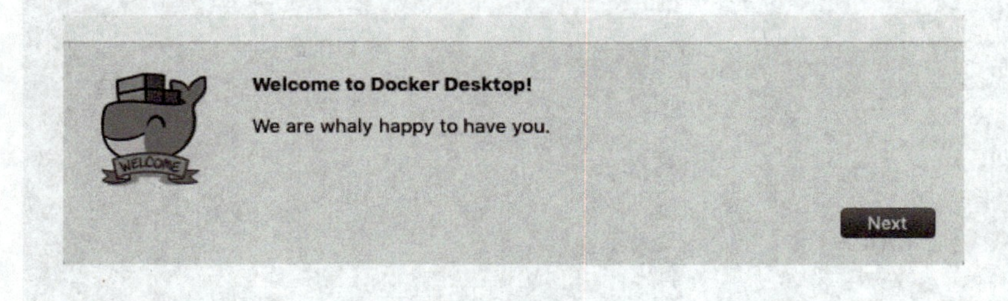

图 1-28　Docker 欢迎界面

第四步： 完成后状态栏中会出现一个“Docker”图标。单击“Docker”图标可弹出操作菜单，菜单中显示“Docker Desktop is running”代表启动成功。启动终端查看 Docker 版本如图 1-29 所示。

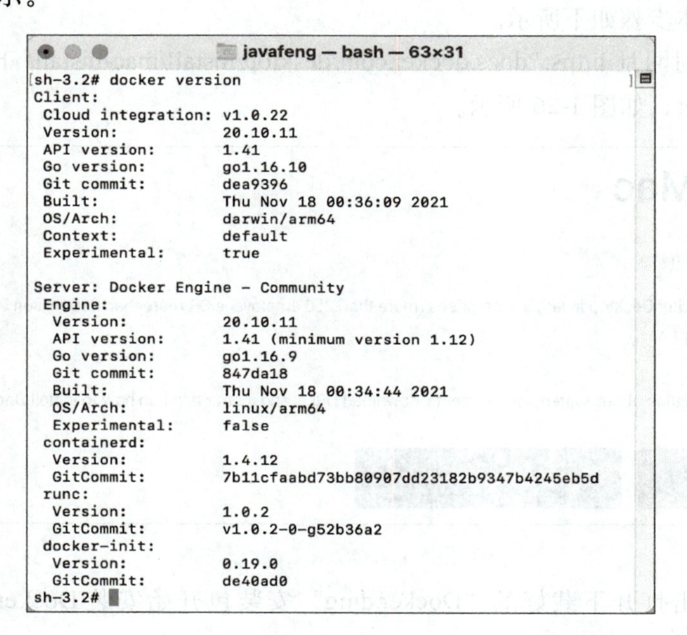

图 1-29　查看版本

项目实施

实现在 CentOS 虚拟机中 Docker 的部署。项目流程如图 1-30 所示。

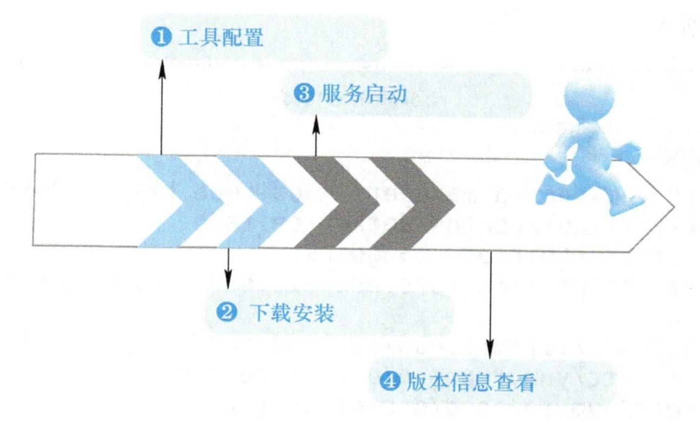

图 1-30　项目流程

【实施步骤】

第一步：更新 yum 源并安装系统工具，为 Docker 安装做准备，命令如下。

```
[root@master ~]# yum update
[root@master ~]# yum install -y yum-utils device-mapper-persistent-data lvm2
```

效果如图 1-31 所示。

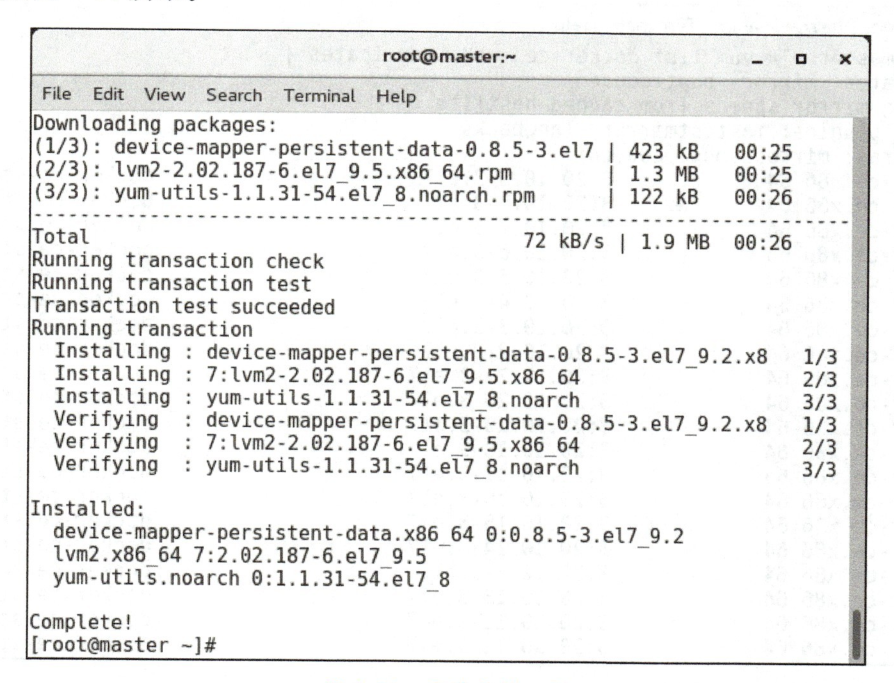

图 1-31　安装系统工具

第二步：安装软件源信息，命令如下。

```
[root@master ~]# yum-config-manager --add-repo https://mirrors.huaweicloud.com/docker-ce/linux/centos/docker-ce.repo
```

效果如图 1-32 所示。

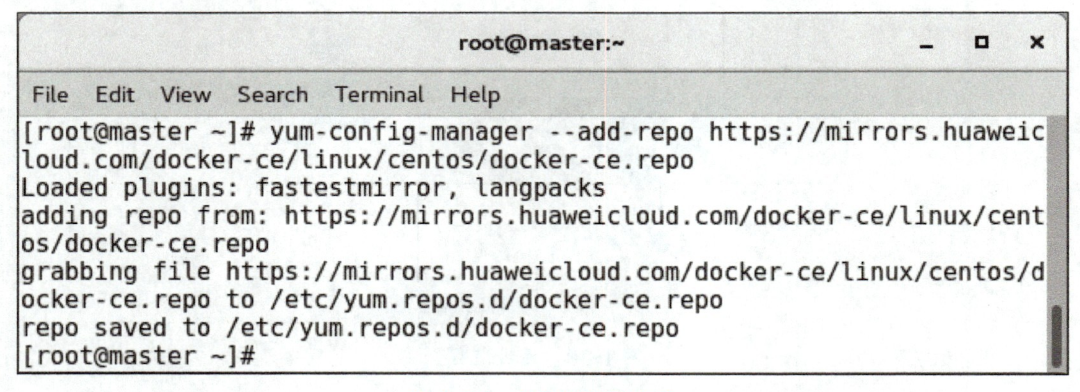

图 1-32　安装软件源信息

第三步：查看所有仓库中可用的 Docker 版本，方便对指定版本进行下载，命令如下。

```
[root@master ~]# yum list docker-ce --showduplicates | sort -r
```

效果如图 1-33 所示。

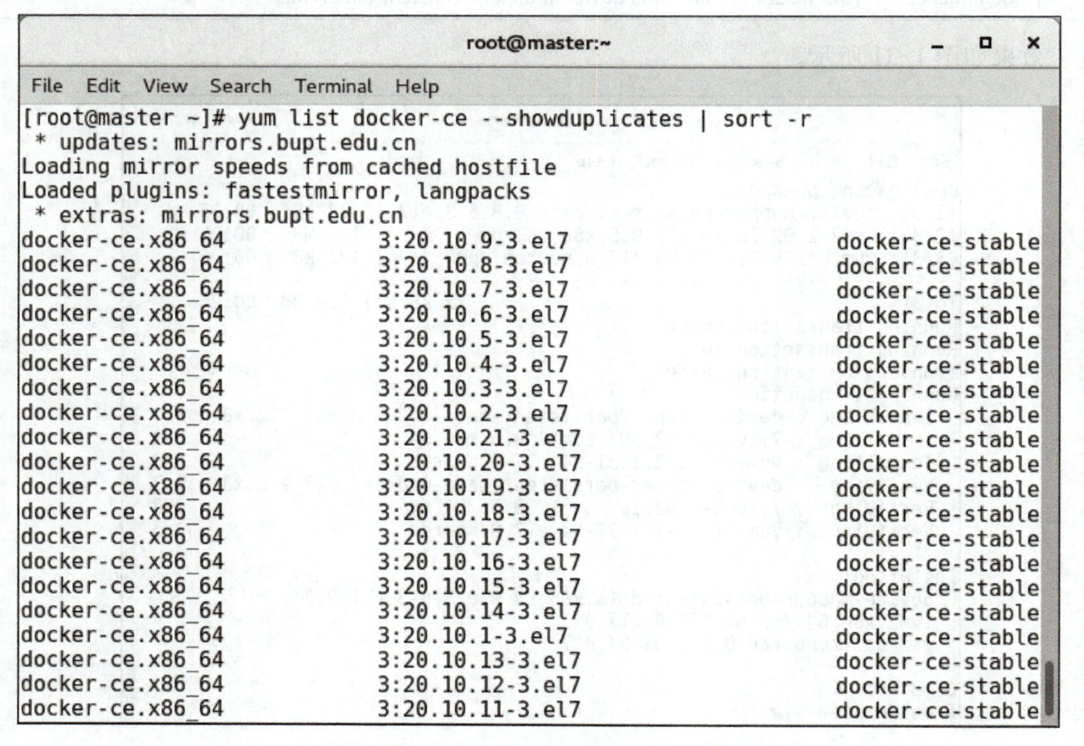

图 1-33　查看仓库中可用的 Docker 版本

第四步：使用 yum 命令安装仓库中版本为 20.10.9 的 Docker，命令如下。

```
[root@master ~]# yum install docker-ce-20.10.9
```

效果如图 1-34 所示。

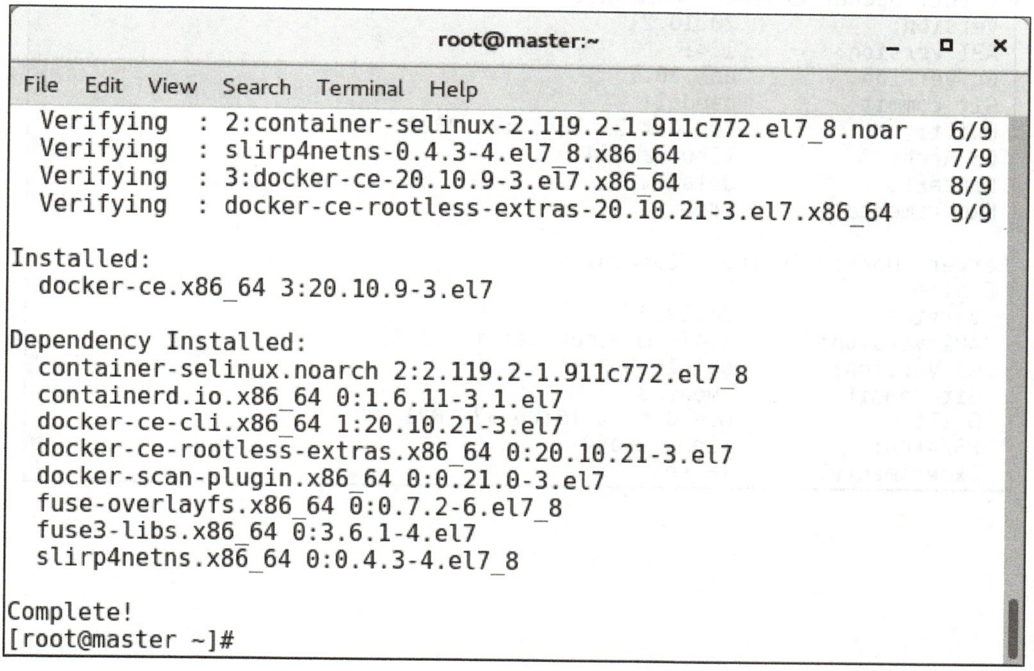

```
root@master:~
File Edit View Search Terminal Help
  Verifying  : 2:container-selinux-2.119.2-1.911c772.el7_8.noar   6/9
  Verifying  : slirp4netns-0.4.3-4.el7_8.x86_64                   7/9
  Verifying  : 3:docker-ce-20.10.9-3.el7.x86_64                   8/9
  Verifying  : docker-ce-rootless-extras-20.10.21-3.el7.x86_64    9/9

Installed:
  docker-ce.x86_64 3:20.10.9-3.el7

Dependency Installed:
  container-selinux.noarch 2:2.119.2-1.911c772.el7_8
  containerd.io.x86_64 0:1.6.11-3.1.el7
  docker-ce-cli.x86_64 1:20.10.21-3.el7
  docker-ce-rootless-extras.x86_64 0:20.10.21-3.el7
  docker-scan-plugin.x86_64 0:0.21.0-3.el7
  fuse-overlayfs.x86_64 0:0.7.2-6.el7_8
  fuse3-libs.x86_64 0:3.6.1-4.el7
  slirp4netns.x86_64 0:0.4.3-4.el7_8

Complete!
[root@master ~]#
```

图 1-34 安装 Docker

第五步：启动 Docker 服务并设置为开机自启，避免重复启动 Docker 服务，命令如下。

```
[root@master ~]# systemctl start docker
[root@master ~]# systemctl enable docker
```

效果如图 1-35 所示。

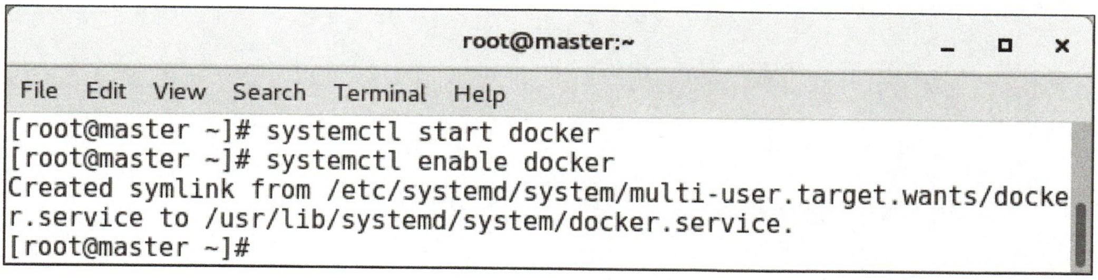

```
root@master:~
File Edit View Search Terminal Help
[root@master ~]# systemctl start docker
[root@master ~]# systemctl enable docker
Created symlink from /etc/systemd/system/multi-user.target.wants/docke
r.service to /usr/lib/systemd/system/docker.service.
[root@master ~]#
```

图 1-35 启动 Docker 服务

第六步：启动服务后，可以通过查看 Docker 版本信息确保服务正常运行，命令如下。

```
[root@master ~]# docker version
```

效果如图 1-36 所示。

```
root@master:~
File  Edit  View  Search  Terminal  Help
[root@master ~]# docker version
Client: Docker Engine - Community
 Version:           20.10.21
 API version:       1.41
 Go version:        go1.18.7
 Git commit:        baeda1f
 Built:             Tue Oct 25 18:04:24 2022
 OS/Arch:           linux/amd64
 Context:           default
 Experimental:      true

Server: Docker Engine - Community
 Engine:
  Version:          20.10.9
  API version:      1.41 (minimum version 1.12)
  Go version:       go1.16.8
  Git commit:       79ea9d3
  Built:            Mon Oct  4 16:06:37 2021
  OS/Arch:          linux/amd64
  Experimental:     false
```

图 1-36　查看 Docker 版本信息

Project 2

项目二

Docker镜像与容器

Project 2

项目描述

目前，某公司为了缩短开发周期，减少因为开发和生产环境的差异而造成的不必要麻烦，决定使用 Docker 容器，技术主管找到了相关技术人员，产生了如下对话。

技术主管：学会 Docker 的部署了吗?

技术人员：必须地。

技术主管：怎么样，挺简单的吧?

技术人员：还可以，但有的知识还需要再熟悉熟悉。

技术主管：继续努力吧。

技术人员：接下来我该学习什么了呢?

技术主管：你还要对 Docker 容器和镜像的基本使用进行学习。

技术人员：好的，我这就去学习。

项目在开发测试阶段可以直接使用 Docker 容器，测试过程中还能够向基础容器中安装项目所依赖的环境，当测试完成后可以将容器、项目与依赖环境一起打包为镜像导入到生产环境中去运行，生产环境中只安装 Docker 即可，无须再额外部署其他服务。本项目主要通过对镜像和容器操作的讲解，最终完成使用 httpd 部署五子棋项目。

学习目标

通过对 Docker 镜像与容器的学习，了解镜像和容器的关系与结构，熟悉 Docker 镜像内部结构，掌握镜像与容器的基础操作，具有使用容器部署服务和实现容器交互的能力。

项目分析

本项目主要通过Docker镜像和容器的基本使用，实现Docker的简单应用。在“项目技能”中，简单讲解了镜像和容器的相关概念，详细说明了Docker镜像和容器的基本使用，并在项目实施中进行基础命令的使用。

项目技能

技能点一 Docker镜像的使用

1. 镜像概述

镜像是一种文件存储形式，如将一个磁盘中的数据完整地备份到另一个磁盘中，这个完全相同的副本备份即为镜像。镜像是一种特殊的文件格式，如常见的.iso和.gho等都属于镜像文件。镜像能够在原始数据或操作系统被破坏时轻松地将资料或系统还原。在Docker中，镜像是由一系列文件叠加而成的。在开发中，开发人员可根据程序需要的环境拉取相应的Docker镜像启动一个容器，在容器内可完成项目的测试。测试成功后，可将容器重新封装为镜像发布到服务器中。

2. 镜像的组成

Docker的镜像是由多个只读的镜像层组成的。在实际应用过程中，时常会向容器中添加各种文件或安装各种服务器，这是因为通过镜像创建一个容器后Docker会在该镜像上附加一层可读/写的容器层，任何对文件的读/写与修改操作都只在该层完成，对容器的所有操作都不会影响镜像。镜像的层结构如图2-1所示。

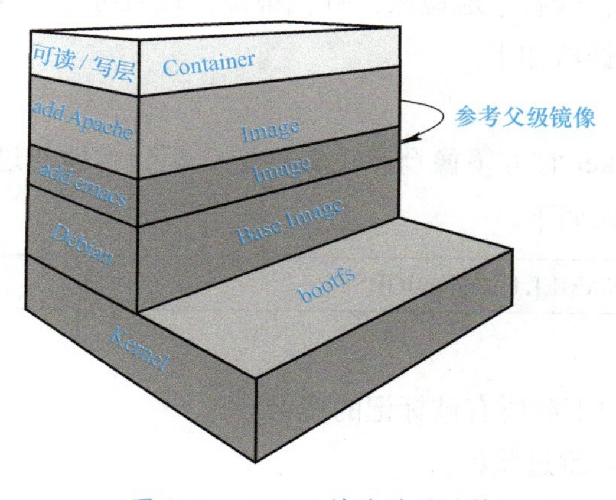

图2-1 Docker镜像的层结构

镜像中各层的说明如下：

第一层：bootfs 层，该层位于镜像文件的最底端，可以理解为一个引导文件，容器启动时会加载 bootfs 文件系统，当容器启动后会将 bootfs 卸载。

第二层：Base Image 层，该层是一个 rootfs 文件系统层，可以是一个或多个操作系统，如 CentOS、Debian、Ubuntu 等。在 Docker 中，该层永远为只读状态。

第三层与第四层：在这两层中，Docker 使用联合加载技术（即同时加载多个文件系统，但似乎只在外部看到一个文件系统）加载了很多个只读文件系统。之后，再使用联合加载技术将各个层中的文件系统叠加在一起，这个叠加在一起的文件系统就包含了所有底层的文件和目录。

第五层：Container（容器）层，该层是一个读 / 写层。在第一次启动一个容器时该层会自动创建，且第一次创建时该层为空，所有对容器的操作，如添加文件、读取文件、修改文件和删除文件等都在该层执行。以上四种操作的流程如下。

1）添加文件。当在容器中创建一个新文件时，新文件会被添加到容器层中。

2）读取文件。当在容器中读取文件时，Docker 会从容器层开始依次向下在各层中查找要读取的文件，一旦找到，就会将该文件打开并读入内存。

3）修改文件。修改文件与读取文件类似，当需要修改容器中已经存在文件时，Docker 会从容器层开始依次向下在各层中查找要修改的文件，找到后会将其复制到容器层进行修改。

4）删除文件。在容器中删除文件时，Docker 也是会从容器层开始依次向下在各层中查找该文件。找到后，会在容器层中记录下此删除操作。

由以上四种操作可以看出，只有在对文件进行修改操作时才会对文件进行复制，这种特性叫作 Copy-on-Write。容器层只会保存对镜像的修改记录，不会对镜像本身进行任何修改。

3. 镜像的使用

镜像是 Docker 的三大核心之一。在使用 Docker 创建容器前本地需要包含相对应的镜像，若启动容器时本地没有对应镜像，Docker 会根据创建容器时指定的镜像去 Docker Hub 镜像仓库下载，然后再执行创建容器命令。为了方便对镜像的管理，Docker 提供了若干对镜像操作的命令，如拉取镜像、查看本地镜像、查找镜像、设置标签、导出镜像、删除镜像、加载镜像等。镜像操作命令详解如下。

（1）拉取镜像

拉取镜像是指从 Docker 官方镜像仓库下载指定镜像到本地的过程，拉取镜像可以使用 docker pull 命令，命令格式如下。

```
docker pull [OPTIONS] NAME[:TAG|@DIGEST]
```

命令参数说明如下。

- -a：从镜像仓库中下载所有被标记的镜像。

–disable-content-trust：跳过验证。

- NAME：仓库名。

- TAG：标签。
- DIGEST：数据摘要。

通过 docker pull 命令拉取 ubuntu:16.04 的镜像，命令如下。

```
[root@master ~]# docker pull ubuntu:16.04
```

拉取过程如图 2-2 所示。

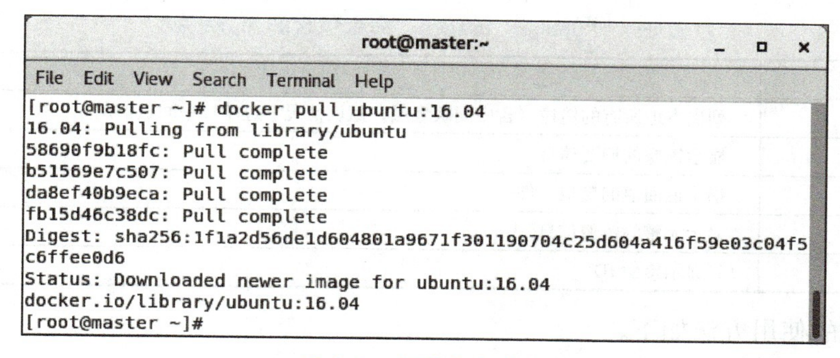

图 2-2　镜像拉取过程

因为镜像是由多层构成的，所以在下载时也需要分层下载，图 2-2 中可以看出下载 Ubuntu:16.04 时共向后下载了四个文件，并且在下载过程中给出了每一层的 ID，下载结束后给出完整的摘要确保一致性。

（2）查看本地镜像

在不确定当前环境是否包含想要使用的镜像时，可以通过列出环境中所有镜像的方式查看包含哪些镜像或镜像的版本是什么。查看当前环境中镜像的命令如下。

```
[root@master ~]# docker images
```

结果如图 2-3 所示。

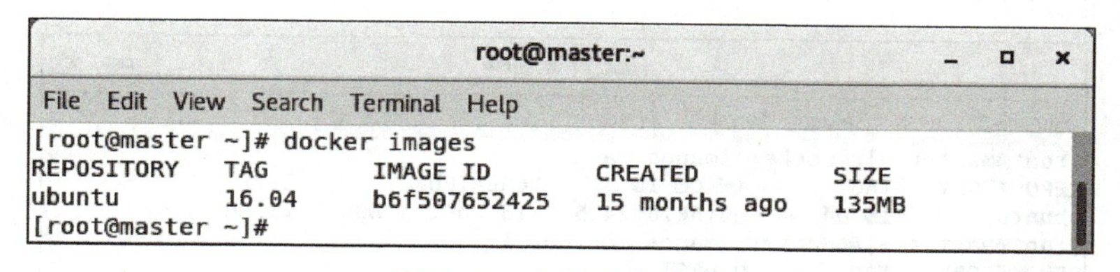

图 2-3　查看所有镜像

图 2-3 中显示的即为本地环境中包含的镜像和镜像的基本信息。默认情况下会显示五项基本信息，说明如下。

1）REPOSITORY：仓库名称。

2）TAG：标签名称，一个镜像可以对应多个标签。

3）IMAGE ID：镜像 ID，镜像的唯一标识。如果需要判断两个镜像是否为同一个镜像，可以通过镜像 ID 这个唯一标识去区分，若镜像 ID 一致则代表是同一个镜像，若不一致则代表是两个不同的镜像。

4）CREATED：创建时间。

5）SIZE：所占用的空间。所有镜像占用空间的和并非是对磁盘的实际消耗，因为Docker镜像是由多层存储结构构成且可以继承和复用，如果不同的两个镜像是在同一个基础镜像上生成的，则这两个镜像会拥有共同的层。

除了能够简单地查询出当前环境所包含的镜像外，还能在查看镜像时加入一些参数，用以查询特定的某个镜像是否存在等。查看本地镜像命令常用参数见表2-1。

表2-1 “docker images”命令包含的部分参数

参　数	描　述
-a	列出本地所有的镜像（含中间映像层，默认情况下过滤掉中间映像层）
--digests	显示镜像的摘要信息
--format	指定返回值的模板文件
--no-trunc	显示完整的镜像信息
-q	只显示镜像 ID

以上参数的使用方法如下。

```
# 列出本地所有的镜像
[root@master ~]# docker images -a
# 显示镜像的摘要信息
[root@master ~]# docker images --digests
# 指定返回的参数，只显示出 Repository 和 ID
[root@master ~]# docker image ls --format "{{.Repository}}:{{.ID}}"
# 显示完整的镜像信息
[root@master ~]# docker image ls --no-trunc
# 只显示镜像 ID
[root@master ~]# docker image ls -q
```

结果如图2-4所示。

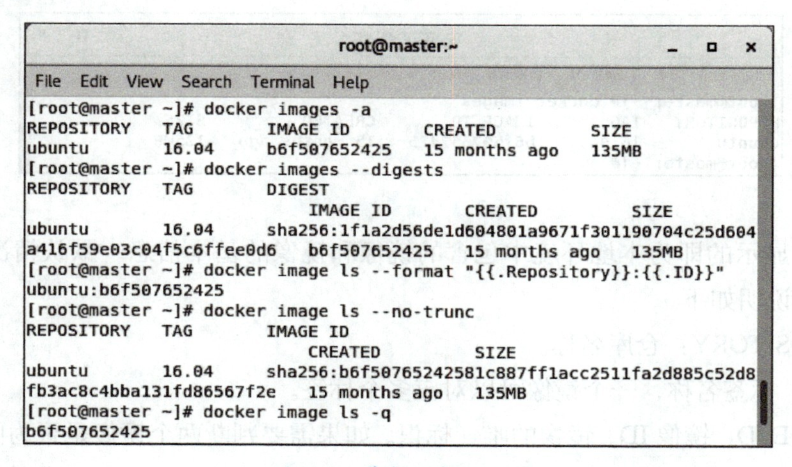

图2-4 带参数查看镜像

（3）查找镜像

在拉取镜像前需要知道公共镜像仓库中有哪些镜像和版本，以避免拉取公共镜像库中不存在的镜像。查找镜像命令格式如下。

```
docker search [OPTIONS] TERM
```

OPTIONS 参数说明见表 2-2。

表 2-2　OPTIONS 参数说明

参　数	说　明
-f, --filter	设置过滤条件
--no-trunc	显示完整的镜像描述
--limit	设置搜索结果的最大数量

例如，使用"docker search"命令查询 Docker 仓库中所有包含 Django 的镜像且收藏数大于 10，命令如下。

```
[root@master ~]# docker search Django
```

结果如图 2-5 所示。

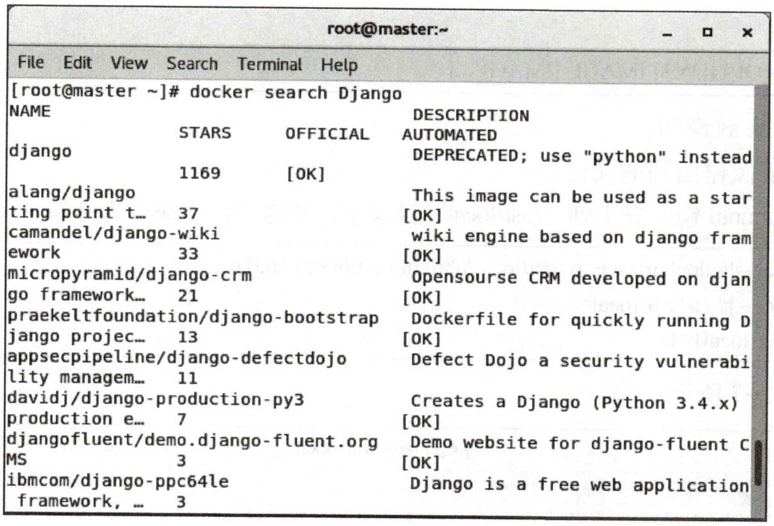

```
root@master:~
File Edit View Search Terminal Help
[root@master ~]# docker search Django
NAME                                          DESCRIPTION
                     STARS      OFFICIAL    AUTOMATED
django                                        DEPRECATED; use "python" instead
                     1169       [OK]
alang/django                                  This image can be used as a star
ting point t…        37                     [OK]
camandel/django-wiki                          wiki engine based on django fram
ework                33                     [OK]
micropyramid/django-crm                       Opensourse CRM developed on djan
go framework…        21                     [OK]
praekeltfoundation/django-bootstrap           Dockerfile for quickly running D
jango projec…        13                     [OK]
appsecpipeline/django-defectdojo              Defect Dojo a security vulnerabi
lity managem…        11
davidj/django-production-py3                  Creates a Django (Python 3.4.x)
production e…        7                      [OK]
djangofluent/demo.django-fluent.org           Demo website for django-fluent C
MS                   3                      [OK]
ibmcom/django-ppc64le                         Django is a free web application
 framework, …        3
```

图 2-5　查找镜像

（4）设置标签

在 Docker Hub 中拉取的镜像的标签一般都是由其他开发人员贡献所得的，标签的设置风格也因人而异，在使用过程中本地镜像会越来越多且很难读懂他人设置的镜像标签，这时就需要根据自己的习惯去给镜像添加一个新标签。设置标签的命令格式如下。

```
docker tag SOURCE_IMAGE[:TAG] TARGET_IMAGE[:TAG]
```

命令参数说明如下：

- SOURCE_IMAGE[:TAG]：原镜像与标签或镜像 ID。
- TARGET_IMAGE[:TAG]：新的标签。

例如，使用“docker tag”命令为 ubuntu 镜像新建一个标签，新标签为 2022，命令如下。

```
[root@master ~]# docker tag b6f507652425 ubuntu:2022
[root@master ~]# docker images
```

结果如图 2-6 所示。

```
root@master:~
File  Edit  View  Search  Terminal  Help
[root@master ~]# docker tag b6f507652425 ubuntu:2022
[root@master ~]# docker images
REPOSITORY    TAG       IMAGE ID       CREATED          SIZE
ubuntu        16.04     b6f507652425   15 months ago    135MB
ubuntu        2022      b6f507652425   15 months ago    135MB
[root@master ~]#
```

图 2-6　设置标签

（5）导出镜像

Docker 能够将镜像以 .tar 包的形式导出到本地，便于对当前镜像进行保存和内部共享。当需要重新安装 Docker 时，从导出的镜像文件中恢复镜像速度较快。导出镜像的命令格式如下。

```
docker save [OPTIONS] IMAGE [IMAGE...]
```

OPTIONS 参数说明。

-o：指定镜像输出到的文件。

例如，将 ubuntu 镜像导出到“/usr/local”目录下，并将文件名命令为 ubuntu.tar，命令如下。

```
[root@master ~]# docker save -o /usr/local/ubuntu.jar ubuntu:16.04
[root@master ~]# cd /usr/local
[root@master local]# ls
```

结果如图 2-7 所示。

```
root@master:/usr/local
File  Edit  View  Search  Terminal  Help
[root@master ~]# docker save -o /usr/local/ubuntu.jar ubuntu:16.04
[root@master ~]# cd /usr/local
[root@master local]# ls
apache-zookeeper-3.8.0-bin (1).tar.gz  lib
bin                                    lib64
DF.json                                libexec
etc                                    mysql-connector-java-5.1.39.jar
flume                                  Python-3.7.0
games                                  sbin
hadoop                                 share
hbase                                  spark
hbase-2.5.0-bin.tar.gz                 sqoop
hive                                   src
include                                ubuntu.jar
inspur                                 zookeeper
[root@master local]#
```

图 2-7　查看镜像导出结果

（6）删除镜像

当 Docker 环境中存在不使用的镜像或内存不足时，可以通过“docker rmi”命令将不使用的镜像删除，以释放更多的内存空间，命令格式如下。

```
docker rmi [OPTIONS] IMAGE [IMAGE...]
```

OPTIONS 参数说明如下：

- -f：强制删除。
- --no-prune：不移除该镜像的过程镜像（默认为移除）。

例如，使用“docker rmi”命令将 ubuntu 镜像删除，删除时应确保镜像在空闲状态而没有被使用。使用“docker rmi”命令删除镜像时需使用镜像的 ID，命令如下。

```
[root@master local]# docker rmi b6f507652425
```

结果如图 2-8 所示。

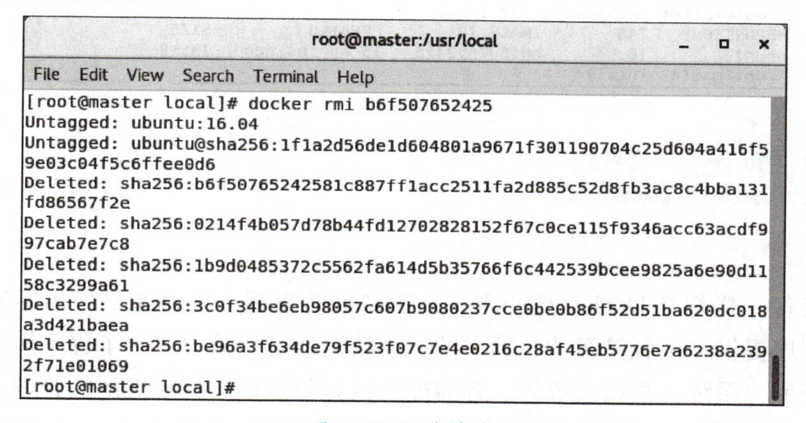

```
[root@master local]# docker rmi b6f507652425
Untagged: ubuntu:16.04
Untagged: ubuntu@sha256:1f1a2d56de1d604801a9671f301190704c25d604a416f59e03c04f5c6ffee0d6
Deleted: sha256:b6f50765242581c887ff1acc2511fa2d885c52d8fb3ac8c4bba131fd86567f2e
Deleted: sha256:0214f4b057d78b44fd12702828152f67c0ce115f9346acc63acdf997cab7e7c8
Deleted: sha256:1b9d0485372c5562fa614d5b35766f6c442539bcee9825a6e90d1158c3299a61
Deleted: sha256:3c0f34be6eb98057c607b9080237cce0be0b86f52d51ba620dc018a3d421baea
Deleted: sha256:be96a3f634de79f523f07c7e4e0216c28af45eb5776e7a6238a2392f71e01069
[root@master local]#
```

图 2-8　删除镜像

想要删除一个正在使用的镜像时，系统会提示镜像在使用无法删除，效果如图 2-9 所示。

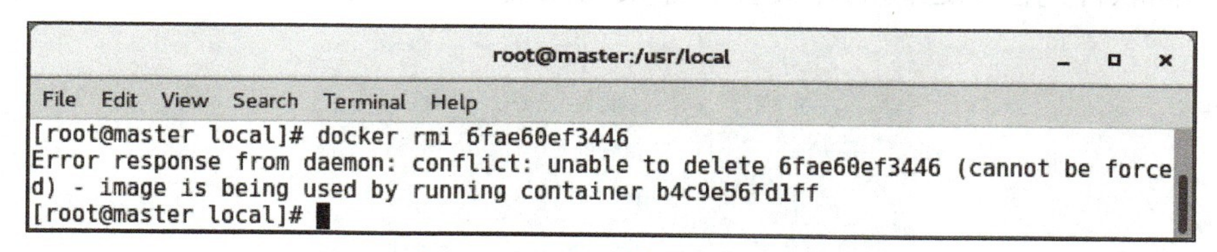

```
[root@master local]# docker rmi 6fae60ef3446
Error response from daemon: conflict: unable to delete 6fae60ef3446 (cannot be forced) - image is being used by running container b4c9e56fd1ff
[root@master local]#
```

图 2-9　删除正在使用的镜像

（7）加载镜像

之前介绍过可以使用“save”命令将镜像导出到一个 .tar 文件中，导出的镜像只能通过“docker load”命令再重新加载到 Docker 环境中，加载完成后即可基于该镜像完成容器的创建操作。导入镜像的命令格式如下。

```
docker load [OPTIONS]
```

OPTIONS 参数说明如下：

- -i：指定导出的文件。
- -q：精简输出信息。

例如，使用“docker load”命令将 ubuntu.tar 加载到 Docker 环境中成为一个镜像，命令如下。

```
[root@master local]# docker load -i ./ubuntu.jar
[root@master local]# docker images
```

结果如图 2-10 所示。

```
root@master:/usr/local
File  Edit  View  Search  Terminal  Help
[root@master local]# docker load -i ./ubuntu.jar
be96a3f634de: Loading layer  138.9MB/138.9MB
df54c846128d: Loading layer  15.87kB/15.87kB
47ef83afae74: Loading layer  11.78kB/11.78kB
1251204ef8fc: Loading layer  3.072kB/3.072kB
Loaded image: ubuntu:16.04
[root@master local]# docker images
REPOSITORY     TAG       IMAGE ID       CREATED          SIZE
ubuntu         16.04     b6f507652425   15 months ago    135MB
[root@master local]#
```

图 2-10　加载镜像

技能点二　容器基础操作

1．容器简介

容器与镜像一样都是 Docker 核心之一。Docker 容器是一个开源的应用容器引擎。容器能够为应用程序提供一个轻量级的、独立的程序执行环境，其中包含了程序执行所需的一切资源，如系统库、系统工具和设置等。容器能够做到与港口集装箱类似的管理。每个容器都可以理解为一个集装箱；其中的应用程序可以理解为集装箱内的货物，能够很好地做到与外界环境隔离，不会因为宿主机环境的变化而导致崩溃。这样的方式有助于减少在同一基础架构上运行不同软件的团队之间的冲突。容器架构如图 2-11 所示。

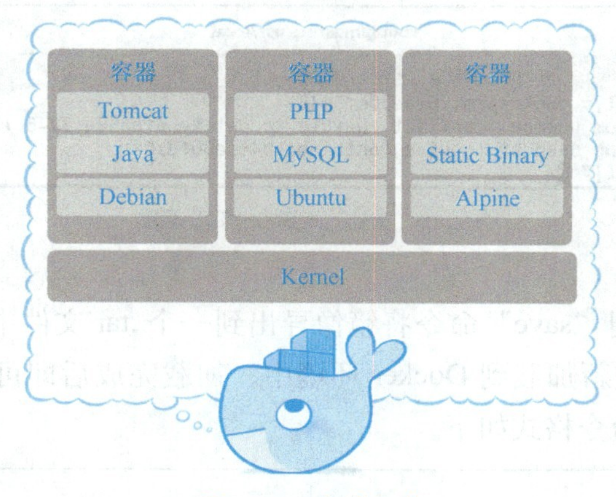

图 2-11　容器架构

Docker 容器的特点如下。

（1）轻量级

Docker 可以做到共享操作系统内核，开启速度快，占用较少的计算机资源；由文件系统层构成的镜像能够做到层的共享，极大限度地减少了磁盘的使用量，使下载速度更快。

（2）标准

Docker 是一个开源的应用容器引擎，可以在比较流行的 Linux 发行版或 Microsoft Windows 以及任何基础架构（包括虚拟机、裸机和云）上运行。

（3）安全

Docker 容器将应用程序彼此隔离，并从底层基础架构中分离出来。Docker 提供了最强大的默认隔离功能，可以将应用程序问题限制在一个容器中，而不是整个机器上。

2．镜像与容器的关系

容器的定义与镜像相似，都是由若干层组成的，区别在于，容器会在镜像的层之上创建一个可读 / 写的层，用户的操作都在该层。容器的定义如图 2-12 所示。

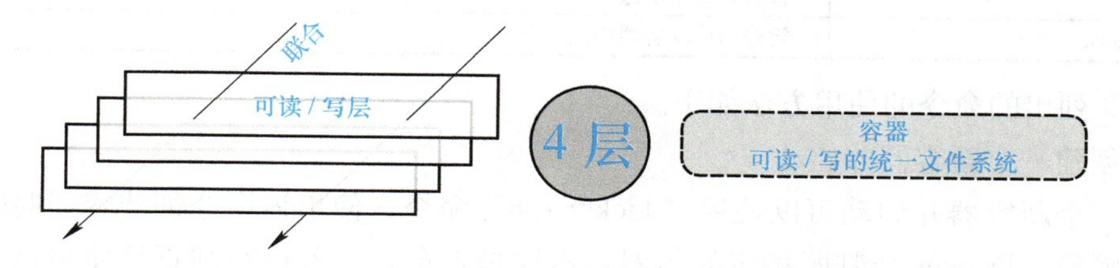

图 2-12　容器的定义

由镜像和容器的区别可知，容器 = 镜像 + 读 / 写层。一个正在运行中的容器（Running Container）是由一个可读 / 写的统一文件系统、隔离的进程空间和包含在进程空间内的进程组成，运行中的容器如图 2-13 所示。

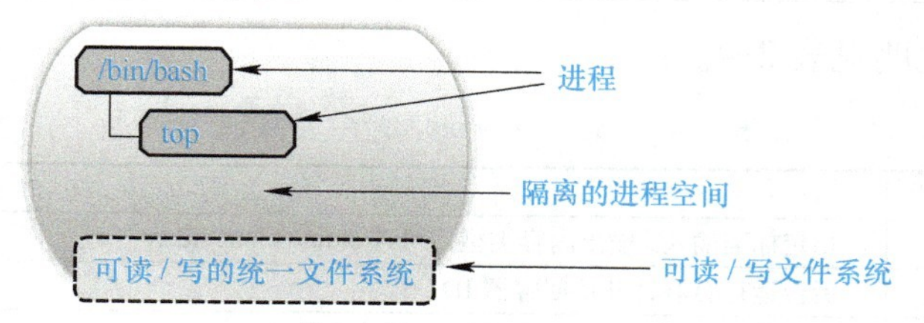

图 2-13　运行中的容器

容器中文件系统的写操作都是通过可读 / 写层实现的。Docker 进程可能会对文件进行修改或删除或创建等操作中的任何一个操作，这些操作都会作用于可读 / 写层，如图 2-14 所示。

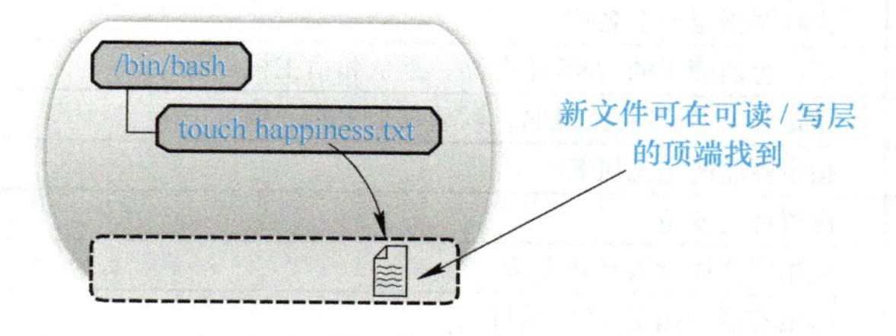

图 2-14　容器的读 / 写操作

3．Docker 容器操作

通过对以上知识的学习对镜像和容器有了一定了解。当从 Docker 镜像仓库中拉取镜像后，下一步就需要基于拉取到的镜像构建一个容器并进行容器操作，如容器的构建、启动、停止和重启、查看容器状态等。Docker 容器常用操作见表 2-3。

表 2-3　容器常用操作

命　令	功　能
run	创建一个新容器并启动
cp	容器与宿主机间复制数据
ps	查看所有容器
create	创建一个新容器但不启动
start	启动停止的容器
exec	在容器中执行命令
stop	停止运行的容器
restart	重新启动容器
rm	删除容器
top	查看容器中的进程
pause/ unpause	暂停与启动容器中的服务

表 2-3 列出的命令的使用方法如下。

（1）创建一个新容器并启动

创建一个新容器并启动可以使用 “docker run” 命令。使用该命令创建容器时需要指定使用哪个镜像，Docker 会判断指定的容器在本地是否存在，若存在则直接使用该镜像创建并启动容器，若本地不存在则会先去 Docker 默认的镜像仓库拉取镜像然后创建并启动镜像。“docker run” 命令格式如下。

```
docker run [OPTIONS] IMAGE [COMMAND] [ARG...]
```

OPTIONS 参数说明见表 2-4。

表 2-4　“docker run” 命令参数说明

参　数	说　明
-a stdin	指定标准输入 / 输出内容类型，可选 stdin/stdout/stderr 三项
-d	后台运行容器，并返回容器 ID
-i	以交互模式运行容器，通常与 -t 同时使用
-P	随机端口映射，容器内部端口随机映射到主机的高端口
-p	指定端口映射，格式为“主机（宿主）端口：容器端口”
-t	为容器重新分配一个伪输入终端，通常与 -i 同时使用
--name	为容器指定一个名称
--dns	指定容器使用的 DNS 服务器，默认和宿主机一致
--dns-search	指定容器 DNS 搜索域名，默认和宿主机一致
-h	指定容器的宿主机名
-e username	设置环境变量
--env-file	从指定文件读入环境变量
--cpuset="0-2" or --cpuset	绑定容器到指定 CPU 运行
-m	设置容器使用内存最大值
--net	指定容器的网络连接类型，支持 bridge/host/none/container 四种类型
--link	添加链接到另一个容器
--expose	开放一个端口或一组端口
--volume , -v	绑定一个卷

例如，使用 Docker 创建一个 nginx 容器，创建容器时将容器中 nginx 的 80 端口映射到宿主机的 8080 端口，同时将宿主机的“data”目录映射到 nginx 容器的“/usr/share/nginx/html”目录，命令如下。

```
[root@master ~]# docker pull nginx
[root@master ~]# docker run -p 8080:80 -v /data:/usr/share/nginx/html -d nginx:latest
```

结果如图 2-15 所示。

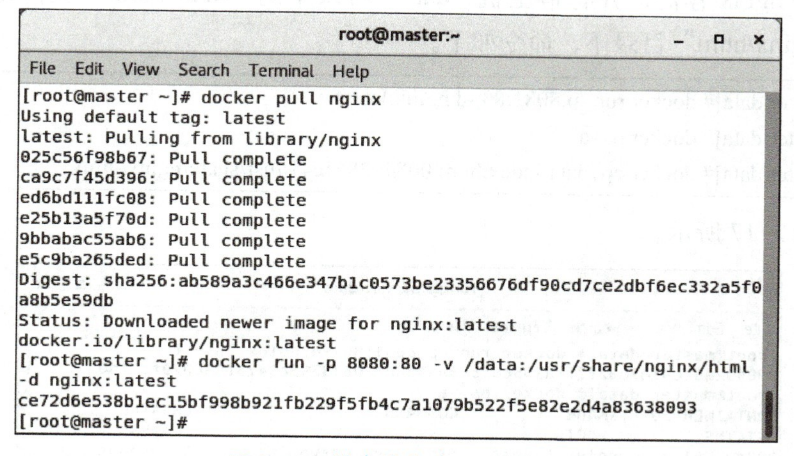

图 2-15 创建并启动 nginx 容器

在 Docker 宿主机的“data”目录下创建一个名为“index.html”的文件，并输入“Hello world”，访问宿主机的 8080 端口，命令格式如下。

```
[root@master ~]# cd /data/
[root@master data]# vi index.html
```

结果如图 2-16 所示。

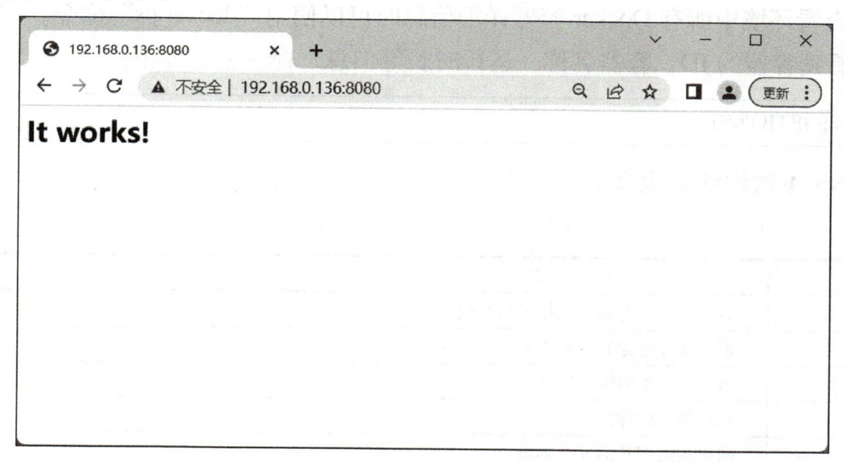

图 2-16 访问 8080 端口

（2）容器与宿主机间复制数据

在介绍创建并启动容器的过程中讲解了一个使用 Docker 的 nginx 容器部署网页的方法，在

部署过程中使用了将本地目录挂载到容器的方式。除了使用挂载方式将项目放到容器外，还能够直接通过“docker cp”命令将项目复制到容器中。容器与宿主机复制数据的命令格式如下。

```
docker cp [OPTIONS] SRC_PATH|- CONTAINER:DEST_PATH
```

OPTIONS 参数说明如下。

-L：保持源目标中的链接。

新建一个 nginx 容器，并将宿主机“data”目录下的“index.html”文件复制到容器的“/usr/share/nginx/html”目录下，命令如下。

```
[root@master data]# docker run -p 8081:80 -d nginx:latest
[root@master data]# docker ps -a
[root@master data]# docker cp /data/index.html 008492861c41:/usr/share/nginx/html
```

结果如图 2-17 所示。

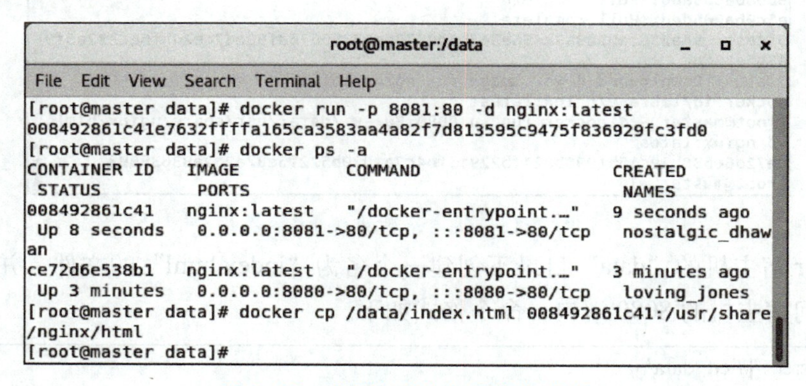

图 2-17 容器与宿主机间复制数据

(3) 查看所有容器

当需要查看环境中所有 Docker 容器详细信息时可以使用“docker ps”命令。“docker ps”命令能够查看到容器的 ID、容器名称、运行时长等信息，命令格式如下。

```
docker ps [OPTIONS]
```

OPTIONS 参数说明见表 2-5。

表 2-5 “docker ps”命令参数说明

参 数	说 明
-a	显示所有的容器，包括未运行的
-f	根据条件过滤显示的内容
--format	指定返回值的模板文件
-l	显示最近创建的容器
-n	列出最近创建的 *n* 个容器
--no-trunc	不截断输出
-q	静默模式，只显示容器编号
-s	显示总的文件大小

例如使用“docker ps”命令查看 Docker 环境下所有容器的信息（包含正在运行和停止运行的容器），命令如下。

```
[root@master ~]# docker ps -a
```

结果如图 2-18 所示。

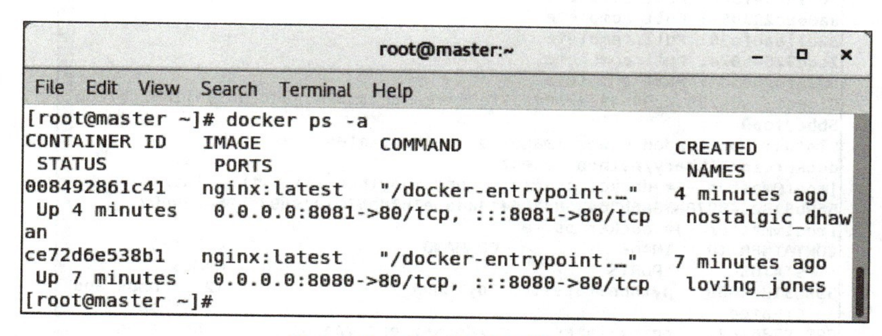
```
[root@master ~]# docker ps -a
CONTAINER ID   IMAGE          COMMAND                  CREATED
 STATUS          PORTS                                    NAMES
008492861c41   nginx:latest   "/docker-entrypoint.…"   4 minutes ago
 Up 4 minutes    0.0.0.0:8081->80/tcp, :::8081->80/tcp    nostalgic_dhaw
an
ce72d6e538b1   nginx:latest   "/docker-entrypoint.…"   7 minutes ago
 Up 7 minutes    0.0.0.0:8080->80/tcp, :::8080->80/tcp    loving_jones
[root@master ~]#
```

图 2-18　查看所有容器信息

图中各项字段代表的含义见表 2-6。

表 2-6　“docker ps -a”容器信息属性含义

字　段	含　义
CONTAINER ID	容器 ID
IMAGE	镜像名称
COMMAND	Command 命令
CREATED	运行时长
STATUS	容器状态
PORTS	端口号
NAMES	容器名称

在使用“docker ps”命令时不加入任何参数的情况下查看的是正在运行的容器的信息。

（4）创建一个新容器但不启动

在 Docker 中可以通过“docker create”命令创建一个容器。该命令与“docker run”命令的区别在于，“docker run”命令能够在创建后自动启动容器，而“docker create”命令只能创建容器但不会启动。“docker create”命令格式如下所示。

```
docker create [OPTIONS] IMAGE [COMMAND] [ARG...]
```

例如，使用“docker create”命令创建一个 python 容器，命令如下。

```
[root@master ~]# docker pull python
[root@master ~]# docker create --name mypython -it python:latest
```

结果如图 2-19 所示。

```
root@master:~
File  Edit  View  Search  Terminal  Help
[root@master ~]# docker pull python
Using default tag: latest
latest: Pulling from library/python
f2f58072e9ed: Pull complete
5c8cfbf51e6e: Pull complete
aa3a609d1579: Pull complete
094e7d9bb04e: Pull complete
2cbfd734f382: Pull complete
aa86ac293d0f: Pull complete
32d1faaefc30: Pull complete
2ccd92605074: Pull complete
9a35eb2be5d4: Pull complete
Digest: sha256:cc94a43e22a040d2fe95fcea5cb133824323d479830af1e52cbf18b
5bbc9fd69
Status: Downloaded newer image for python:latest
docker.io/library/python:latest
[root@master ~]# docker create --name mypython -it python:latest
559b313e448978a3086b56435841864f4ada3e1b34b67020c9e94eb9502d9e92
[root@master ~]# docker ps -a
CONTAINER ID   IMAGE            COMMAND                  CREATED
   STATUS        PORTS                                   NAMES
559b313e4489   python:latest    "python3"                12 seconds ago
   Created                                               mypython
008492861c41   nginx:latest     "/docker-entrypoint.…"   2 hours ago
   Up 2 hours    0.0.0.0:8081->80/tcp, :::8081->80/tcp   nostalgic_dhaw
an
ce72d6e538b1   nginx:latest     "/docker-entrypoint.…"   2 hours ago
   Up 2 hours    0.0.0.0:8080->80/tcp, :::8080->80/tcp   loving_jones
[root@master ~]#
```

图 2-19　创建 python 容器

（5）启动停止的容器

在 Docker 中通过“docker create”命令创建的容器或停止的容器都需要使用“docker start”命令启动，启动时需要指定容器的 ID。命令格式如下。

```
docker start [OPTIONS] CONTAINER [CONTAINER...]
```

例如，使用“docker start”命令启动名为“mypython”的容器并进入命令行。启动容器命令如下。

```
[root@master ~]# docker start 559b313e4489
[root@master ~]# docker ps
```

结果如图 2-20 所示。

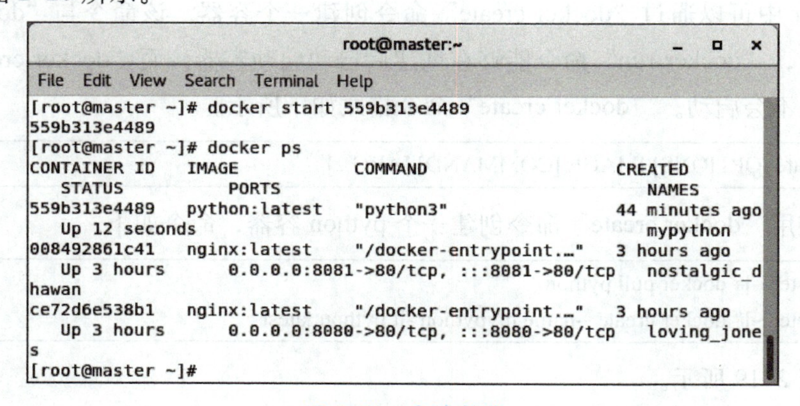

图 2-20　启动容器

（6）在容器中执行命令

当需要在已经处于运行状态的容器中执行一条命令时可以使用“docker exec”命令。该命令可以使用容器 ID 或容器命令进入容器。命令格式如下。

```
docker exec [OPTIONS] CONTAINER COMMAND [ARG...]
```

其中，OPTIONS 参数只有 -d、-i 和 -t 三种，其含义与“docker run”命令的含义一致。

例如，使用“docker exec”命令进入 mypython 容器，并在容器中使用 Python 输出“Hello world”，进入容器交互界面后可使用“exit”命令退出到宿主机，命令如下。

```
[root@master ~]# docker exec -i -t mypython /bin/bash
root@559b313e4489:/# python
>>> print("Hello world")
>>>exit();
root@559b313e4489:/# exit
```

结果如图 2-21 所示。

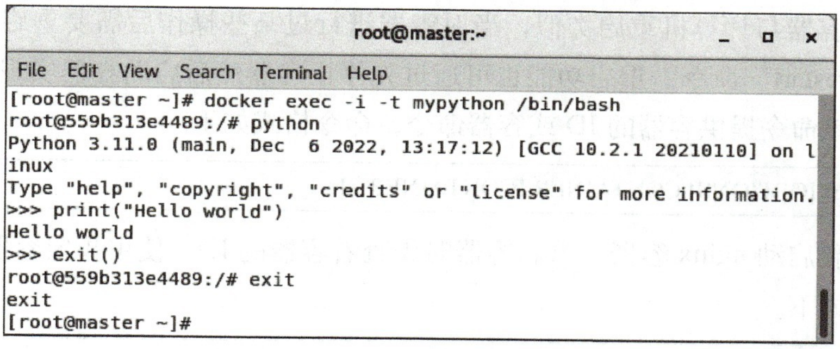

```
root@master:~
File Edit View Search Terminal Help
[root@master ~]# docker exec -i -t mypython /bin/bash
root@559b313e4489:/# python
Python 3.11.0 (main, Dec  6 2022, 13:17:12) [GCC 10.2.1 20210110] on l
inux
Type "help", "copyright", "credits" or "license" for more information.
>>> print("Hello world")
Hello world
>>> exit()
root@559b313e4489:/# exit
exit
[root@master ~]#
```

图 2-21　在容器中执行命令

（7）停止运行的容器

当不再需要某个容器运行时可以通过“docker stop”命令将容器关闭，类似于关机操作。关闭容器后，容器内运行的应用程序也会终止运行。停止运行中的容器可以使用容器 ID 或容器名，通知运行容器的命令格式如下。

```
docker stop [OPTIONS] CONTAINER [CONTAINER...]
```

例如，将运行中的 mypython 容器关闭，并尝试使用“exec”命令是否能够进入容器，命令如下。

```
[root@master ~]# docker ps
[root@master ~]# docker stop 559b313e4489
[root@master ~]# docker ps
```

结果如图 2-22 所示。

```
[root@master ~]# docker ps
CONTAINER ID   IMAGE           COMMAND                  CREATED
   STATUS           PORTS                                   NAMES
559b313e4489   python:latest   "python3"                49 minutes ago
   Up 4 minutes                                            mypython
008492861c41   nginx:latest    "/docker-entrypoint.…"   3 hours ago
   Up 3 hours       0.0.0.0:8081->80/tcp, :::8081->80/tcp   nostalgic_dh
awan
ce72d6e538b1   nginx:latest    "/docker-entrypoint.…"   3 hours ago
   Up 3 hours       0.0.0.0:8080->80/tcp, :::8080->80/tcp   loving_jones
[root@master ~]# docker stop 559b313e4489
559b313e4489
[root@master ~]# docker ps
CONTAINER ID   IMAGE          COMMAND                  CREATED         S
TATUS         PORTS                                   NAMES
008492861c41   nginx:latest   "/docker-entrypoint.…"   3 hours ago     U
p 3 hours     0.0.0.0:8081->80/tcp, :::8081->80/tcp   nostalgic_dhawan
ce72d6e538b1   nginx:latest   "/docker-entrypoint.…"   3 hours ago     U
p 3 hours     0.0.0.0:8080->80/tcp, :::8080->80/tcp   loving_jones
[root@master ~]#
```

图 2-22　停止运行的容器

（8）重新启动容器

重新启动容器与计算机重启类似，当对容器进行过某些操作后需要重启生效时，可以使用“docker restart”命令。重启功能也可通过先停止容器然后启动容器实现。重启运行中的容器需要为该命令提供容器的 ID 或容器命令，命令格式如下。

```
docker restart [OPTIONS] CONTAINER [CONTAINER...]
```

例如，重新启动 nginx 容器，重启容器时先查看容器的 ID，使用指定容器 ID 的方式重启容器，命令如下。

```
[root@master ~]# docker restart 559b313e4489
[root@master ~]# docker ps
```

结果如图 2-23 所示。

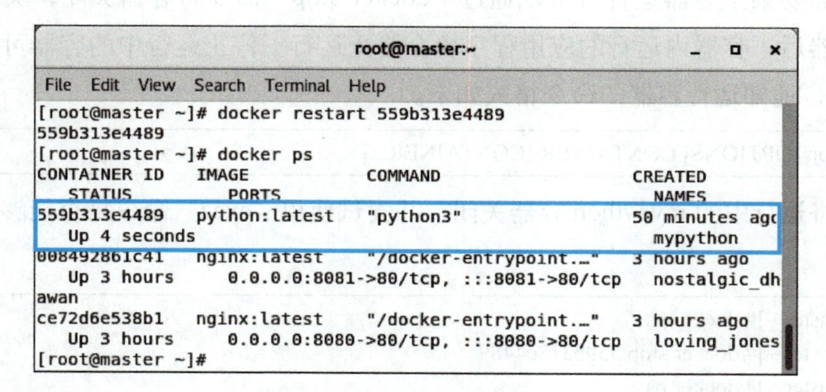

图 2-23　重新启动容器

（9）删除容器

当容器不需要或需要释放宿主机内存时，可将容器删除。删除容器时需注意备份容器中的数据，容器一旦被删除则无法恢复。需要注意的是，运行中的容器是无法被删除的，需要将容器先关闭再执行删除命令。删除容器命令格式如下。

```
docker rm [OPTIONS] CONTAINER [CONTAINER...]
```

OPTIONS 参数说明见表 2-7。

表 2-7 “docker rm” 命令参数说明

参　数	说　明
-f	通过 SIGKILL 信号强制删除一个运行中的容器
-l	移除容器间的网络连接，而非容器本身
-v	删除与容器关联的卷

例如，删除容器时需要确定容器是否在运行状态，并且需要获得容器名或容器 ID，命令如下。

```
[root@master ~]# docker stop 559b313e4489
[root@master ~]# docker rm 559b313e4489
[root@master ~]# docker ps -a
```

结果如图 2-24 所示。

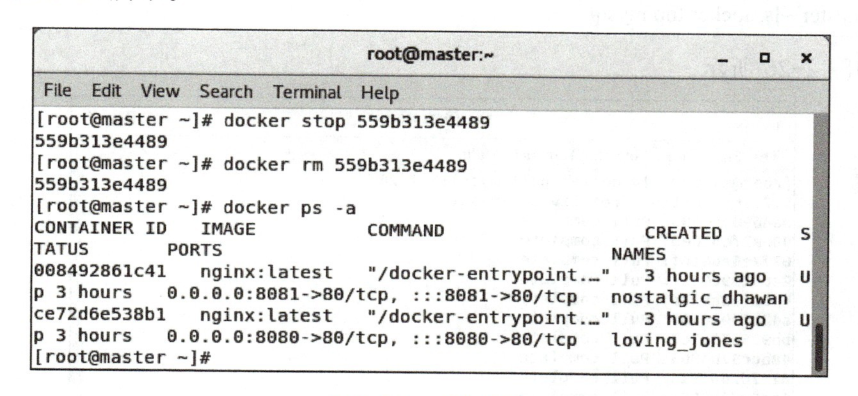

图 2-24 删除容器

如果想要删除全部容器，可以使用类似于 SQL 查询嵌套的方式进行。同样，删除容器前也可以进行批量容器的停止操作。批量关闭并删除容器的命令如下。

```
[root@master ~]# docker stop $(docker ps -q)
[root@master ~]# docker rm $(docker ps -aq)
[root@master ~]# docker ps -a
```

结果如图 2-25 所示。

```
root@master:~
File  Edit  View  Search  Terminal  Help
[root@master ~]# docker stop $(docker ps -q)
008492861c41
ce72d6e538b1
[root@master ~]# docker rm $(docker ps -aq)
008492861c41
ce72d6e538b1
[root@master ~]# docker ps -a
CONTAINER ID   IMAGE    COMMAND    CREATED    STATUS    PORTS    NAMES
[root@master ~]#
```

图 2-25　删除全部容器

(10) 查看容器中的进程

当长时间使用 Docker 提供服务时，可能不知道某个容器中提供了哪些服务进程，不方便对容器进行管理，Docker 提供了“docker top”命令用以查看容器中所运行的进程，从而知道容器提供了哪些服务。“docker top”命令格式如下。

```
docker top [OPTIONS] CONTAINER [ps OPTIONS]
```

“docker top”命令提供了与“docker ps”一样的命令参数。

例如，启动一个 mysql 容器，然后使用“docker top”命令查看 mysql 容器中的进程，方法如下。

使用“docker pull”命令拉取 Docker 仓库中的 mysql 镜像并启动，启动时设置 mysql 的密码为 123456，命令如下。

```
[root@master ~]# docker pull mysql:5.7.26
[root@master ~]# docker run -it -d --name mysql -p 3307:3306 -e MYSQL_ROOT_PASSWORD=123456 mysql:5.7.26
[root@master ~]# docker top mysql
```

结果如图 2-26 所示。

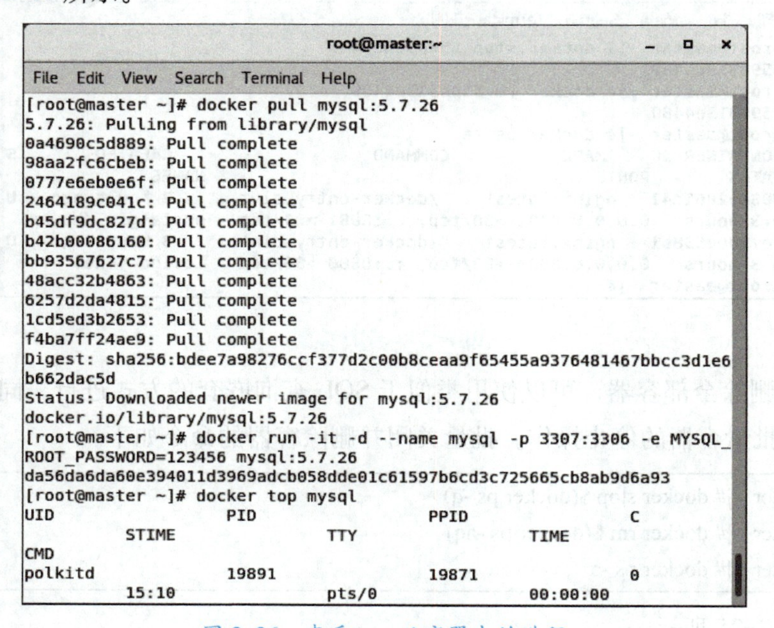

图 2-26　查看 mysql 容器中的进程

（11）暂停与启动容器中的服务

Docker 容器能够做到在不关闭容器的情况下为容器的用户暂停服务，当用户需要时再启动容器中的服务。这里暂停服务不是将容器关闭而是将容器中提供的重要服务进程关闭。关闭 / 启动容器服务的命令格式如下。

```
docker pause [OPTIONS] CONTAINER [CONTAINER...]
docker unpause [OPTIONS] CONTAINER [CONTAINER...]
```

例如，将 mysql 容器设置为可远程连接，并使用“docker pause”和“docker unpause”命令关闭/启动mysql容器服务，在开启和关闭服务时测试容器功能是否能够使用，步骤如下。

第一步：进入 mysql 容器，设置 mysql 允许所有人连接，命令如下。

```
[root@master ~]# docker exec -ti da56da6da60e /bin/bash
root@da56da6da60e:/# mysql -uroot -p123456
mysql> ALTER USER 'root'@'%' IDENTIFIED WITH mysql_native_password BY '123456';
```

结果如图 2-27 所示。

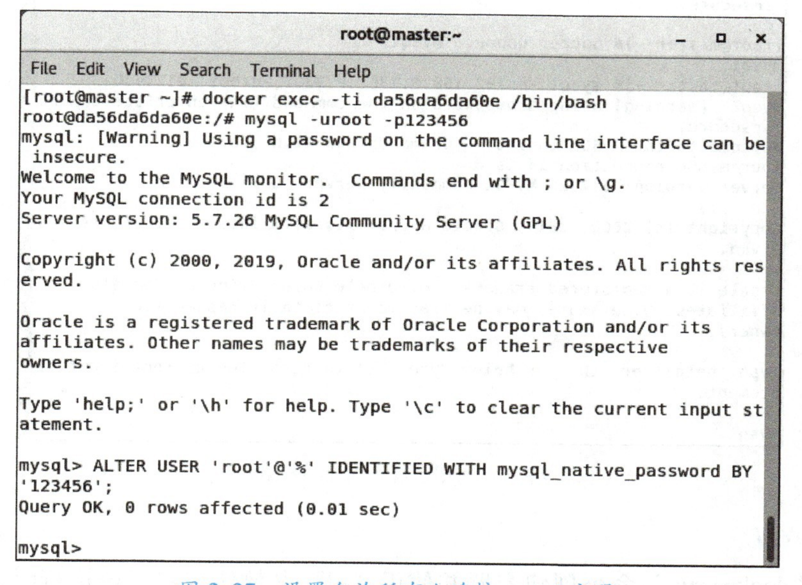

图 2-27　设置允许所有人连接 mysql 容器

第二步：尝试使用命令方式连接容器中的 mysql 服务，并使用“docker pause”命令关闭 MySQL 容器的服务器，然后再次尝试连接，命令如下。

```
[root@master ~]# mysql -h 192.168.0.136 -P 3307 -uroot -p123456 # 连接容器中的 MySQL
mysql> exit;    # 退出 MySQL 交互行
[root@master ~]# docker pause mysql # 关闭 mysql 容器服务
[root@master ~]# mysql -h 192.168.0.136 -P 3307 -uroot -p123456 # 再次连接，无法连接
[root@master ~]# docker unpause mysql # 开启 mysql 容器服务
[root@master ~]# mysql -h 192.168.0.136 -P 3307 -uroot -p123456 # 连接成功
```

结果如图 2-28 所示。

```
[root@master ~]# mysql -h 192.168.0.136 -P 3307 -uroot -p123456
mysql: [Warning] Using a password on the command line interface can be
 insecure.
Welcome to the MySQL monitor.  Commands end with ; or \g.
Your MySQL connection id is 6
Server version: 5.7.26 MySQL Community Server (GPL)

Copyright (c) 2000, 2019, Oracle and/or its affiliates. All rights res
erved.

Oracle is a registered trademark of Oracle Corporation and/or its
affiliates. Other names may be trademarks of their respective
owners.

Type 'help;' or '\h' for help. Type '\c' to clear the current input st
atement.

mysql> exit;
Bye
[root@master ~]# docker pause mysql
mysql
[root@master ~]# mysql -h 192.168.0.136 -P 3307 -uroot -p123456
mysql: [Warning] Using a password on the command line interface can be
 insecure.
^C
[root@master ~]# docker unpause mysql
mysql
[root@master ~]# mysql -h 192.168.0.136 -P 3307 -uroot -p123456
mysql: [Warning] Using a password on the command line interface can be
 insecure.
Welcome to the MySQL monitor.  Commands end with ; or \g.
Your MySQL connection id is 8
Server version: 5.7.26 MySQL Community Server (GPL)

Copyright (c) 2000, 2019, Oracle and/or its affiliates. All rights res
erved.

Oracle is a registered trademark of Oracle Corporation and/or its
affiliates. Other names may be trademarks of their respective
owners.

Type 'help;' or '\h' for help. Type '\c' to clear the current input st
atement.

mysql>
```

图 2-28 关闭 / 启动容器中的服务

4. 容器交互

当使用“docker run”命令创建容器并使用“-d”参数使容器后台运行时，如果想进入容器与容器进行交互，可以使用 Docker 的容器操作命令 exec 完成。除此之外，Docker 还提供了另外两种方式完成开发人员与容器之间的交互操作。

（1）attach 命令

使用 attach 命令能够进入一个正在运行状态下的容器的命令行，当有多个窗口同时使用 attach 命令进入同一个容器时，各窗口不是独立的而是会进行同步更新，当其中一个窗口阻塞时其他窗口无法正常使用。attach 命令格式如下。

```
docker attach CONTAINER
```

例如，创建一个 ubuntu 容器并打开两个窗口使用“docker attach”命令进入容器，查看两个窗口是否同步，命令如下。

```
[root@master ~]# docker run -it -d ubuntu:16.04
[root@master ~]# docker ps -a
[root@master ~]# docker attach ec1ce048d7a6
```

结果如图 2-29 所示。

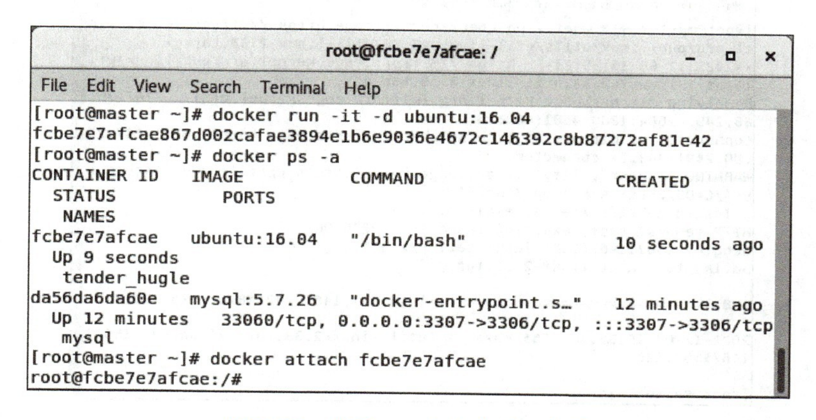

图 2-29 使用 attach 命令进入容器

重新打开一个窗口使用“docker attach”命令进入 ubuntu 容器，在新窗口中执行的命令在第一个窗口中也会同步显示，如图 2-30 和图 2-31 所示。

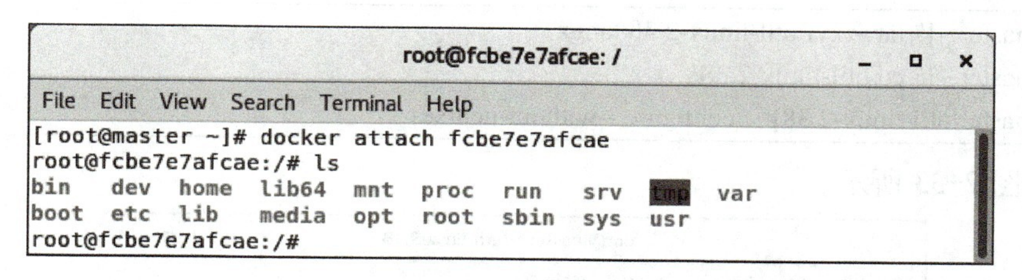

图 2-30 第二个窗口

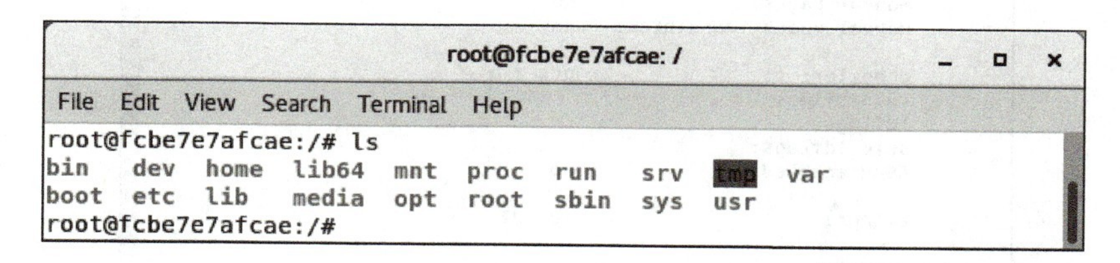

图 2-31 第一个窗口

（2）nsenter 工具

nsenter 工具与 exec 和 attach 命令一样都能够用来进入 Docker 容器。与后两种不同的是，nsenter 是一种工具而不是 Docker 中提供的命令，需要安装。它能够接收容器的 ID 或名称，并可选择在命名空间内执行的程序名称。nsenter 的安装及使用步骤如下。

第一步：nsenter 需要安装到 Docker 的宿主机中，容器无须做其他操作。下载 nsenter 安装包的命令如下。

```
[root@master ~]# wget --no-check-certificate https://mirrors.edge.kernel.org/pub/linux/utils/util-linux/v2.38/util-linux-2.38.tar.gz
```

结果如图 2-32 所示。

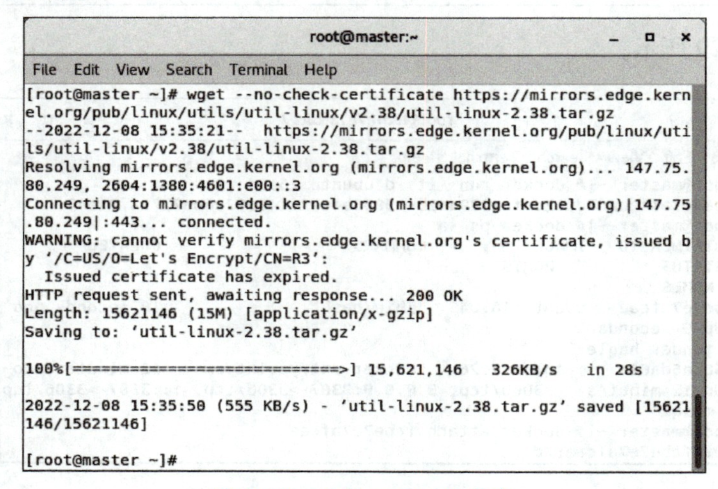

图 2-32　下载 nsenter 安装包

第二步：在根目录解压 util-linux-2.38.tar.gz 包，并进入 util-linux-2.38 安装 nsenter，命令如下。

```
[root@master ~]# tar -zxvf util-linux-2.38.tar.gz
[root@master ~]# cd util-linux-2.38/
[root@master util-linux-2.38]# ./configure --without-ncurses
```

结果如图 2-33 所示。

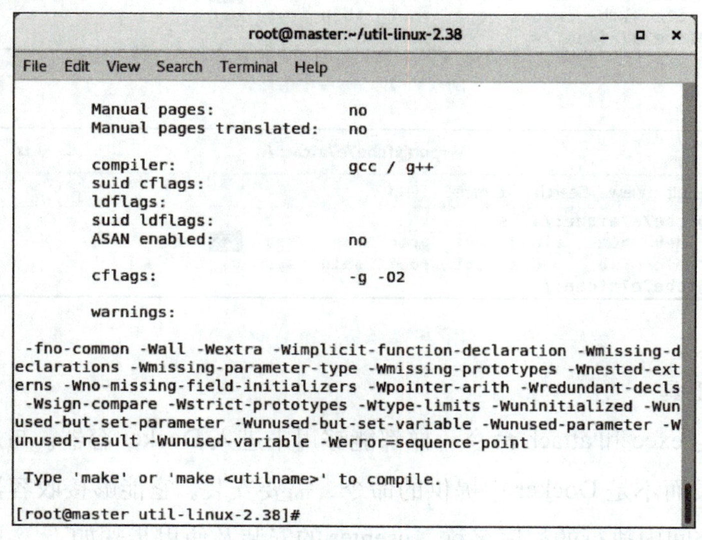

图 2-33　安装 nsenter

第三步：编译并配置 nsenter，命令如下。

```
[root@master util-linux-2.38]# make nsenter
[root@master util-linux-2.38]# cp nsenter /usr/local/bin
```

结果如图 2-34 所示。

```
root@master:~/util-linux-2.38
File  Edit  View  Search  Terminal  Help
 static inline struct blk_zone_report *blkdev_get_zonereport(int fd, u
int64_t sector, uint32_t nzones)

./include/blkdev.h:154:95: warning: unused parameter 'nzones' [-Wunuse
d-parameter]
 static inline struct blk_zone_report *blkdev_get_zonereport(int fd, u
int64_t sector, uint32_t nzones)

  CC       lib/libcommon_la-cpuset.lo
  CC       lib/libcommon_la-path.lo
  CC       lib/libcommon_la-sysfs.lo
  CC       lib/libcommon_la-procfs.lo
  CCLD     libcommon.la
  CCLD     nsenter
[root@master util-linux-2.38]# cp nsenter /usr/local/bin
[root@master util-linux-2.38]#
```

图 2-34 编译并配置 nsenter

第四步：测试 nsenter 是否安装成功。在宿主机中查看 nsenter 帮助信息，命令如下。

```
[root@master util-linux-2.38]# nsenter --help
```

结果如图 2-35 所示。

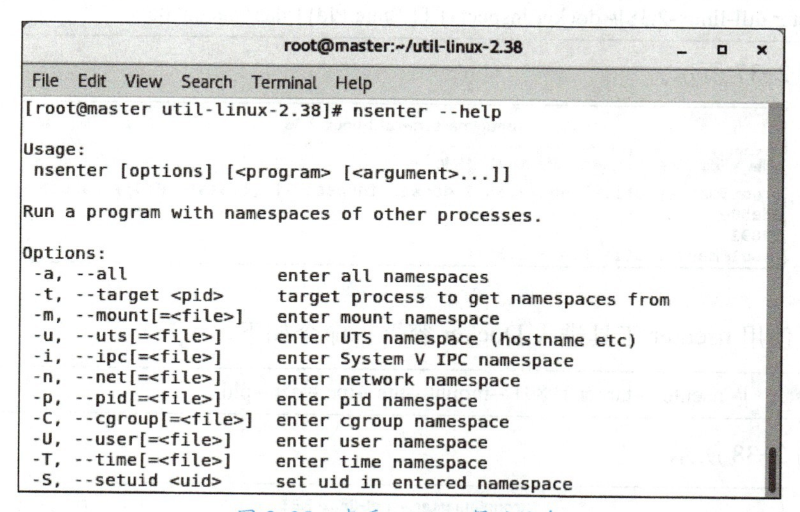

图 2-35 查看 nsenter 帮助信息

nsenter 安装成功后需要查询出容器的 PID（进程识别号）才能够进入容器。使用 nsenter 进入容器的步骤如下。

第一步：查询容器的 PID 需要使用 inspect 命令。inspect 命令能够查询出容器的所有详

细信息，命令如下。

```
[root@master util-linux-2.38]# docker ps -a
[root@master util-linux-2.38]# docker inspect da56da6da60e
```

结果如图 2-36 所示。

```
root@master:~/util-linux-2.38
File  Edit  View  Search  Terminal  Help
[root@master util-linux-2.38]# docker ps -a
CONTAINER ID   IMAGE          COMMAND                    CREATED
  STATUS
               NAMES
fcbe7e7afcae   ubuntu:16.04   "/bin/bash"                25 minutes ago
  Exited (0) 17 minutes ago
               tender_hugle
da56da6da60e   mysql:5.7.26   "docker-entrypoint.s…"    37 minutes ago
  Up 37 minutes               33060/tcp, 0.0.0.0:3307->3306/tcp, :::33
07->3306/tcp   mysql
[root@master util-linux-2.38]# docker inspect da56da6da60e
[
    {
        "Id": "da56da6da60e394011d3969adcb058dde01c61597b6cd3c725665cb
8ab9d6a93",
        "Created": "2022-12-08T07:10:12.61385689Z",
        "Path": "docker-entrypoint.sh",
        "Args": [
            "mysqld"
        ],
        "State": {
            "Status": "running",
            "Running": true,
            "Paused": false,
```

图 2-36　查询容器的详细信息

第二步：第一步中查询出容器的详细信息有很多，图 2-36 中只显示了其中一小部分，但实际上只需要获得容器的 PID，这时就可以使用“-f”参数指定只获取 PID，命令如下。

```
[root@master util-linux-2.38]# docker inspect -f {{.State.Pid}} da56da6da60e
```

结果如图 2-37 所示。

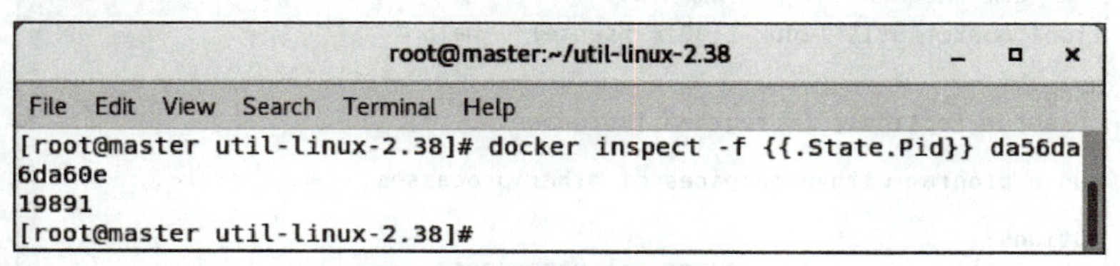

图 2-37　查询容器的 PID

第三步：使用 nsenter 工具进入 Docker 容器，命令如下。

```
[root@master ~]# nsenter --target 19891 --mount --uts --ipc --net --pid
```

结果如图 2-38 所示。

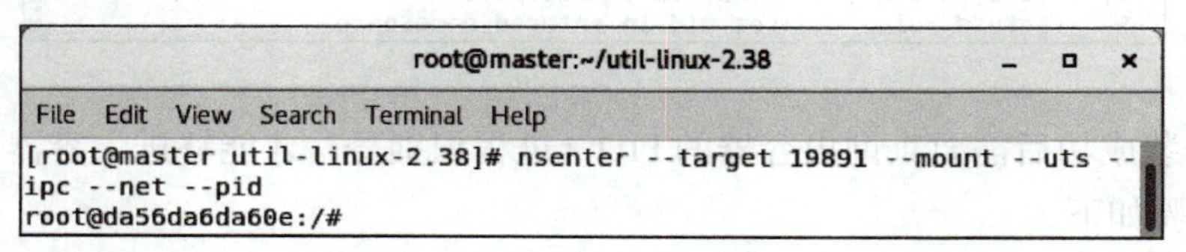

图 2-38　使用 nsenter 工具进入 Docker 容器

项目实施

使用 Docker 部署 httpd 容器服务，然后测试 httpd 容器的 8080 端口是否能够正常访问，最后使用复制命令将一个 html 的五子棋游戏项目部署到服务器中并刷新页面，html 静态页面部署成功。项目流程如图 2-39 所示。

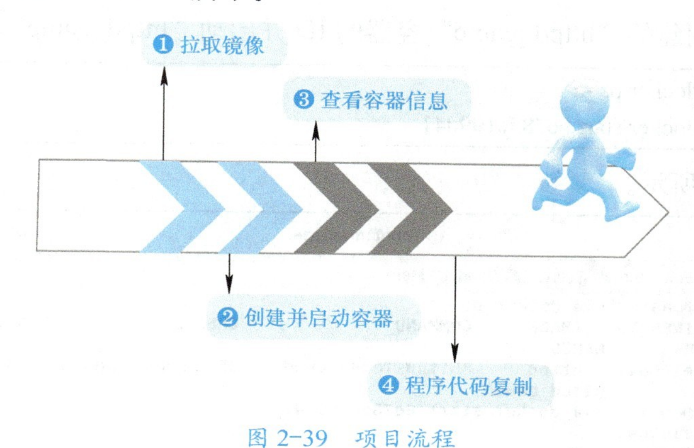

图 2-39 项目流程

【实施步骤】

第一步：创建 Apache httpd 服务器容器前需要拉取相应的容器，通过“docker pull”命令拉取名为“httpd”的镜像，命令如下。

```
[root@master ~]# docker pull httpd
```

结果如图 2-40 所示。

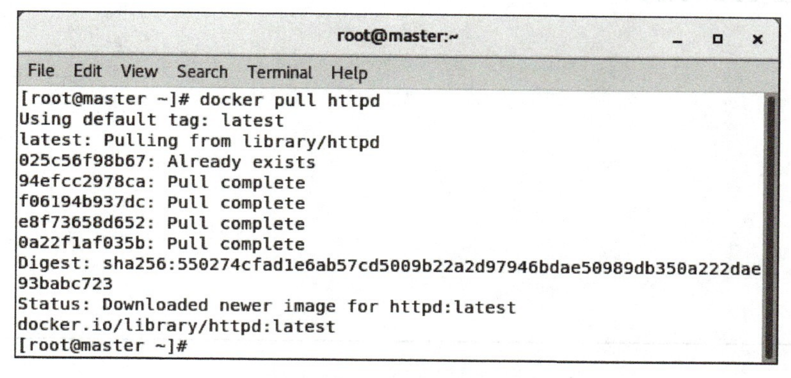

```
[root@master ~]# docker pull httpd
Using default tag: latest
latest: Pulling from library/httpd
025c56f98b67: Already exists
94efcc2978ca: Pull complete
f06194b937dc: Pull complete
e8f73658d652: Pull complete
0a22f1af035b: Pull complete
Digest: sha256:550274cfad1e6ab57cd5009b22a2d97946bdae50989db350a222dae
93babc723
Status: Downloaded newer image for httpd:latest
docker.io/library/httpd:latest
[root@master ~]#
```

图 2-40 拉取 httpd 镜像

第二步：镜像拉取完成后，使用“docker create”命令基于“httpd”镜像创建一个名为“httpd_game”的容器，并将容器的 80 端口映射到主机的 8080 端口，映射前要确保主机的 8080 端口未被其他程序占用，命令如下。

```
[root@master ~]# docker create --name httpd_game -p 8080:80 httpd
```

结果如图 2-41 所示。

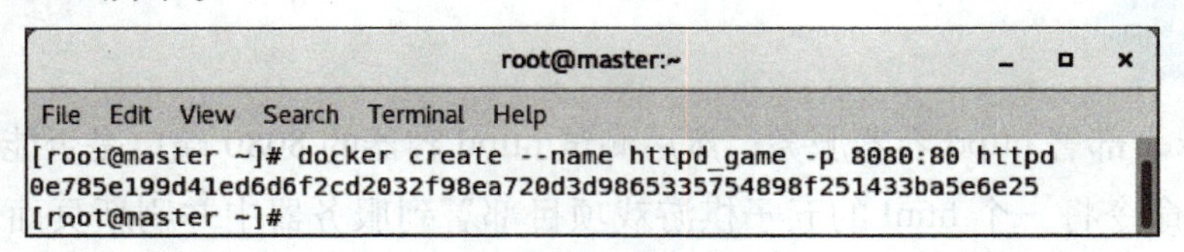

图 2-41 创建 httpd_game 容器

第三步：查看创建的“httpd_game”容器的 ID 并启动“httpd_game”容器，命令如下。

```
[root@master ~]# docker ps -a
[root@master ~]# docker start 0e785e199d41
```

结果如图 2-42 所示。

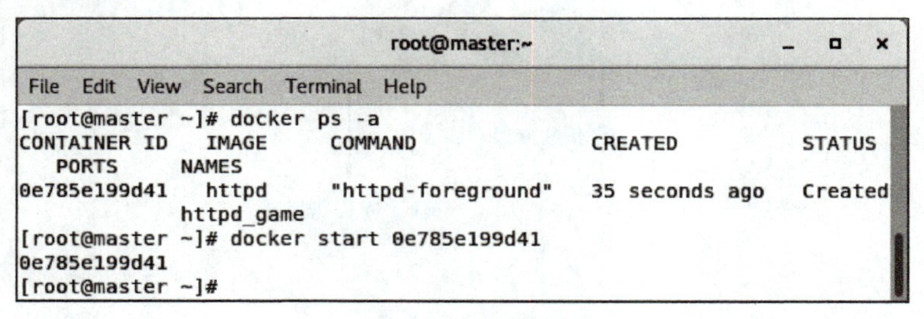

图 2-42 启动容器

第四步：使用“docker ps”命令查看“httpd_game”容器是否启动，启动成功后访问 Docker 宿主机的“8080”端口。初始页面如图 2-43 所示。

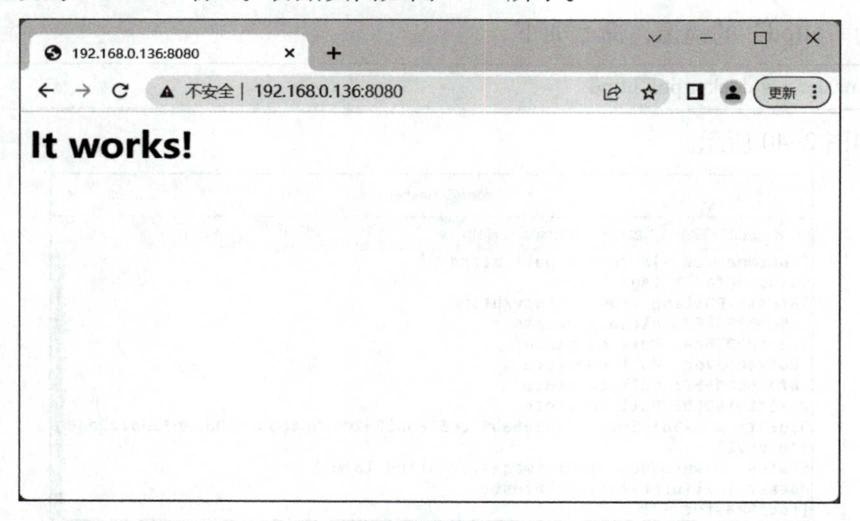

图 2-43 httpd 初始页面

第五步：容器启动成功后，使用“docker cp”命令将五子棋游戏文件夹复制到容器中的“/usr/local/apache2/htdocs/”目录下，命令如下。

```
[root@master ~]# docker ps -a
[root@master ~]# docker cp /usr/local/gobang 0e785e199d41:/usr/local/apache2/htdocs/
[root@master ~]# docker exec -it 0e785e199d41 /bin/bash
```

```
root@d92ad621b146:/usr/local/apache2# cd ./htdocs/
root@d92ad621b146:/usr/local/apache2/htdocs# ls
```

结果如图 2-44 所示。

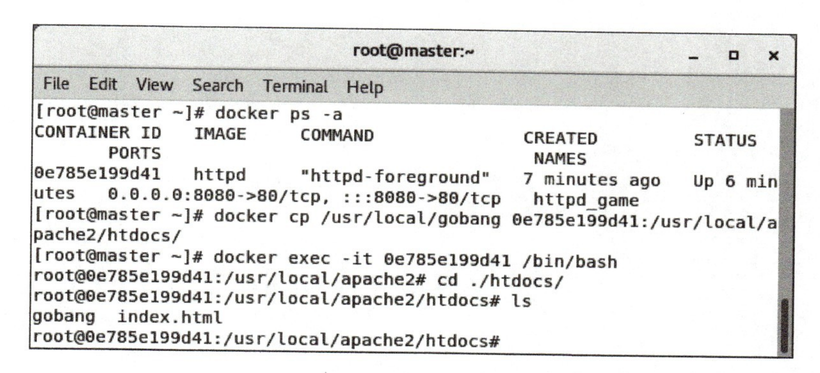
```
[root@master ~]# docker ps -a
CONTAINER ID   IMAGE     COMMAND                 CREATED          STATUS
     PORTS                                   NAMES
0e785e199d41   httpd     "httpd-foreground"      7 minutes ago    Up 6 min
utes   0.0.0.0:8080->80/tcp, :::8080->80/tcp    httpd_game
[root@master ~]# docker cp /usr/local/gobang 0e785e199d41:/usr/local/a
pache2/htdocs/
[root@master ~]# docker exec -it 0e785e199d41 /bin/bash
root@0e785e199d41:/usr/local/apache2# cd ./htdocs/
root@0e785e199d41:/usr/local/apache2/htdocs# ls
gobang  index.html
root@0e785e199d41:/usr/local/apache2/htdocs#
```

图 2-44　向容器中复制项目

第六步：将文件复制到容器中后，通过浏览器以“IP+ 端口 + 项目文件夹”的形式访问项目，结果如图 2-45 所示。

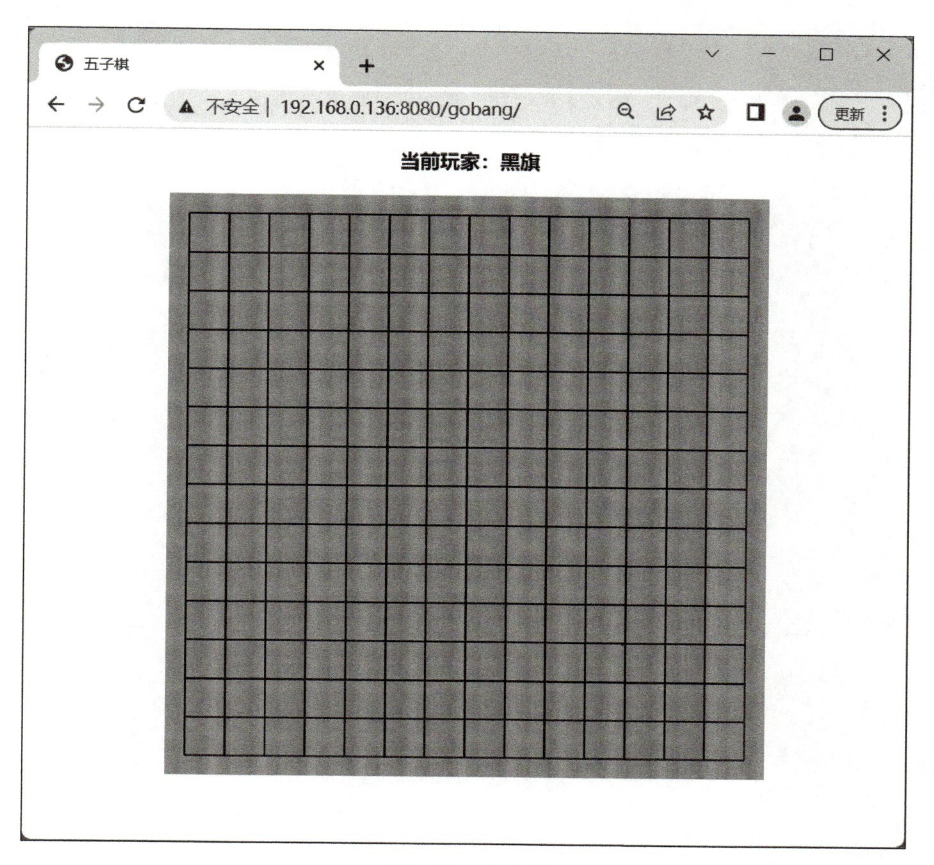

图 2-45　五子棋

Project 3

项目三

Docker数据持久化与网络通信

项目描述

某公司在使用 Docker 容器测试部署时发现，将所有项目依赖的环境全部安装到一个容器中会导致容器比较臃肿，且不易管理，如果因为某些原因容器崩溃无法恢复，数据库也会随之丢失，而且访问容器和备份容器内的数据也成为一个急需解决的问题。技术主管与技术人员谈话如下。

技术主管：学得怎么样了？

技术人员：Docker 镜像和容器的使用已经基本掌握了。

技术主管：厉害，但现在还不是松懈的时候。

技术主管：你还有很多的知识要学习呢。

技术人员：那我该学习什么了呢？

技术主管：接下来就要进行 Docker 数据持久化和网络通信相关知识的学习。

技术人员：好的，我这就去学习

一般情况下，一个项目会由多名工程师合作开发，程序被分为多个模块，且每个模块需要协同工作。但由于容器在默认状态下是相对独立的，如果想要进行协同开发，则必须使容器之间能够实现通信和数据共享。Docker 提供了针对容器的网络配置和数据卷的定义，通过网络配置和数据卷完成容器之间的通信和数据共享。

学习目标

通过对 Docker 数据持久化与网络通信的学习，了解数据持久化的解决方案，熟悉容器互联与数据持久化的实现过程，掌握数据卷、数据卷容器创建方法和容器网络设置方法，具有创建 Docker 网络、数据备份与恢复以及端口映射的能力。

项目分析

本项目主要实现数据的持久化以及不同容器之间的通信。在“项目技能”中，简单讲解了数据持久化的相关知识，详细说明了 Docker 容器端口以及 Docker 网络的相关配置。

项目技能

技能点一 容器数据持久化

1. 数据持久化方式

由项目二中对容器的介绍可知，容器是由若干个只读层叠加而成的，容器在启动时会在这些只读层上添加一个可读 / 写层，用户对容器内的文件所做的修改都会在读 / 写层进行，在该层对文件做出的修改不会覆盖原文件。若误删容器或容器意外重启，修改后的数据会丢失。容器在宿主机中的存在形式较为复杂，不能通过简单的方式读取容器中的内容，且容器间不能实现数据的共享。在 Docker 中，可以通过两种方式管理数据，分别为数据卷和数据卷容器。

（1）数据卷

Docker 为了解决这些问题使用了数据卷（Data Volume）机制。数据卷是以一个或多个目录 / 文件的形式存在于容器中，这个目录或文件能够独立于容器的读 / 写层存储在宿主机中，其优点如下。

- 数据卷在容器创建时开始初始化。
- 对数据卷中文件的修改会立即生效。
- 数据卷与容器隔离，修改数据卷中的数据不会破坏容器或镜像。
- 数据卷的生命周期与容器的生命周期不同，即容器的删除不会影响到数据卷。

数据卷与容器的关系如图 3-1 所示。

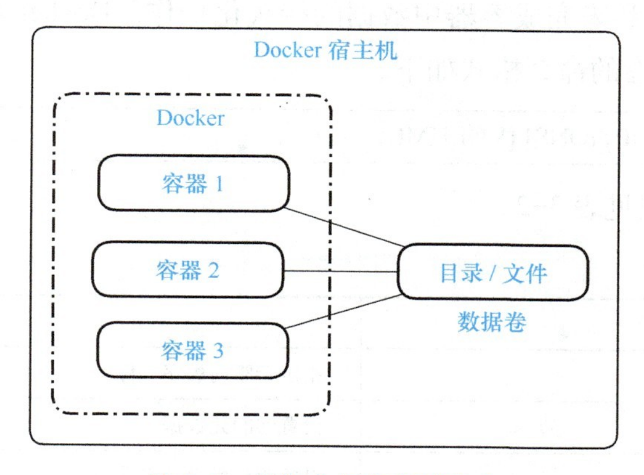

图 3-1　数据卷与容器的关系

（2）数据卷容器

数据卷容器是基于数据卷实现的。容器间通过挂载一个容器实现数据共享，挂载数据卷的容器就是数据卷容器。也就是说，数据卷容器专门负责其他容器挂载使用。数据卷容器实现如图 3-2 所示。

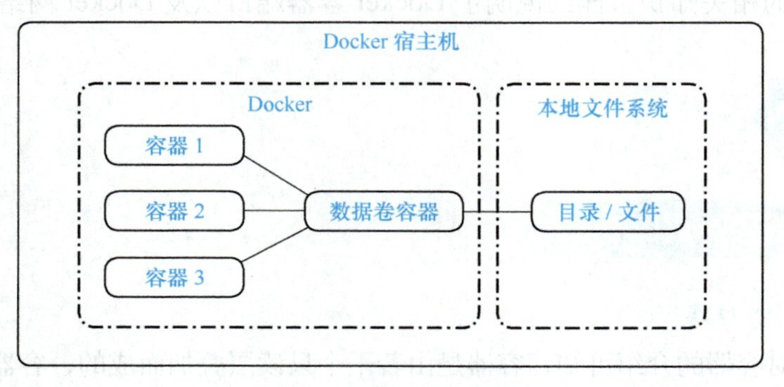

图 3-2　数据卷容器实现

2．数据卷

Docker 为了方便用户创建并使用数据卷提供了一系列相关命令，如创建数据卷、查看数据卷、删除数据卷等。数据卷常用操作命令见表 3-1。

表 3-1　数据卷常用操作命令

命　令	描　述
docker volume create	创建一个数据卷
docker volume ls	查看数据卷列表
docker volume inspect	查看一个或多个数据卷的详细信息
docker volume rm	删除一个或多个数据卷
docker volume prune	删除所有未使用的数据卷

（1）创建数据卷

Docker 常使用数据卷来完成容器中数据的持久化操作。Docker 容器绑定数据卷前需要创建数据卷，创建数据卷的命令格式如下。

```
docker volume create [OPTIONS] [VOLUME]
```

OPTIONS 参数说明见表 3-2。

表 3-2　创建数据卷命令参数

参　数	描　述
--driver , -d	指定卷驱动程序名称
--label	设置卷的元数据
--opt , -o	设置驱动程序特定选项

例如，使用“docker volume create”命令创建名为“VOLUME1”和“VOLUME2”的数据卷，命令如下。

```
[root@master ~]# docker volume create VOLUME1
[root@master ~]# docker volume create VOLUME2
```

结果如图 3-3 所示。

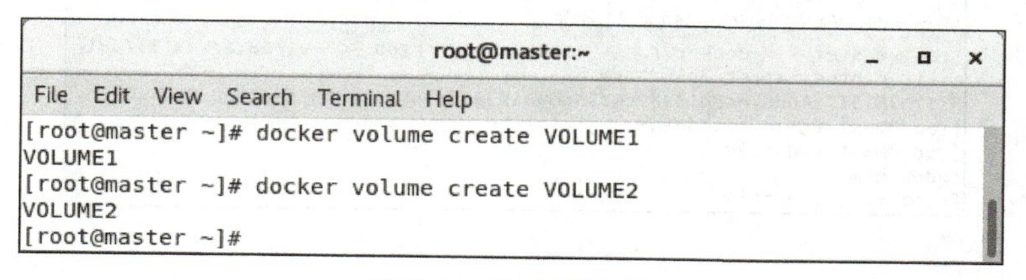
```
[root@master ~]# docker volume create VOLUME1
VOLUME1
[root@master ~]# docker volume create VOLUME2
VOLUME2
[root@master ~]#
```

图 3-3 创建数据卷

数据卷创建完成后可以使用“docker run”命令的 -v 或 -mount 参数在创建容器时将数据卷挂载到容器中。两种数据卷挂载方法说明如下。

1）使用 -v 或 --volume 挂载数据卷。

```
-v 或 --volume 语法
```

其中，语法由三部分构成，使用“:”分隔，每个字段含义不同，需要排列正确。每个字段的含义说明如下。

- 第一个字段为 Docker 宿主机上的一个文件或者目录。
- 第二个字段为容器中的文件或者目录。

使用 -v 挂载数据卷时，若 Docker 宿主机中不存在要挂载的文件或者目录，Docker 会自动创建，通常是一个目录。例如，创建一个名为“V_centos”的容器，并使用“-v”参数将“VOLUME1”数据卷挂载到“V_centos”容器中的“data”目录，命令如下。

```
[root@master ~]# docker run --name V_centos -d -v VOLUME1:/data -it centos:latest /bin/bash
```

结果如图 3-4 所示。

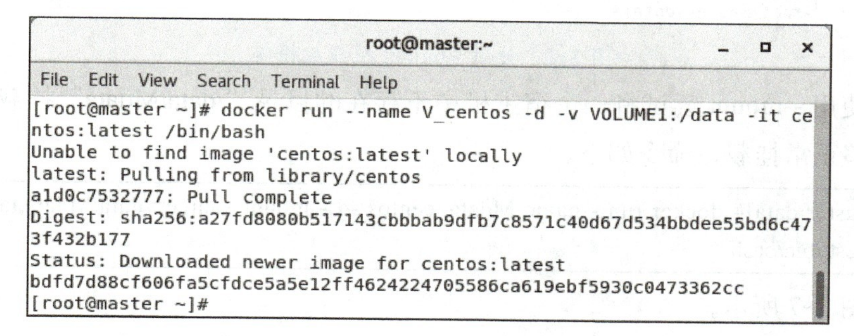
```
[root@master ~]# docker run --name V_centos -d -v VOLUME1:/data -it ce
ntos:latest /bin/bash
Unable to find image 'centos:latest' locally
latest: Pulling from library/centos
a1d0c7532777: Pull complete
Digest: sha256:a27fd8080b517143cbbbab9dfb7c8571c40d67d534bbdee55bd6c47
3f432b177
Status: Downloaded newer image for centos:latest
bdfd7d88cf606fa5cfdce5a5e12ff4624224705586ca619ebf5930c0473362cc
[root@master ~]#
```

图 3-4 使用 -v 挂载数据卷

再如，使用 -v 将 Docker 宿主机中不存在的目录“/data/Vdata”挂载到容器中，查看是否能够正常挂载，命令如下。

```
[root@master ~]# docker run --name Vdata_centos -d -v /data/Vdata:/data -it centos:latest /bin/bash
[root@master ~]# cd /data/
[root@master data]# ls
```

结果如图 3-5 所示。

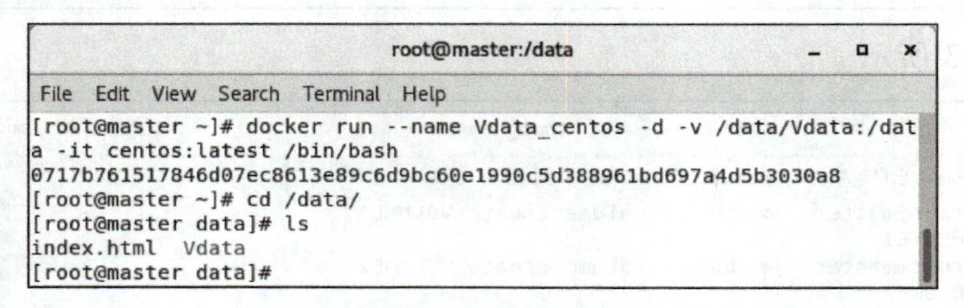

图 3-5 使用 -v 挂载 Docker 宿主机中不存在的目录

2）使用 --mount 挂载数据卷。

```
--mount 语法
```

其中，语法由一组键值对构成，以“,”进行分隔。常用键值对说明如下。

- source/src：Docker 宿主机上的一个文件或者目录。
- destination/dst/target：容器上的一个文件或者目录。

使用 --mount 挂载数据卷时，如果在 Docker 宿主机中不存在要挂载的文件或者目录时，Docker 不会自动创建而会抛出错误提示。例如，创建一个名为“M_centos”的容器，使用“--mount”参数将“VOLUME1”数据卷挂载到“M_centos”容器中，命令如下。

```
[root@master data]# docker run --name M_centos -d --mount source=VOLUME1,target=/data -it
centos:latest /bin/bash
```

结果如图 3-6 所示。

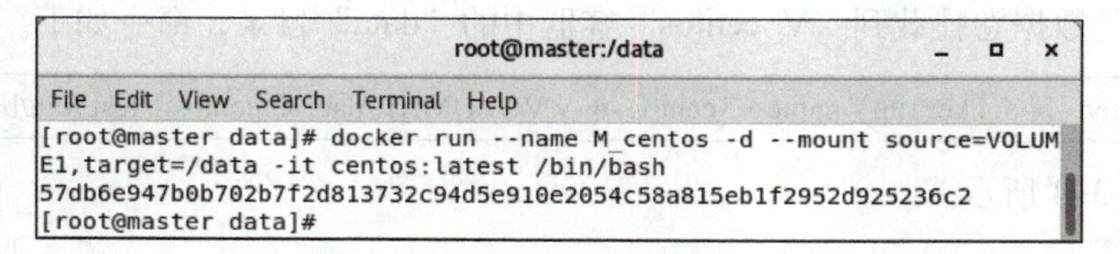

图 3-6 使用 --mount 挂载数据卷

再如，使用 --mount 尝试将一个宿主机中不存在的目录“/data/Mdata”挂载到容器中，查看是否能够正常挂载，命令如下。

```
[root@master data]# docker run --name Mdata_centos -d --mount source=/data/Mdata,target=/data -it
centos:latest /bin/bash
```

结果如图 3-7 所示。

由以上介绍的操作可知，-v 和 --mount 都能够将数据卷挂载到容器中，它们的区别在于，当将 Docker 宿主机中不存在目录挂载到容器时，-v 会自动创建目录，而 --mount 会提示找不到该目录。

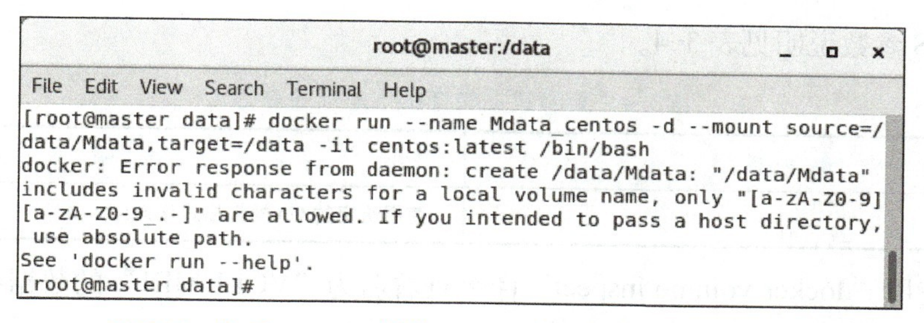
```
[root@master data]# docker run --name Mdata_centos -d --mount source=/
data/Mdata,target=/data -it centos:latest /bin/bash
docker: Error response from daemon: create /data/Mdata: "/data/Mdata"
includes invalid characters for a local volume name, only "[a-zA-Z0-9]
[a-zA-Z0-9_.-]" are allowed. If you intended to pass a host directory,
 use absolute path.
See 'docker run --help'.
[root@master data]#
```

图 3-7　使用 --mount 挂载 Docker 宿主机中不存在的目录

（2）查看数据卷列表

数据卷创建完成后要验证数据卷是否创建成功，或查看当前环境中有哪些数据卷，可以使用“docker volume ls”命令，命令格式如下。

```
docker volume ls [OPTIONS]
```

OPTIONS 参数说明见表 3-3。

表 3-3　查看数据卷命令参数

参　数	说　明
--filter , -f	提供过滤值（例如 'dangling = true'）
--format	使用 Go 模板的精美打印卷
--quiet , -q	仅显示卷名称

例如，使用“docker volume ls”命令查看上面创建的“VOLUME1”数据卷是否创建成功，命令如下。

```
[root@master ~]# docker volume ls
```

结果如图 3-8 所示。

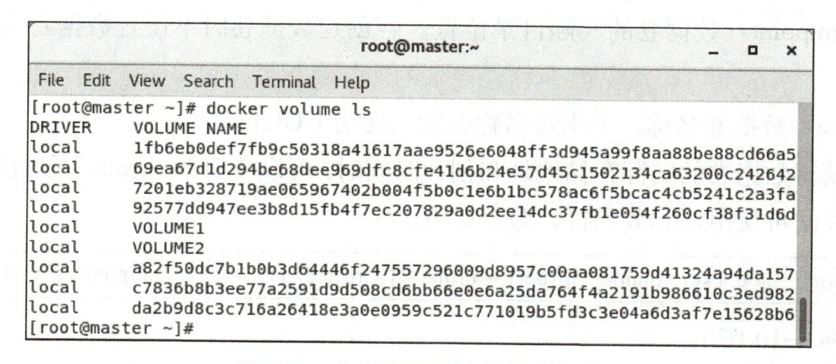
```
[root@master ~]# docker volume ls
DRIVER    VOLUME NAME
local     1fb6eb0def7fb9c50318a41617aae9526e6048ff3d945a99f8aa88be88cd66a5
local     69ea67d1d294be68dee969dfc8cfe41d6b24e57d45c1502134ca63200c242642
local     7201eb328719ae065967402b004f5b0c1e6b1bc578ac6f5bcac4cb5241c2a3fa
local     92577dd947ee3b8d15fb4f7ec207829a0d2ee14dc37fb1e054f260cf38f31d6d
local     VOLUME1
local     VOLUME2
local     a82f50dc7b1b0b3d64446f247557296009d8957c00aa081759d41324a94da157
local     c7836b8b3ee77a2591d9d508cd6bb66e0e6a25da764f4a2191b986610c3ed982
local     da2b9d8c3c716a26418e3a0e0959c521c771019b5fd3c3e04a6d3af7e15628b6
[root@master ~]#
```

图 3-8　查看数据卷是否创建成功

（3）查看数据卷详细信息

数据卷创建完成后想要确定某个数据卷的详细创建信息可通过“docker volume inspect”命令实现，命令格式如下。

```
docker volume inspect [OPTIONS] VOLUME [VOLUME...]
```

OPTIONS 参数说明见表 3-4。

表 3-4　查看数据卷详细信息命令参数

参　数	说　明
--format , -f	使用给定的 Go 模板格式化输出

例如，使用“docker volume inspect”命令查看名为“VOLUME1”的数据卷详细信息，命令如下。

```
[root@master ~]# docker volume inspect VOLUME1
```

结果如图 3-9 所示。

```
root@master:~
File  Edit  View  Search  Terminal  Help
[root@master ~]# docker volume inspect VOLUME1
[
    {
        "CreatedAt": "2022-12-08T16:33:27+08:00",
        "Driver": "local",
        "Labels": {},
        "Mountpoint": "/var/lib/docker/volumes/VOLUME1/_data",
        "Name": "VOLUME1",
        "Options": {},
        "Scope": "local"
    }
]
[root@master ~]#
```

图 3-9　查看数据卷详细信息

主要信息参数说明如下：

- CreatedAt：数据卷创建时间。
- Driver：数据卷驱动器。
- Mountpoint：数据卷的实际目录位置，若创建数据卷时不设置数据卷名称，则会生成串 UUID。
- Name：数据卷名称，不指定名称会默认使用 UUID。

当只想获得数据卷的实际存储地址和创建时间时，可以使用“--format”参数格式化输出，多个查询属性间可使用任意分隔符，命令如下。

```
[root@master ~]# docker volume  inspect --format '{{.CreatedAt}}----{{.Mountpoint}}' VOLUME1
```

结果如图 3-10 所示。

```
root@master:~
File  Edit  View  Search  Terminal  Help
[root@master ~]# docker volume inspect --format '{{.CreatedAt}}----{{
.Mountpoint}}' VOLUME1
2022-12-08T16:33:27+08:00----/var/lib/docker/volumes/VOLUME1/_data
[root@master ~]#
```

图 3-10　格式化输出数据卷信息

（4）删除数据卷

Docker 只能够删除静止状态的数据卷。静止状态指未被任何容器挂载的数据卷。删除时要确定该数据卷中是否包含重要信息，一旦删除无法恢复。命令格式如下。

```
docker volume rm [OPTIONS] VOLUME [VOLUME...]
```

OPTIONS 参数说明见表 3-5。

表 3-5 删除数据卷命令参数

参　数	说　明
--force , -f	强制删除一个或多个卷

例如，使用“docker volume rm”命令将空闲状态下的“VOLUME2”数据卷删除，并尝试删除使用过程中的数据卷，对比结果。命令如下。

```
[root@master ~]# docker volume rm VOLUME2
[root@master ~]# docker volume rm VOLUME1
[root@master ~]# docker volume ls
```

结果如图 3-11 所示。

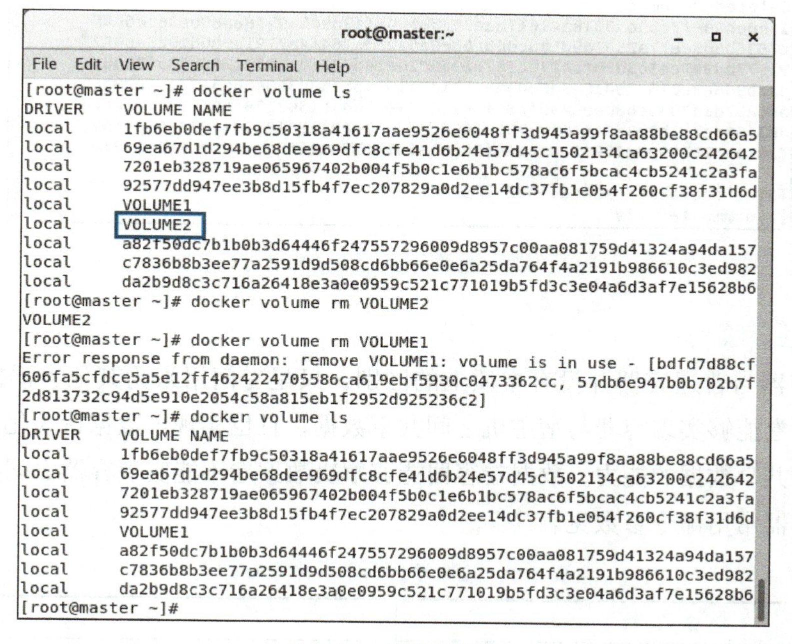

图 3-11 删除数据卷

（5）删除所有未使用的数据卷

为了能够更好地管理 Docker 中的容器，Docker 提供了一次性删除所有未使用的数据卷命令“docker volume prune”，命令格式如下。

```
docker volume prune [OPTIONS]
```

OPTIONS 参数说明见表 3-6。

表 3-6　删除所有未使用的数据卷命令参数说明

参　数	说　明
--filter	提供过滤值（例如 'label = '）
--force , -f	不要提示确认

使用“docker volume prune”命令删除所有数据卷时，要确认未使用中的数据卷中是否包含重要数据，命令执行过程也会提示是否要删除。删除所有未使用的数据卷，命令如下。

```
[root@master ~]# docker volume prune
```

结果如图 3-12 所示。

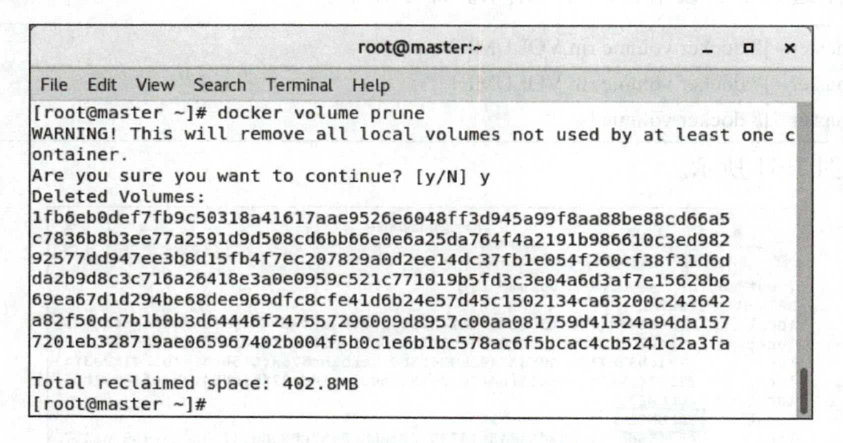

图 3-12　删除所有未使用的数据卷

3．数据卷容器

数据卷容器与普通容器并没有本质上的区别，只是专门用来为其他容器提供数据卷。虽然通过数据卷能够实现容器与宿主机之间共享数据，且也实现了数据持久化，但数据卷不具备使容器间共享数据的能力。数据卷容器能够解决数据卷不能实现容器之间数据共享的问题。数据卷容器常用命令参数见表 3-7。

表 3-7　数据卷容器常用命令参数

命 令 参 数	说　明
--volumes-from	挂载数据卷容器中的数据卷
-v $(pwd)	数据卷备份

数据卷容器创建和使用步骤如下。

第一步：使用 centos 镜像创建一个名为“DataVolumeC”的数据卷容器，将宿主机中的“DataV”目录挂载到容器的“DataV”目录下，命令如下。

```
[root@master ~]# docker run -it -v /DataV:/DataV --name DataVolumeC centos
[root@f67db63fdb52 /]# cd /DataV/
[root@f67db63fdb52 DataV]# ls
[root@f67db63fdb52 DataV]# exit
```

结果如图 3-13 所示。

```
root@master:~
File  Edit  View  Search  Terminal  Help
[root@master ~]# docker run -it -v /DataV:/DataV --name DataVolumeC ce
ntos
[root@f67db63fdb52 /]# cd /DataV/
[root@f67db63fdb52 DataV]# ls
[root@f67db63fdb52 DataV]# exit
exit
[root@master ~]#
```

图 3-13　创建数据卷容器

第二步：使用 centos 镜像再次分别创建两个容器“DC1”和“DC2”，并且使用 --volumes-from 命令参数挂载“DataVolumeC”数据卷容器中的“DataV”目录，命令如下。

```
[root@master ~]# docker run -it -v /DataV:/DataV --volumes-from DataVolumeC --name DC1 centos
[root@e06c9aeaed26 /]# exit
[root@master ~]# docker run -it -v /DataV:/DataV --volumes-from DataVolumeC --name DC2 centos
[root@e3bcad13a8ef /]# exit
```

结果如图 3-14 所示。

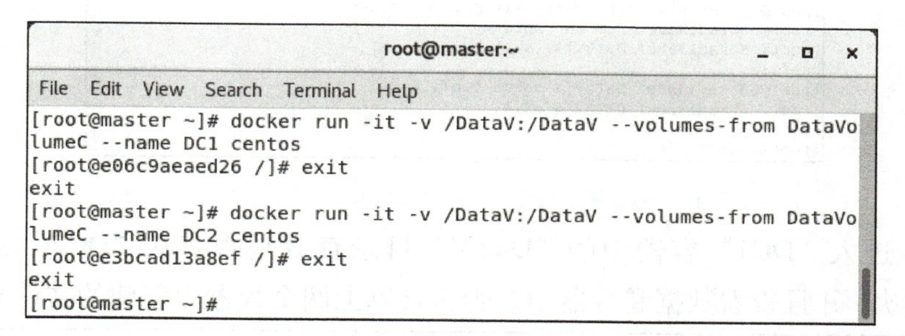

图 3-14　创建容器并挂载

第三步：启动并进入名为“DC1”的容器，在该容器的“DataV”目录下创建一个名为“onefile”的文件夹，命令如下。

```
[root@master ~]# docker start DC1
[root@master ~]# docker exec -it DC1 /bin/bash
[root@e06c9aeaed26 /]# cd /DataV/
[root@e06c9aeaed26 DataV]# touch onefile
[root@e06c9aeaed26 DataV]# ls
[root@e06c9aeaed26 DataV]# exit
```

结果如图 3-15 所示。

```
root@master:~
File  Edit  View  Search  Terminal  Help
[root@master ~]# docker start DC1
DC1
[root@master ~]# docker exec -it DC1 /bin/bash
[root@e06c9aeaed26 /]# cd /DataV/
[root@e06c9aeaed26 DataV]# touch onefile
[root@e06c9aeaed26 DataV]# ls
onefile
[root@e06c9aeaed26 DataV]# exit
exit
[root@master ~]#
```

图 3-15　在容器中创建文件夹

第四步： 启动并进入名为“DC2”的容器，在该容器中查看“DataV”目录下有没有在“DC1”容器中创建的“onefile”文件夹，然后在该容器的“DataV”目录下创建“twofile”文件夹，命令如下。

```
[root@master ~]# docker start DC2
[root@master ~]# docker exec -it DC2 /bin/bash
[root@e3bcad13a8ef /]# cd /DataV/
[root@e3bcad13a8ef DataV]# ls
[root@e3bcad13a8ef DataV]# touch twofile
[root@e3bcad13a8ef DataV]# exit
```

结果如图 3-16 所示。

```
root@master:~
File  Edit  View  Search  Terminal  Help
[root@master ~]# docker start DC2
DC2
[root@master ~]# docker exec -it DC2 /bin/bash
[root@e3bcad13a8ef /]# cd /DataV/
[root@e3bcad13a8ef DataV]# ls
onefile
[root@e3bcad13a8ef DataV]# touch twofile
[root@e3bcad13a8ef DataV]# exit
exit
[root@master ~]#
```

图 3-16　在 DC2 容器中查看 onefile 文件夹是否存在

第五步： 进入“DC1”容器中的“DataV”目录查看是否有在“DC2”容器中创建的“twofile”文件夹，并且查看数据卷容器中是否包含以上两个容器中创建的文件夹，命令如下。

```
[root@master ~]# docker exec -it DC1 /bin/bash
[root@e06c9aeaed26 /]# cd /DataV/
[root@e06c9aeaed26 DataV]# ls
[root@e06c9aeaed26 DataV]# exit
[root@master ~]# docker start DataVolumeC
[root@master ~]# docker exec -it DataVolumeC /bin/bash
[root@f67db63fdb52 /]# cd /DataV/
[root@f67db63fdb52 DataV]# ls
[root@f67db63fdb52 DataV]# exit
```

结果如图 3-17 所示。

通过以上步骤可知，通过数据卷容器，无须做更多复杂的操作就能够实现多个容器间的数据共享。

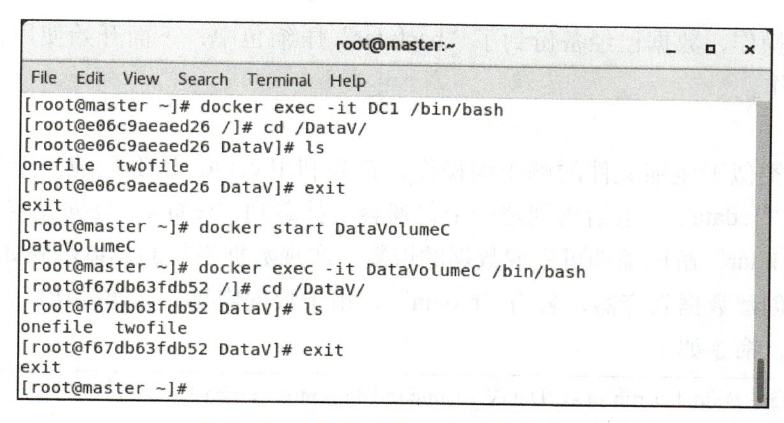

图 3-17　验证容器间数据是否能共享

4．数据卷容器的备份与恢复

多个容器共享数据会产生大量的数据文件，如果因为数据卷容器崩溃或其他原因导致数据丢失将造成不可挽回的损失，所以定期备份数据卷容器中的数据是非常有必要的，当 Docker 出现故障时能够最大限度地止损。

（1）备份

通过 centos 镜像创建一个名为“databak”的容器，使用 --volumes-from 参数将“DataVolumeC”数据卷容器挂载到“databak”容器，使用 -v $(pwd): /backup 参数将本地 root 目录挂载到容器“databak”下的“backup”目录，使用 tar -cvf /backup/back.tar /DataV 将数据卷容器中的“DataV”目录中的文件备份到“databak”容器的“/backup/back.tar”文件中（在宿主机中的“/root”目录下，因为“databak”容器中的“/backup”目录已经挂载到了本地）。实现数据卷容器备份的命令如下。

```
[root@master ~]# docker run --volumes-from DataVolumeC -v $(pwd):/backup --name databak centos tar -cvf /backup/back.tar /DataV
[root@master ~]# ls
```

结果如图 3-18 所示。

```
root@master:~
File Edit View Search Terminal Help
[root@master ~]# docker run --volumes-from DataVolumeC -v $(pwd):/back
up --name databak centos  tar -cvf /backup/back.tar /DataV
tar: Removing leading `/' from member names
/DataV/
/DataV/onefile
/DataV/twofile
[root@master ~]# ls
anaconda-ks.cfg                          Music
back.tar                                 Pictures
Desktop                                  Public
docker-ce-20.10.9-3.el7.x86_64.rpm       Templates
docker-ce-20.10.9-3.el7.x86_64.rpm.1     util-linux-2.38
Documents                                util-linux-2.38.tar.gz
Downloads                                Videos
initial-setup-ks.cfg
[root@master ~]#
```

图 3-18　备份数据卷容器

通过以上操作，数据已经备份到了“back.tar”压缩包中，下面开始使用该压缩包对数据进行恢复操作。

（2）恢复

数据恢复类似于压缩文件的解压缩操作。首先利用 centos 镜像创建一个用于数据恢复的数据卷容器“redata”，然后再创建一个普通容器挂载到“redata”数据卷容器，使用解压缩命令将“back.tar”解压缩即可完成数据的恢复。实现数据恢复的具体步骤如下。

第一步：创建数据卷容器，名为“redata”，用于数据恢复，创建成功后查看“DataV”中是否有数据，命令如下。

```
[root@master ~]# docker run -it -v /DataV --name redata centos /bin/bash
[root@d3506fb26570 /]# cd /DataV/
[root@d3506fb26570 DataV]# ls
[root@d3506fb26570 DataV]# exit
```

结果如图 3-19 所示。

```
root@master:~
File Edit View Search Terminal Help
[root@master ~]# docker run -it -v /DataV --name redata centos /bin/ba
sh
[root@d3506fb26570 /]# cd /DataV/
[root@d3506fb26570 DataV]# ls
[root@d3506fb26570 DataV]# exit
exit
[root@master ~]#
```

图 3-19 创建用于数据恢复的数据卷容器

第二步：创建一个普通容器，将本地存放“back.tar”的目录挂载到容器“backup”目录下，然后解压“back.tar”，最后进入“redata”数据卷容器查看数据是否恢复，命令如下。

```
[root@master ~]# docker run -it --volumes-from redata -v $(pwd):/backup centos tar xvf /backup/back.tar
[root@master ~]# docker start redata
[root@master ~]# docker exec -it redata /bin/bash
[root@d3506fb26570 /]# cd /DataV/
[root@d3506fb26570 DataV]# ls
[root@d3506fb26570 DataV]# exit
```

结果如图 3-20 所示。

```
root@master:~
File Edit View Search Terminal Help
[root@master ~]# docker run -it --volumes-from redata -v $(pwd):/backu
p centos tar xvf /backup/back.tar
DataV/
DataV/onefile
DataV/twofile
[root@master ~]# docker start redata
redata
[root@master ~]# docker exec -it redata /bin/bash
[root@d3506fb26570 /]# cd /DataV/
[root@d3506fb26570 DataV]# ls
onefile  twofile
[root@d3506fb26570 DataV]# exit
exit
[root@master ~]#
```

图 3-20 数据恢复成功

通过以上步骤已经实现了数据卷容器中数据的备份与恢复，从图 3-20 中可以看出，数据已经完整地恢复到了“radata”数据卷容器中，使用时只需将普通容器挂载到“radata”即可访问。

技能点二 Docker 容器端口配置

通过对容器操作部分知识的学习可知，“-P”或“-p”参数能将容器中的服务端口映射到宿主机上。端口映射的方式有三种，分别为随机端口映射、指定 IP 端口映射以及映射多个端口。

1. 随机端口映射

创建容器时使用“-P”（大写 P）参数能够将宿主机的端口随机映射到容器中提供外部服务的端口上。启动一个 httpd 容器并将其端口随机映射到宿主机，命令如下。

```
[root@master ~]# docker run -d --name tomcat -P tomcat:8.5.43
[root@master ~]# docker port 0b7b6ff2d46f
```

结果如图 3-21 所示。

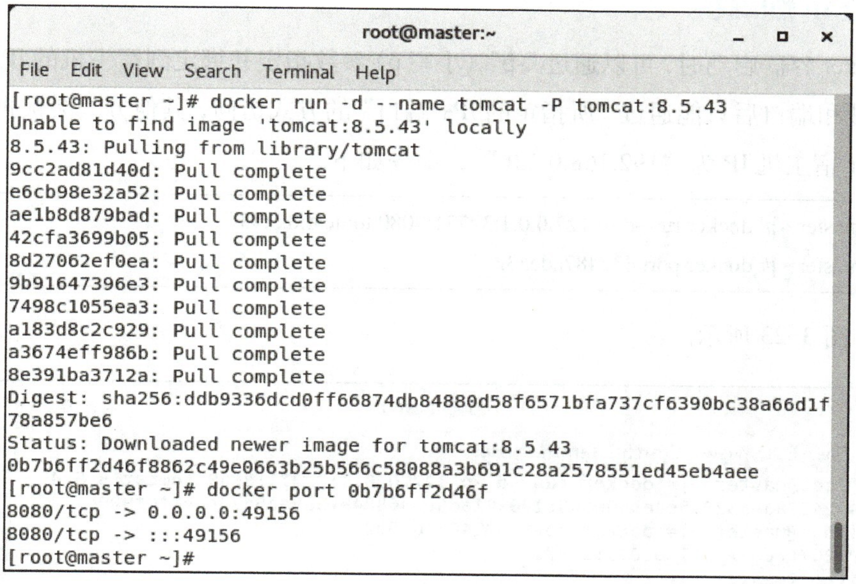

```
root@master:~
File Edit View Search Terminal Help
[root@master ~]# docker run -d --name tomcat -P tomcat:8.5.43
Unable to find image 'tomcat:8.5.43' locally
8.5.43: Pulling from library/tomcat
9cc2ad81d40d: Pull complete
e6cb98e32a52: Pull complete
ae1b8d879bad: Pull complete
42cfa3699b05: Pull complete
8d27062ef0ea: Pull complete
9b91647396e3: Pull complete
7498c1055ea3: Pull complete
a183d8c2c929: Pull complete
a3674eff986b: Pull complete
8e391ba3712a: Pull complete
Digest: sha256:ddb9336dcd0ff66874db84880d58f6571bfa737cf6390bc38a66d1f
78a857be6
Status: Downloaded newer image for tomcat:8.5.43
0b7b6ff2d46f8862c49e0663b25b566c58088a3b691c28a2578551ed45eb4aee
[root@master ~]# docker port 0b7b6ff2d46f
8080/tcp -> 0.0.0.0:49156
8080/tcp -> :::49156
[root@master ~]#
```

图 3-21 随机端口映射

使用命令“docker port”能够查看指定容器端口的映射情况。从图 3-21 中可以看出，httpd 容器的 8080 端口映射到了 Docker 宿主机的 49156 端口上。通过访问“主机 IP+49156”即可看到 httpd 的默认页面，如图 3-22 所示。

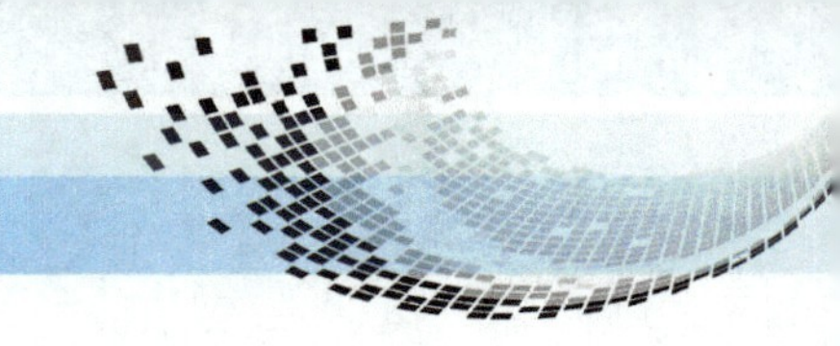

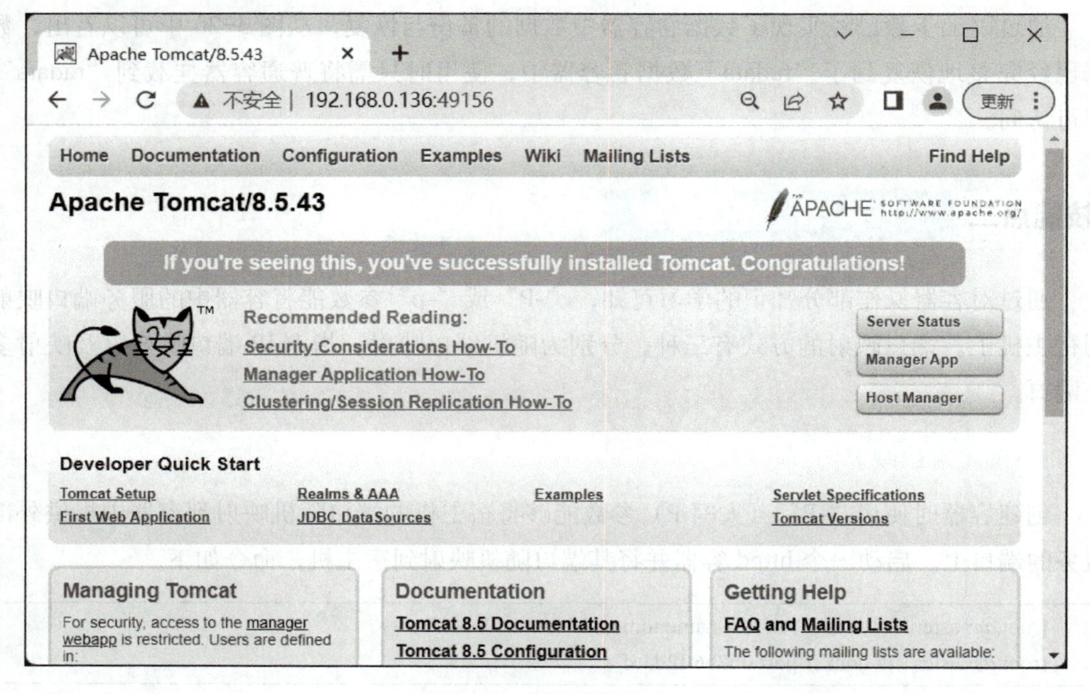

图 3-22　访问随机端口

2．指定 IP 端口映射

在 Docker 容器启动时，可以通过“-p”（小写 p）参数指定并绑定到宿主机的 IP 和端口号。指定 IP 地址和端口后只能通过“所指定的 IP+ 端口”的方式访问，其他方式会被拒绝。例如，当前 Docker 宿主机 IP 为“192.168.0.136”，命令如下。

```
[root@master ~]# docker run -d -p 127.0.0.1:32771:8080 tomcat:8.5.43
[root@master ~]# docker port 432487ade532
```

结果如图 3-23 所示。

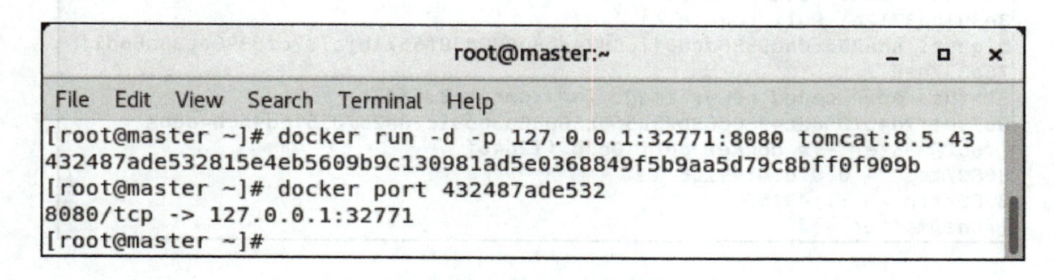

图 3-23　指定 IP 端口映射

上述命令将容器的 8080 端口与 Docker 宿主机的 127.0.0.1:32771 进行了绑定，这种方式只能通过“http://127.0.0.1:32771”或“http://localhost:32771”访问，通过主机 IP+32771 访问会被拒绝，如图 3-24 和图 3-25 所示。

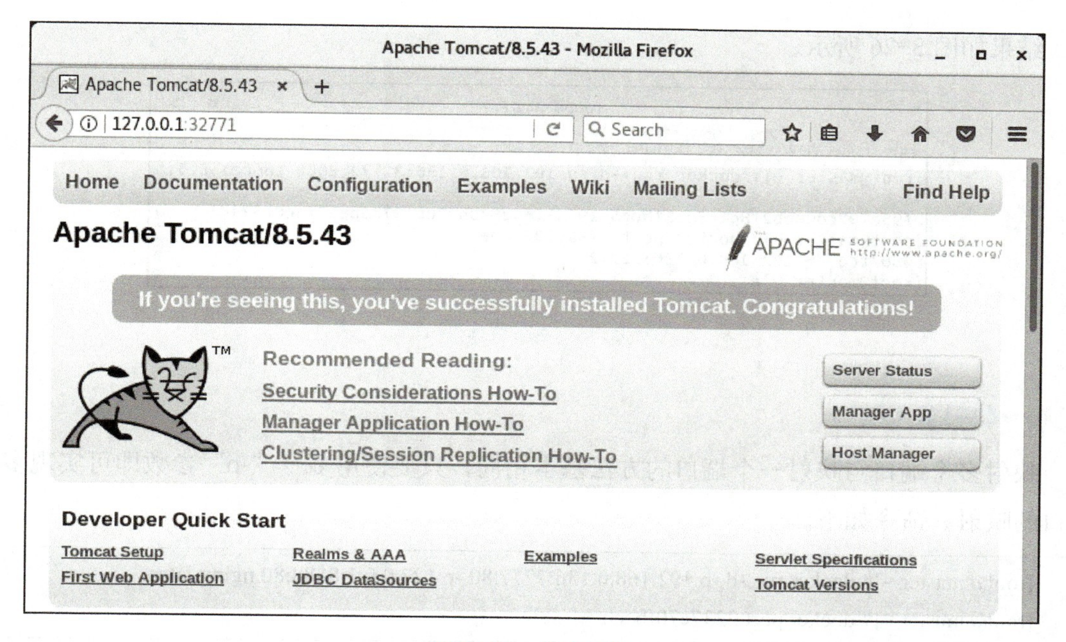

图 3-24　成功访问

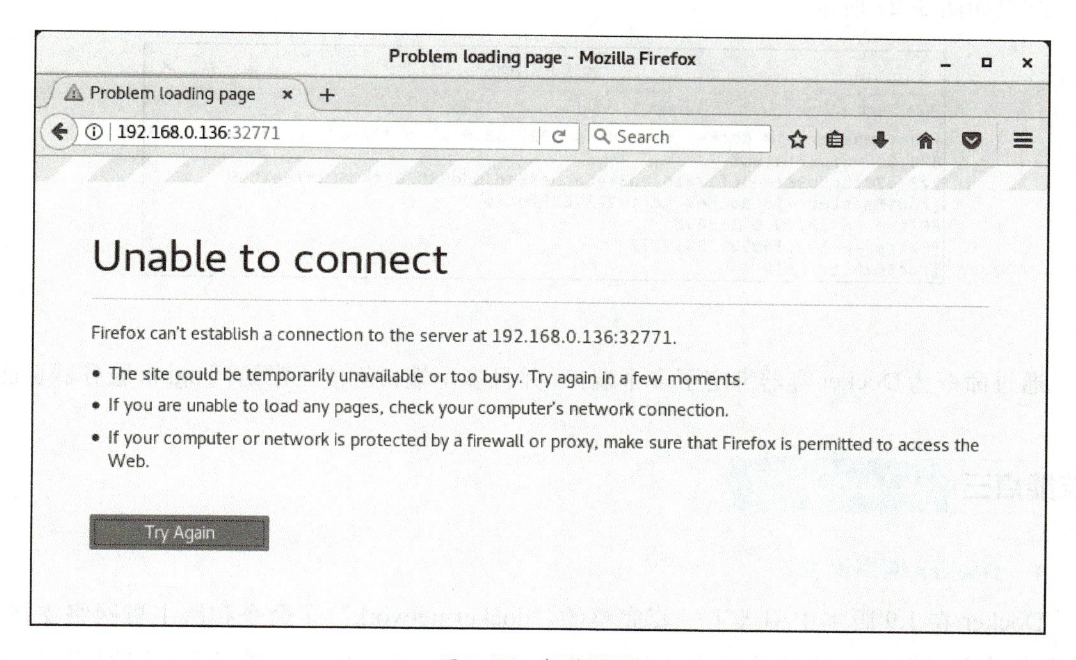

图 3-25　拒绝访问

如果将命令改为与宿主机的 IP 地址“192.168.0.136”进行绑定，则只能够通过“http://192.168.0.136: 端口”访问，命令如下。

```
[root@master ~]# docker run -d -p 192.168.0.136:32772:8080 tomcat:8.5.43
[root@master ~]# docker port bf95e797cd0e
```

结果如图 3-26 所示。

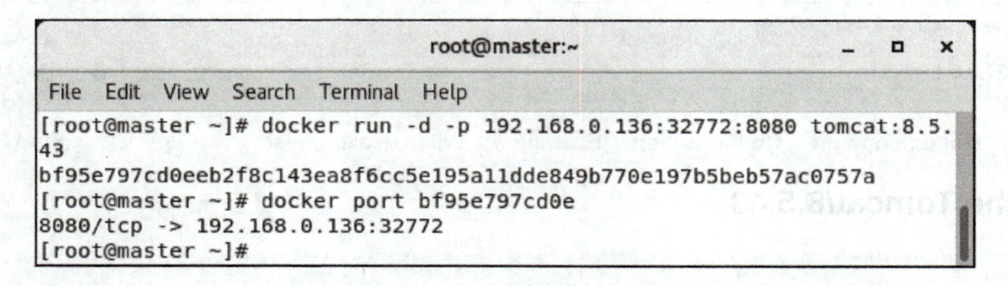

图 3-26　绑定宿主机 IP

3. 映射多个端口

映射多个端口与映射一个端口的方法基本相同，只要使用多个“-p”参数即可实现多个端口的映射，命令如下。

```
[root@master ~]# docker run -d -p 192.168.0.136:7777:80 -p 127.0.0.1:8888:80 nginx:latest
[root@master ~]# docker port 2237e70fbccb
```

结果如图 3-27 所示。

```
root@master:~
File Edit View Search Terminal Help
[root@master ~]# docker run -d -p 192.168.0.136:7777:80 -p 127.0.0.1:8
888:80 nginx:latest
2237e70fbccb98fe45cf17a16f803446acae36463add9802634b0603ffe01b49
[root@master ~]# docker port 2237e70fbccb
80/tcp -> 127.0.0.1:8888
80/tcp -> 192.168.0.136:7777
[root@master ~]#
```

图 3-27　多端口映射

通过命令为Docker容器绑定了多个端口，并且多个端口均能正常访问nginx服务器页面。

技能点三　Docker 网络

1. Docker 网络简介

Docker 在 1.9 版本中引入了一套完整的“docker network”子命令和跨主机网络支持，能够让用户根据自己使用的网络拓扑结构创建虚拟网络，并将容器接入对应网络中。在 Docker 1.7 版本中，网络部分的代码就已经独立出了一个网络库，即 libnetwork，容器的网络模式从此也被抽象成了统一的接口驱动。为了使网络驱动的开发更标准，Docker 在 libnetwork 中使用虚拟化网络模型——Container Network Model，并提供了用于开发的多种网络驱动标准化接口。CNM 核心组件如下。

● 沙盒（Sandbox）。沙盒中包含了容器的网络信息，能够对容器的接口、路由和

DNS 等进行管理。

- 端点（Endpoint）。一个端点可以加入一个沙盒和一个网络，且一个端点只可以属于一个网络并且只属于一个沙盒。
- 网络（Network）。一个网络是一组可以直接互相连通的端点。网络的实现可以是 Linux bridge、VLAN 等。

Docker 虚拟网络库和 Docker 守护进程的关系如图 3-28 所示。

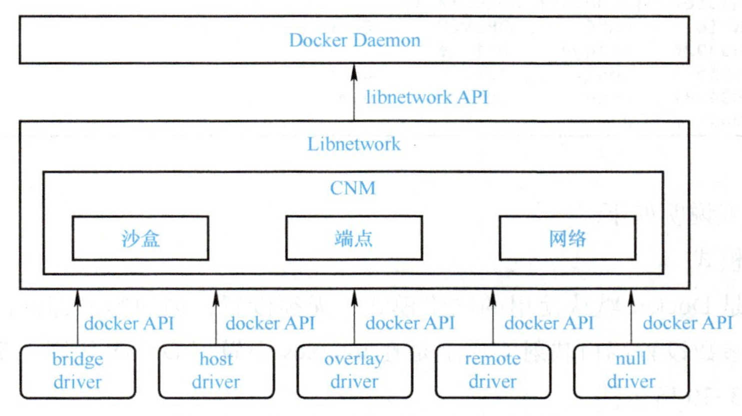

图 3-28 Docker 虚拟网络库与守护进程

2. Docker 网络模式

Docker 进程启动后会在宿主机上创建一个名为 docker0 的虚拟网桥，之后创建的 Docker 容器都会连接到 docker0 虚拟网桥之上。虚拟网桥的工作原理与物理交换机类似，所有主机中的容器都能通过虚拟网桥连接到一个二层网络中。虚拟网桥的工作原理如下。

Docker 会在主机中创建一对虚拟网卡 veth pair 设备，并将设备的一端放到容器中作为容器的网卡，命名为 eth0，另一端留在主机中以 veth* 命名，然后将该网络设备加入到 docker0 中，容器启动后 docker0 会分配给容器一个 IP 地址，并将 docker0 的 IP 地址作为容器的默认网关。

Docker 默认状态下会存在三种网络模式，即“bridge”“host”和“none”。其中，“none”为无网络。查看 Docker 中的网络可使用“docker network ls”命令。“docker network ls”命令参数见表 3-8。

表 3-8 “docker network ls”命令包含的部分参数

参　数	描　述
--filter , -f	提供过滤值
--format	使用 Go 模板打印网络
--no-trunc	不要截断输出
--quiet , -q	仅显示网络 ID

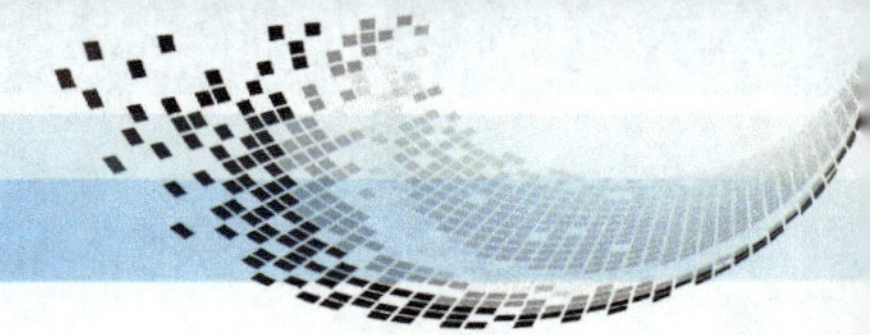

使用“docker network ls”命令查看网络，命令如下。

```
[root@master ~]# docker network ls
```

结果如图 3-29 所示。

```
root@master:~
File  Edit  View  Search  Terminal  Help
[root@master ~]# docker network ls
NETWORK ID          NAME                DRIVER              SCOPE
b5fa91a93926        bridge              bridge              local
adf6b5f85d65        host                host                local
223d46894937        none                null                local
[root@master ~]#
```

图 3-29　查看网络

三种网络模式说明如下。

（1）bridge 模式

bridge 模式是 Docker 默认使用的网络模式，无须设置，创建容器即使用 bridge 网络模式。使用“-p”参数设置端口映射实质上是在 iptables 中做了 DNAT 规则，实现端口转发。bridge 模式如图 3-30 所示。

（2）host 模式

通过查看 Docker 的网络能够看出默认状态下还有一个 host 网络。如果需要让容器使用 host 网络模式，需要在创建容器时使用 --net=host 指定，当容器使用 host 网络模式时，容器不会虚拟出自己的网卡，而是会使用宿主机的 IP 和端口。host 网络模式如图 3-31 所示。

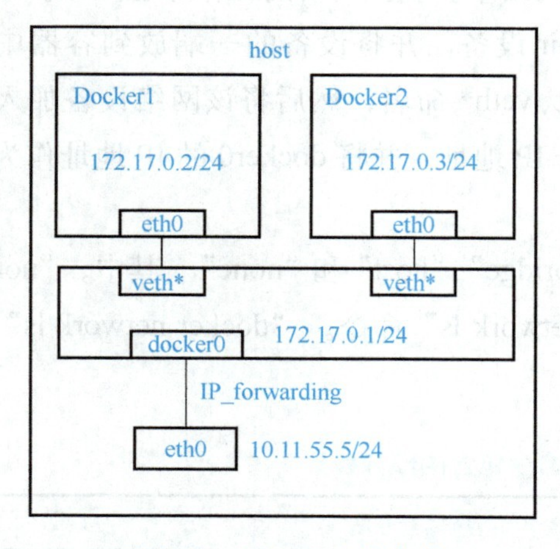

图 3-30　bridge 网络模式

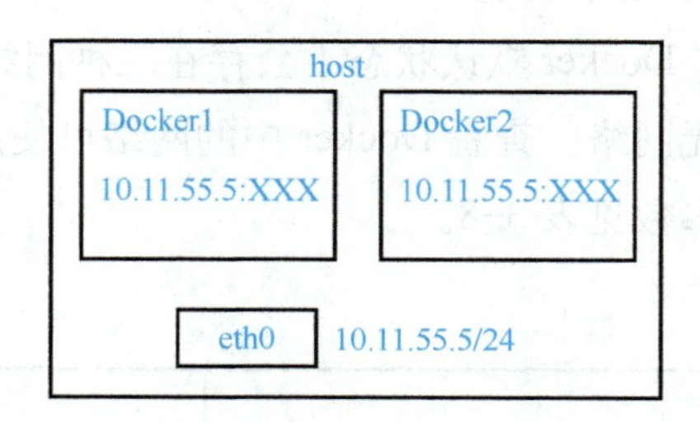

图 3-31　host 网络模式

使用 tomcat 镜像创建一个名为“tomcathost”容器并使用 host 网络模式，创建成功后使用“docker network inspect”命令查看 host 信息中是否包含“tomcathost”容器。“docker network inspect”命令参数见表 3-9。

表 3-9 “docker network inspect”命令参数

参　数	描　述
--format , -f	使用给定的 Go 模板格式化输出
--verbose , -v	用于诊断的详细输出

命令如下。

```
[root@master ~]# docker run -tid --net=host --name tomcathost tomcat:8.5.43
[root@master ~]# docker network inspect host --format "{{.Containers}}"
```

结果如图 3-32 所示。

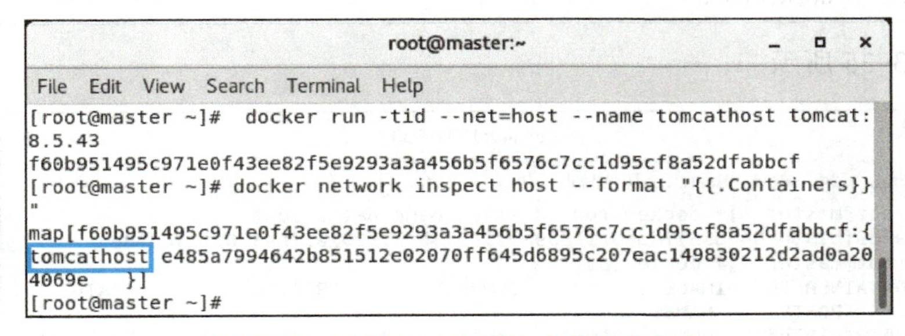

图 3-32　创建 host 网络模式容器并查看

（3）none 模式

none 模式 Docker 会给容器分配独立的网络命名空间，但不会进行任何网络配置，IP 地址、路由等需要自行配置。none 网络模式如图 3-33 所示。

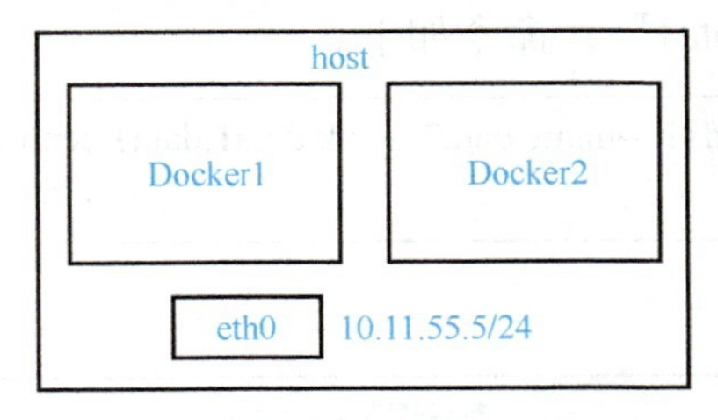

图 3-33　none 网络模式

例如，创建一个名为“centosnone”的容器并使用 none 网络模式，命令如下。

```
[root@master ~]# docker run -tid --net=none --name centosnone centos:latest
[root@master ~]# docker network inspect none --format "{{.Containers}}"
```

结果如图 3-34 所示。

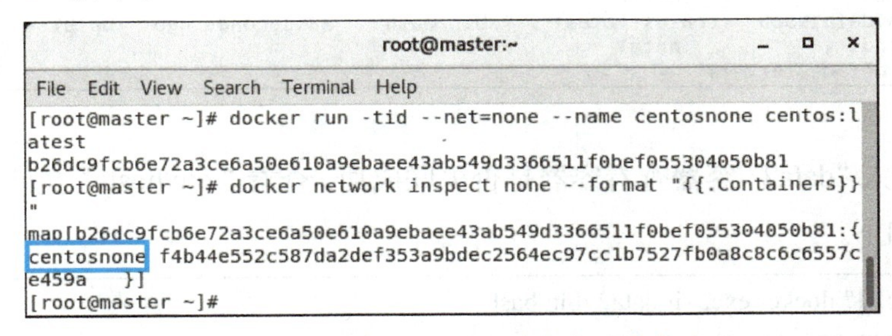

图 3-34　创建 none 网络模式容器并查看

3．容器互联

当多个容器需要通过网络通信时，除了分别将需要互相通信的容器端口映射到宿主机外，还能够使用“--link”参数将两个容器进行连接。这种方式的好处在于，不会暴露端口提高了安全性；但该方式只能实现单宿主机内的容器通信。使用“--link”参数完成容器连接的具体步骤如下。

第一步：基于 centos 镜像创建一个基础容器，并指定容器名为“data1”，命令如下。

```
[root@master ~]# docker run -d -it --name data1 centos:latest
[root@master ~]# docker ps -a
```

结果如图 3-35 所示。

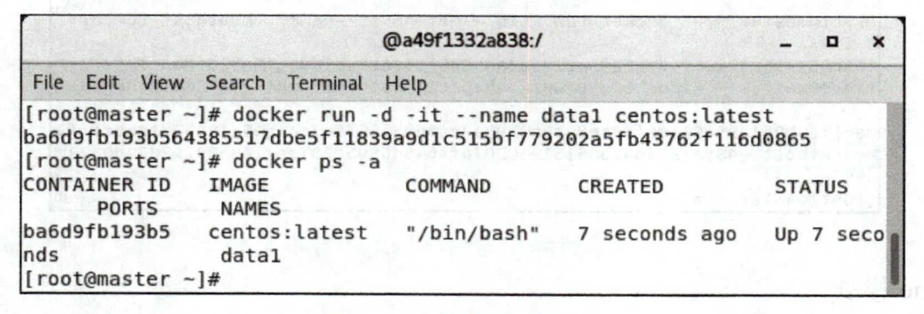

图 3-35 创建基础容器

第二步：使用 centos 镜像创建一个名为“data2”的容器，并使用“--link”与“data1”容器连接，连接名设置为“data1”，命令如下。

```
[root@master ~]# docker run -d -it --name data2 --link data1:data1 centos:latest
[root@master ~]# docker ps -a
```

结果如图 3-36 所示。

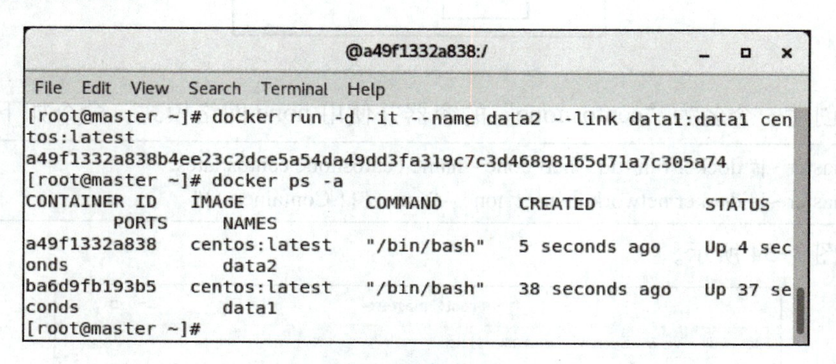

图 3-36 创建连接容器

第三步：进入“data2”容器查看容器是否关联成功，查看“/etc/hosts”文件是否有“data1”的映射，命令如下。

```
[root@master ~]# docker exec -it data2 /bin/bash
[root@a49f1332a838 /]# cat /etc/hosts
```

结果如图 3-37 所示。

```
@a49f1332a838:/
File Edit View Search Terminal Help
[root@master ~]# docker exec -it data2 /bin/bash
[root@a49f1332a838 /]# cat /etc/hosts
127.0.0.1       localhost
::1     localhost ip6-localhost ip6-loopback
fe00::0 ip6-localnet
ff00::0 ip6-mcastprefix
ff02::1 ip6-allnodes
ff02::2 ip6-allrouters
172.17.0.2      data1 ba6d9fb193b5
172.17.0.3      a49f1332a838
[root@a49f1332a838 /]#
```

图 3-37　查看关联是否成功

第四步：通过 ping 命令测试容器是否能够正常地实现网络通信，命令如下。

```
[root@a49f1332a838 /]# ping data1
```

结果如图 3-38 所示。

```
@a49f1332a838:/
File Edit View Search Terminal Help
[root@a49f1332a838 /]# ping data1
PING data1 (172.17.0.2) 56(84) bytes of data.
64 bytes from data1 (172.17.0.2): icmp_seq=1 ttl=64 time=0.090 ms
64 bytes from data1 (172.17.0.2): icmp_seq=2 ttl=64 time=0.057 ms
64 bytes from data1 (172.17.0.2): icmp_seq=3 ttl=64 time=0.048 ms
64 bytes from data1 (172.17.0.2): icmp_seq=4 ttl=64 time=0.049 ms
64 bytes from data1 (172.17.0.2): icmp_seq=5 ttl=64 time=0.054 ms
64 bytes from data1 (172.17.0.2): icmp_seq=6 ttl=64 time=0.074 ms
64 bytes from data1 (172.17.0.2): icmp_seq=7 ttl=64 time=0.082 ms
64 bytes from data1 (172.17.0.2): icmp_seq=8 ttl=64 time=0.064 ms
^C
--- data1 ping statistics ---
8 packets transmitted, 8 received, 0% packet loss, time 7170ms
rtt min/avg/max/mdev = 0.048/0.064/0.090/0.017 ms
```

图 3-38　测试网络通信

4. 自定义网络

在 Docker 1.9 版本之后，Docker 增加了“docker network”用户自定义网络命令。该命令能够支持用户创建自己的网络并让自己创建的容器使用该网络。当容器使用同一个网络时，也可实现容器互联的目的（目前推荐使用此方式实现容器互联）。“docker network”部分命令见表 3-10。

表 3-10　“docker network”部分命令

命　令	描　述
docker network ls	查看网络
docker network create	创建一个网络
docker network inspect	查看一个或多个网络的详细信息
docker network connect	将容器连接到网络
docker network disconnect	断开容器与网络的连接
docker network rm	删除一个或多个网络
docker network prune	删除所有未使用的网络

表3-10中的命令即为自定义网络命令，其中“ls”命令在Docker网络模式中已经介绍过，下面对未使用过的命令进行讲解。

（1）创建网络

Docker创建网络时使用“docker network create”命令，该命令在默认情况下创建的是“bridge”模式的网络。“docker network create”命令格式如下。

```
docker network create [OPTIONS] NETWORK
```

OPTIONS常用参数见表3-11。

表3-11 “docker network create”命令常用参数

参　数	说　明
--driver , -d	用于设置网络模式，默认为bridge
--internal	限制对网络的外部访问
--ip-range	从子范围分配容器IP
--subnet	CIDR格式的子网，代表网段
--gateway	主子网的IPv4或IPv6网关

例如，使用“docker network create”命令创建一个名为“firstnet”、类型为“bridge”的网络，并设置网络的子网、IP范围和网关，命令如下。

```
[root@master ~]# docker network create --driver=bridge --subnet=172.28.0.0/16 --ip-range=172.28.5.0/24
--gateway=172.28.5.254 firstnet
[root@master ~]# docker network ls
```

结果如图3-39所示。

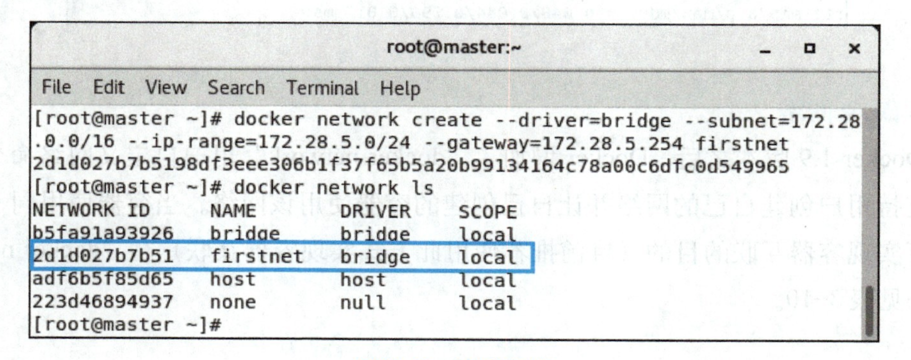

图3-39 创建网络

（2）查看网络信息

Docker可以使用“docker network inspect”命令查看网络的信息，网络信息会以.json形式返回，内容包括网络名称、ID、应用的容器等。“docker network inspect”命令格式如下。

```
docker network inspect [OPTIONS] NETWORK [NETWORK...]
```

OPTIONS常用参数见表3-12。

表 3-12　“docker network inspect” 命令常用参数

参　数	说　明
--format , -f	筛选输出内容
--verbose , -v	用于诊断的详细输出

例如，使用 “docker network inspect” 命令查看 “firstnet” 网络信息，命令如下。

```
[root@master ~]# docker network inspect firstnet
```

结果如图 3-40 所示。

```
root@master:~
File  Edit  View  Search  Terminal  Help
[root@master ~]# docker network inspect firstnet
[
    {
        "Name": "firstnet",
        "Id": "2d1d027b7b5198df3eee306b1f37f65b5a20b99134164c78a00c6df
c0d549965",
        "Created": "2022-12-08T23:20:01.167998991+08:00",
        "Scope": "local",
        "Driver": "bridge",
        "EnableIPv6": false,
        "IPAM": {
            "Driver": "default",
            "Options": {},
            "Config": [
                {
                    "Subnet": "172.28.0.0/16",
                    "IPRange": "172.28.5.0/24",
                    "Gateway": "172.28.5.254"
                }
            ]
        },
        "Internal": false,
        "Attachable": false,
        "Ingress": false,
        "ConfigFrom": {
            "Network": ""
        },
        "ConfigOnly": false,
        "Containers": {},
        "Options": {},
        "Labels": {}
    }
]
[root@master ~]#
```

图 3-40　查看网络信息

（3）将容器连接到网络

Docker 可以使用 “docker network connect” 命令为已经运行的容器设置网络。“docker network connect” 命令格式如下。

```
docker network connect [OPTIONS] NETWORK CONTAINER
```

OPTIONS 常用参数见表 3-13。

表 3-13 “docker network connect”命令常用参数

参　数	说　明
--alias	为容器添加网络范围的别名
--driver-opt	网络的驱动程序选项
--ip	IPv4 地址（例如，172.30.100.104）
--ip6	IPv6 地址（例如，2001: db8 :: 33）
--link	添加链接到另一个容器
--link-local-ip	为容器添加链接本地地址

例如，创建一个名为“connect”的容器，然后使用“docker network connect”命令将容器连接到网络“firstnet”，命令如下。

```
[root@master ~]# docker run -d -it --name connect centos:latest
[root@master ~]# docker network connect firstnet connect
[root@master ~]# docker network inspect firstnet --format "{{.Containers}}"
```

结果如图 3-41 所示。

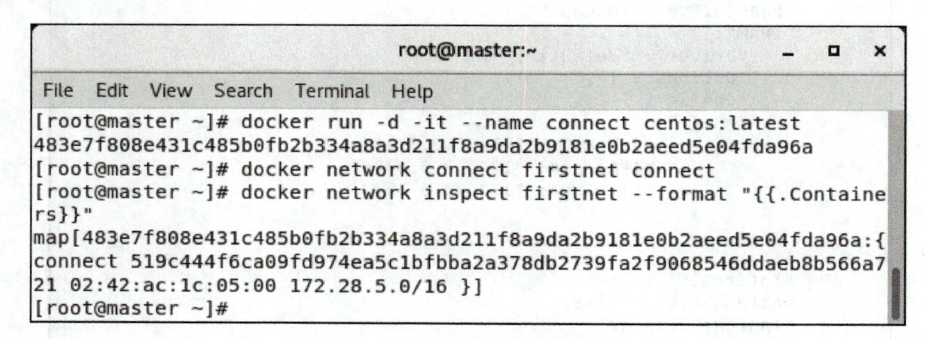

图 3-41 将容器连接到网络

（4）断开容器与网络的连接

当容器不再需要网络连接时，或需要暂时断开网络时，可以使用“docker network disconnect”命令将容器与设置的网络断开。“docker network disconnect”命令格式如下。

```
docker network disconnect [OPTIONS] NETWORK CONTAINER
```

OPTIONS 常用参数见表 3-14。

表 3-14 “docker network disconnect”命令常用参数

参　数	说　明
--force , -f	强制容器与网络断开连接

例如，使用“docker network disconnect”命令将“connect”容器与“firstnet”网络的连接断开，命令如下。

```
[root@master ~]# docker network disconnect firstnet connect
[root@master ~]# docker network inspect firstnet --format "{{.Containers}}"
```

结果如图 3-42 所示。

```
root@master:~
File Edit View Search Terminal Help
[root@master ~]# docker network disconnect firstnet connect
[root@master ~]# docker network inspect firstnet --format "{{.Containe
rs}}"
map[]
[root@master ~]#
```

图 3-42　断开网络

（5）删除网络

当使用“docker network create”命令创建的网络需要删除时，可使用“docker network rm”命令。需要注意的是，Docker 默认创建的三个网络无法使用该命令删除。“docker network rm”命令格式如下。

```
docker network rm NETWORK [NETWORK...]
```

例如，使用“docker network rm”命令删除“firstnet”网络，然后使用“docker network ls”命令查看是否删除成功，命令如下。

```
[root@master ~]# docker network rm firstnet
[root@master ~]# docker network ls
```

结果如图 3-43 所示。

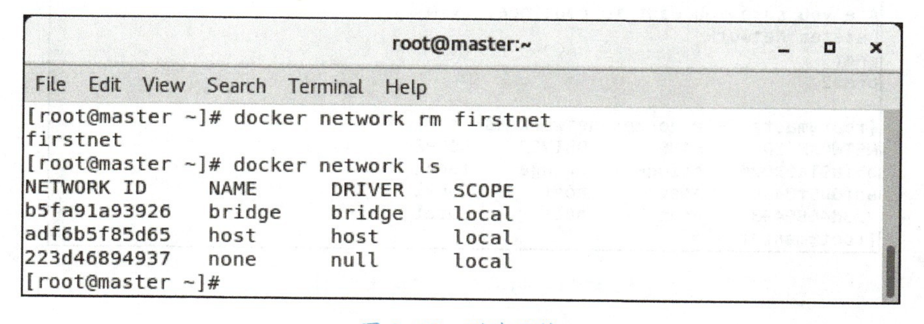

图 3-43　删除网络

（6）删除所有未使用的网络

Docker 能够通过“docker network prune”命令删除所有未被任何容器使用的网络（只能够删除通过命令自行创建的网络）。“docker network prune”命令格式如下。

```
docker network prune [OPTIONS]
```

OPTIONS 常用参数见表 3-15。

表 3-15 “docker network prune”命令参数

参数	说明
--filter	提供过滤值（例如 'until =')
--force , -f	不要提示确认

例如，使用“docker network create”命令分别创建“pnet”和“pnet2”网络，然后使用“docker network prune”命令将两个网络删除，命令如下。

```
[root@master ~]# docker network create pnet
[root@master ~]# docker network create pnet2
[root@master ~]# docker network ls
[root@master ~]# docker network prune
[root@master ~]# docker network ls
```

结果如图 3-44 所示。

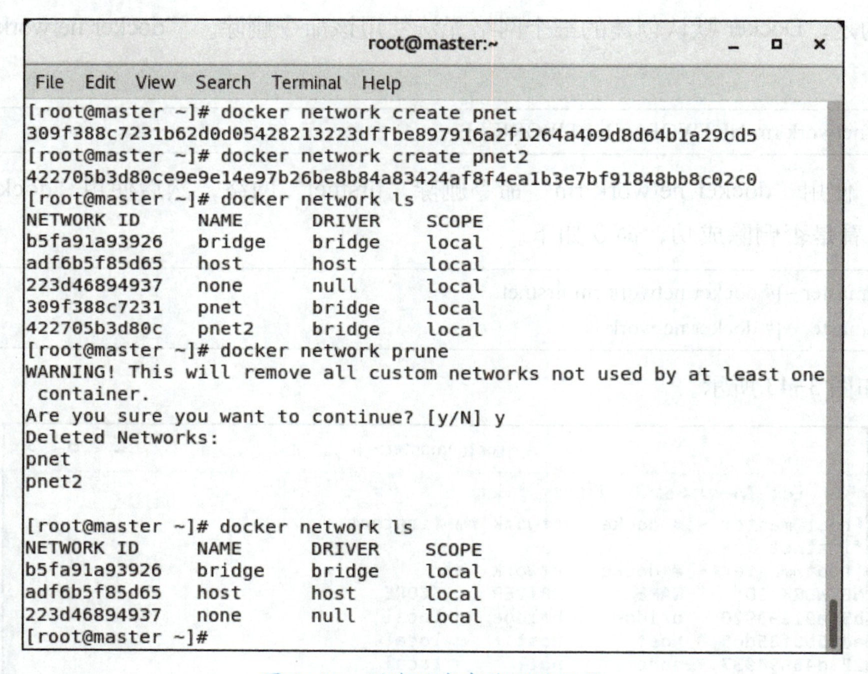

图 3-44 删除所有未使用的网络

项目实施

本项目主要实现容器数据的持久化和 C1 与 C3 容器之间的通信。首先，创建一个数据卷容器“VolumeC”；然后，分别创建两个网络，并分别命名为“backend”和“frontend”；再创建三个容器，分别命名为“C1”“C2”和“C3”，分别将三个容器挂载到数据卷容器“VolumeC”中，并将“C1”和“C3”放到“backend”网络中；最后，完成所有容器的数据持久化和 C1 与 C3 容器之间的通信。项目流程如图 3-45 所示。

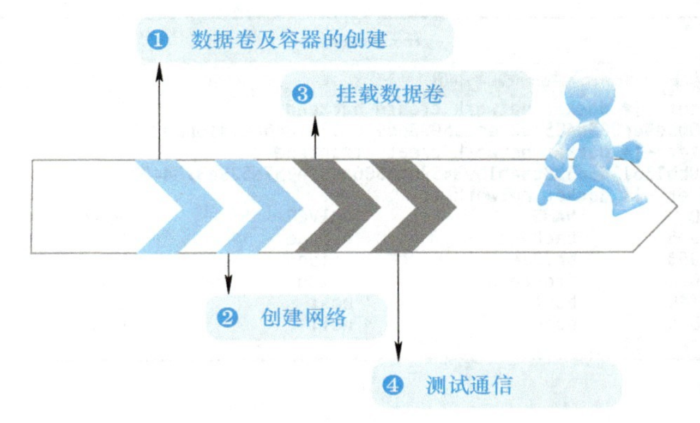

图 3-45　项目流程

【实施步骤】

第一步：使用 busybox 镜像创建一个名为“VolumeC”的数据卷容器，将宿主机中的“Databack”目录挂载到容器的“Databack”目录下。命令如下。

```
[root@master ~]# docker run -it -v /Databack:/Databack --name VolumeC busybox
/ # cd /Databack/
/Databack # ls
/Databack # exit
```

结果如图 3-46 所示。

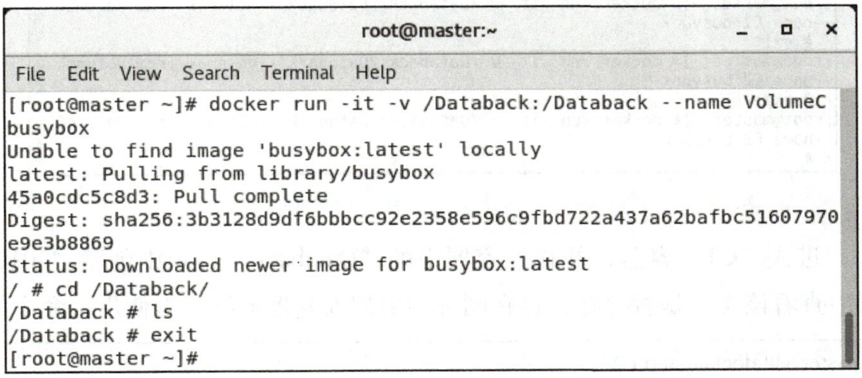

```
root@master:~
File  Edit  View  Search  Terminal  Help
[root@master ~]# docker run -it -v /Databack:/Databack --name VolumeC
busybox
Unable to find image 'busybox:latest' locally
latest: Pulling from library/busybox
45a0cdc5c8d3: Pull complete
Digest: sha256:3b3128d9df6bbbcc92e2358e596c9fbd722a437a62bafbc51607970
e9e3b8869
Status: Downloaded newer image for busybox:latest
/ # cd /Databack/
/Databack # ls
/Databack # exit
[root@master ~]#
```

图 3-46　创建数据卷容器

第二步：分别创建网络“backend”和“frontend”，两个网络都用“bridge”模式即可，命令如下。

```
[root@master ~]# docker network create backend
[root@master ~]# docker network create frontend
[root@master ~]# docker network ls
```

结果如图 3-47 所示。

```
root@master:~
File Edit View Search Terminal Help
[root@master ~]# docker network create backend
ba69cb8ab8b5e5ec083d495fd2feee95903bd9c6615510c645f416b5d2c5feba
[root@master ~]# docker network create frontend
eb951ceef0bb1161345e588ca4b1b934590f9806a9afa957a528e376449d8650
[root@master ~]# docker network ls
NETWORK ID          NAME                DRIVER              SCOPE
ba69cb8ab8b5        backend             bridge              local
25595fa3f953        bridge              bridge              local
eb951ceef0bb        frontend            bridge              local
81201f8e4f49        host                host                local
e1c3197ee8ad        none                null                local
[root@master ~]#
```

图 3-47　创建网络

第三步：使用 busybox 镜像创建三个普通容器，分别命名为“C1”“C2”和“C3”，并且使用 --volumes-from 挂载到“VolumeC”数据卷容器中的“Databack”目录，命令如下。

```
[root@master ~]# docker run -it -v /Databack:/Databack --volumes-from VolumeC --name C1 busybox
/ # exit
[root@master ~]# docker run -it -v /Databack:/Databack --volumes-from VolumeC --name C2 busybox
/ # exit
[root@master ~]# docker run -it -v /Databack:/Databack --volumes-from VolumeC --name C3 busybox
```

结果如图 3-48 所示。

```
root@master:~
File Edit View Search Terminal Help
[root@master ~]# docker run -it -v /Databack:/Databack --volumes-from VolumeC
--name C1 busybox
/ # exit
[root@master ~]# docker run -it -v /Databack:/Databack --volumes-from VolumeC
--name C2 busybox
/ # exit
[root@master ~]# docker run -it -v /Databack:/Databack --volumes-from VolumeC
--name C3 busybox
/ #
```

图 3-48　创建容器并挂载到 VolumeC

第四步：进入“C1”容器，并在该容器中的“Databack”目录中创建“2019.txt”，在数据卷容器中查看该文件是否存在，存在则证明数据卷容器能够正常使用，命令如下。

```
[root@master ~]# docker start C1
[root@master ~]# docker attach C1
/ # cd /Databack/
/Databack # touch 2019.txt
/Databack # exit
[root@master ~]# docker start VolumeC
[root@master ~]# docker attach VolumeC
/ # cd /Databack/
/Databack # ls
```

结果如图 3-49 所示。

```
root@master:~
File  Edit  View  Search  Terminal  Help
[root@master ~]# docker start C1
C1
[root@master ~]# docker attach C1
/ # cd /Databack/
/Databack # touch 2022.txt
/Databack # exit
[root@master ~]# docker start VolumeC
VolumeC
[root@master ~]# docker attach VolumeC
/ # cd /Databack/
/Databack # ls
2022.txt
/Databack # exit
[root@master ~]#
```

图 3-49 测试数据卷容器

第五步： 启动“C1”“C2”和“C3”容器，并将“C1”和“C3”容器添加到“backend”网络，命令如下。

```
[root@master ~]# docker start C1
[root@master ~]# docker start C2
[root@master ~]# docker start C3
[root@master ~]# docker network connect backend C1
[root@master ~]# docker network connect backend C3
[root@master ~]# docker network inspect backend --format "{{.Containers}}"
```

结果如图 3-50 所示。

```
root@master:~
File  Edit  View  Search  Terminal  Help
[root@master ~]# docker start C1
C1
[root@master ~]# docker start C2
C2
[root@master ~]# docker start C3
C3
[root@master ~]# docker network connect backend C1
[root@master ~]# docker network connect backend C3
[root@master ~]# docker network inspect backend --format "{{.Containers}}"
map[7ea0d680d5d06456c60131685cfb1650877b3953bc02ea3f8c69354a7acd9c45:{C3 858582a09f9
e6e805b28846f55061903f194ce305904bb50ce892a155ec734f3 02:42:ac:12:00:03 172.18.0.3/1
6 } b18a915076de813f46f0e0af23ba62670fbc8fdf295146c2714c25b8b62cb129:{C1 f9a40d0bc7d
c1e8e9d9ce3a07bea625da2e1a9b71bea5a82f6d1768cde210c65 02:42:ac:12:00:02 172.18.0.2/1
6 }]
[root@master ~]#
```

图 3-50 向容器中复制项目

第六步： 分别进入“C1”和“C3”容器，测试是否能够与“C2”通信，命令如下。

```
[root@master ~]# docker attach C1
/ # ping C2
/ # exit
[root@master ~]# docker attach C3
/ # ping C2
```

结果如图 3-51 所示。

```
root@master:~
File Edit View Search Terminal Help
[root@master ~]# docker attach C1
/ # ping C2
ping: bad address 'C2'
/ # exit
[root@master ~]# docker attach C3
/ # ping C2
ping: bad address 'C2'
/ # exit
[root@master ~]#
```

图 3-51　测试是否能与 C2 通信

第七步： 进入“C1”和“C3”容器，测试属于同一个网络的容器是否能够进行通信，命令如下。

```
[root@master ~]# docker start C1
[root@master ~]# docker start C3
[root@master ~]# docker attach C1
/ # ping C3
```

结果如图 3-52 所示。

```
root@master:~
File Edit View Search Terminal Help
[root@master ~]# docker start C1
C1
[root@master ~]# docker start C3
C3
[root@master ~]# docker attach C1
/ # ping C3
PING C3 (172.20.0.3): 56 data bytes
64 bytes from 172.20.0.3: seq=0 ttl=64 time=0.097 ms
64 bytes from 172.20.0.3: seq=1 ttl=64 time=0.072 ms
64 bytes from 172.20.0.3: seq=2 ttl=64 time=0.066 ms
64 bytes from 172.20.0.3: seq=3 ttl=64 time=0.061 ms
^C
--- C3 ping statistics ---
4 packets transmitted, 4 packets received, 0% packet loss
round-trip min/avg/max = 0.061/0.074/0.097 ms
/ # exit
[root@master ~]#
```

图 3-52　测试同一网络中的容器能否通信

Project 4

项目四 Docker镜像仓库应用

项目描述

随着 Docker 的使用时间越来越长，不同环境和版本的容器也会越来越多，它们通过镜像制作者分散存储在个人计算机中，不利于传输。技术主管与技术人员谈话如下。

技术人员：哈哈，Docker 数据持久化和网络通信已经学会了。

技术主管：怎么，刚刚学习一小部分知识就骄傲了。

技术主管：那你知道下面该学习什么了吗？

技术人员：呃……我想想。

技术主管：想到了吗？

技术人员：没有，你就告诉我呗。

技术主管：你还需要学习镜像仓库知识。

技术人员：好的，我这就去学习。

因为使用 Docker 进行项目测试能够降低对开发者计算机的配置要求，所以许多企业和机构也都在使用 Docker 完成一些项目测试或是项目部署发布等任务，在使用过程中也会定制出一些服务本公司业务的镜像然后上传到 Docker Hub 仓库中，使用时再从 Docker Hub 拉取。但由于 Docker Hub 仓库在国外，拉取和上传过程中会因为网络问题导致失败或速度过慢。Docker Hub 官方为解决这个问题允许用户在本地搭建私有仓库。本项目主要讲解 Docker 本地私有镜像仓库的构建。

学习目标

通过对 Docker 镜像仓库应用的学习，了解云镜像加速，熟悉不同镜像仓库的使用场景，掌握 Docker Hub、Registry 和 Harbor 镜像仓库创建方法，具有镜像仓库创建与镜像上传的能力。

项目分析

本项目主要实现Harbor镜像仓库的管理操作。在“项目技能”中，简单讲解了Docker镜像仓库的相关知识，包括公有仓库、自定义仓库等，详细说明了不同类型镜像仓库的创建。

项目技能

技能点一 Docker云镜像加速器

因为Docker官方的镜像仓库在国外，拉取镜像时会受到网络影响而使拉取速度变慢。这种问题可以通过使用国内的镜像站解决。目前比较知名的国内Docker镜像站有网易、中国科学技术大学和阿里云等。国内Docker镜像源地址见表4-1。

表4-1 国内Docker镜像源地址

地址	供应商
http://hub-mirror.c.163.com	网易
https://docker.mirrors.ustc.edu.cn	中国科学技术大学
https://fumffm6s.mirror.aliyuncs.com	阿里云

使用国内镜像源拉取镜像有两种方法：一是通过在拉取命令中临时指定镜像地址拉取指定服务器中的镜像；二是通过修改配置文件的方式永久修改Docker的镜像源。

（1）阿里制品中心拉取镜像

Docker在默认状态下使用的镜像源为Docker Hub官方的镜像，通过在命令中临时指定镜像源的方式只对当前命令有效，不会修改Docker的默认镜像源配置。下面以拉取阿里云制品中心镜像为例，讲解临时指定镜像源的步骤。

第一步：登录阿里云官网，搜索“容器镜像服务”，单击“立即开通”按钮，进入“容器镜像服务”页面，如图4-1所示。

第二步：单击“制品中心”，在该页面中选择需要的镜像版本，单击需要的镜像名称，然后复制“制品地址”，如图4-2所示。

第三步：将复制的公网地址粘贴到“docker pull”命令，并加入镜像的版本，开始拉取镜像（版本在图4-2所示的版本信息处查看），命令如下。

```
[root@master ~]# docker pull dragonwell-registry.cn-hangzhou.cr.aliyuncs.com/dragonwell
/dragonwell
[root@master ~]# docker images
```

结果如图4-3所示。

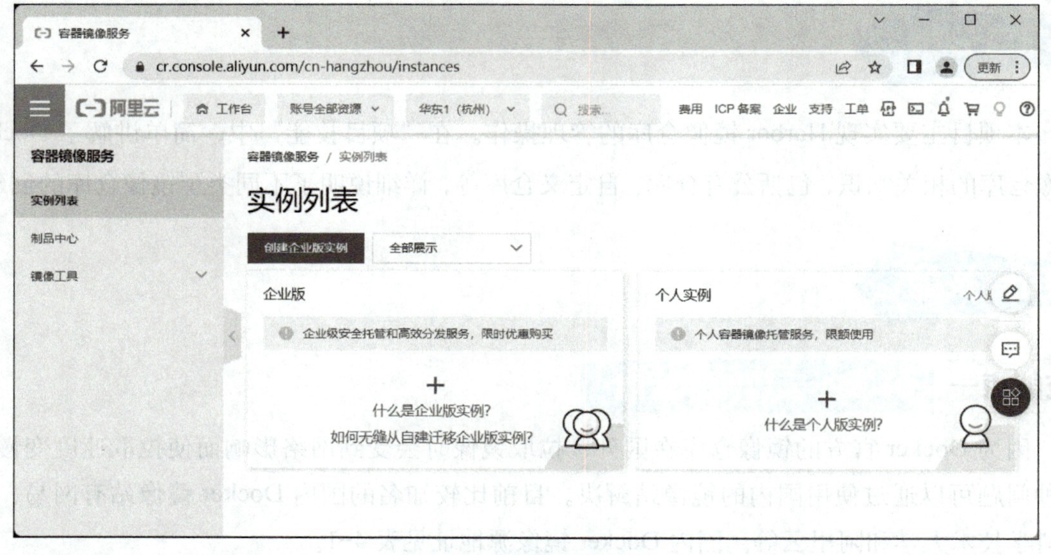

图 4-1　容器镜像服务

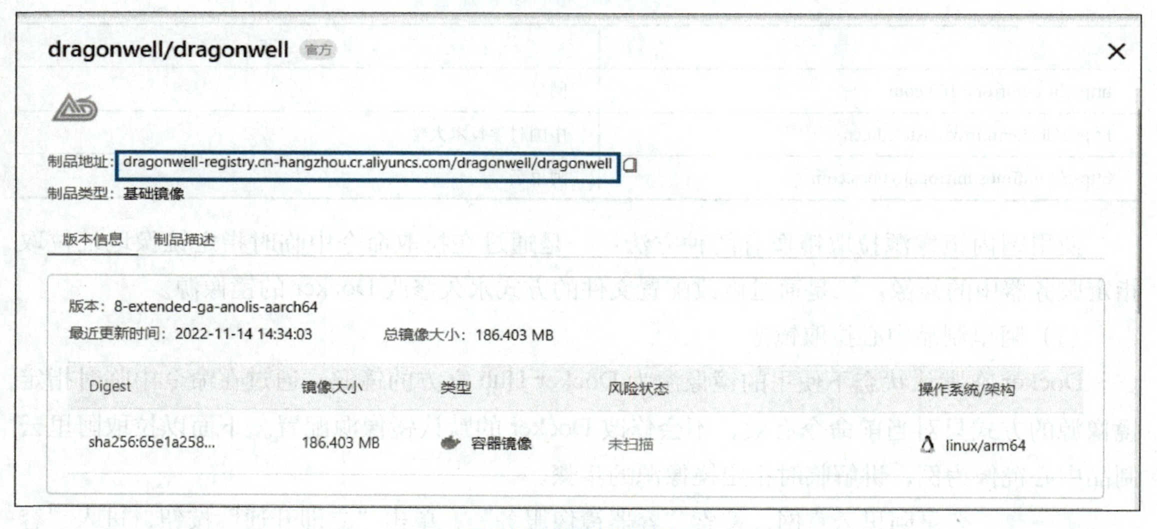

图 4-2　复制镜像地址

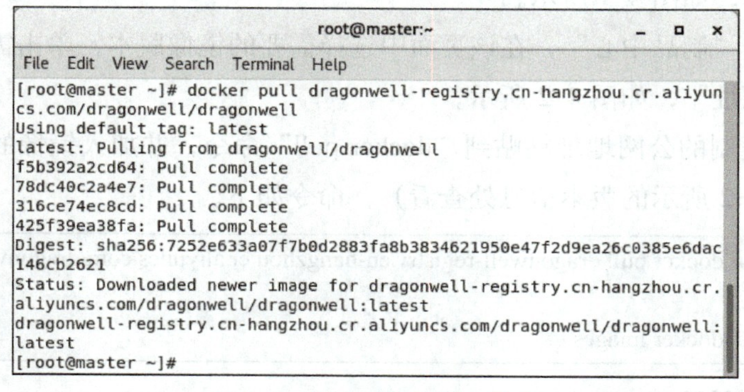

图 4-3　临时拉取阿里云镜像

（2）永久修改镜像源

通过命令指定镜像源需要确定镜像属于哪个镜像仓库，比较烦琐，而永久修改 Docker 镜像源是通过修改配置文件完成的，拉取镜像时 Docker 会自动查找镜像库。永久修改镜像源配置的步骤如下。

第一步：在“/etc/docker”目录下创建“daemon.json”文件并向文件中添加配置，配置完成后重新加载配置并重新启动 Docker 服务，命令如下。

```
[root@master ~]# tee /etc/docker/daemon.json <<-'EOF'
> {
> "registry-mirrors": ["https://fumffm6s.mirror.aliyuncs.com"]
> }
> EOF
[root@master docker]# systemctl daemon-reload
[root@master docker]# systemctl restart docker
```

结果如图 4-4 所示。

```
root@master:/etc/docker
File Edit View Search Terminal Help
[root@master docker]# tee /etc/docker/daemon.json <<-'EOF'
> {
>   "registry-mirrors": ["https://fumffm6s.mirror.aliyuncs.com"]
> }
> EOF
{
  "registry-mirrors": ["https://fumffm6s.mirror.aliyuncs.com"]
}
[root@master docker]# systemctl daemon-reload
[root@master docker]# systemctl restart docker
[root@master docker]#
```

图 4-4　修改镜像源

第二步：使用“docker pull”命令拉取一个 centos 镜像，拉取速度会比之前使用 Docker 官方镜像仓库快很多，命令如下。

```
[root@master docker]# docker pull centos
[root@master docker]# docker images
```

结果如图 4-5 所示。

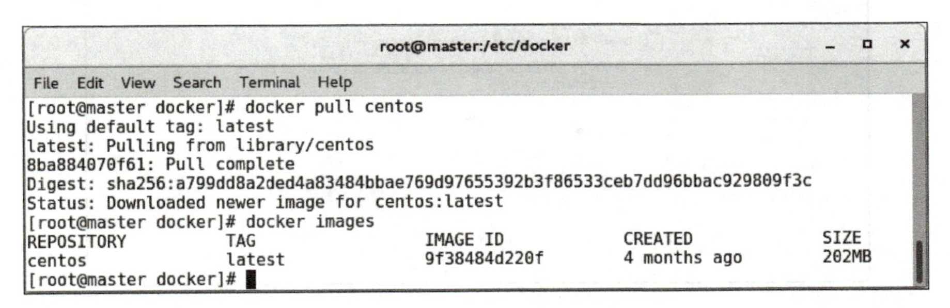

图 4-5　拉取镜像测试速度

技能点二 Docker Hub 镜像仓库

1. Docker Hub 功能

仓库是 Docker 中三大核心概念之一。Docker Hub 是由 Docker 公司推出并管理运行的基于云的 Docker 镜像存储库。Docker Hub 中的镜像来自个人、企业或整个 Docker 社区的共享。Docker Hub 仓库分为两种：公共存储库和私有存储库。公共存储库可以被所有 Docker 用户搜索到并使用，私有存储库只能够自己或组织内部使用。

（1）Docker Hub 注册

想要在 Docker Hub 中创建属于自己的镜像仓库，首先需要注册成为一个 Docker Hub 用户，才能够在 Docker Hub 中完成镜像仓库的创建。Docker Hub 账号注册方法如下。

登录 Docker Hub 官网（https://hub.docker.com/），单击“Sign up Docker Hub”按钮进入注册页面。注册时需要自行设置 Docker Hub 的 ID、邮箱和登录密码，完成后需要选中同意 Docker Hub 的相关服务条款复选框，并完成人机身份验证，单击“Sign Up”按钮完成注册，如图 4-6 所示。

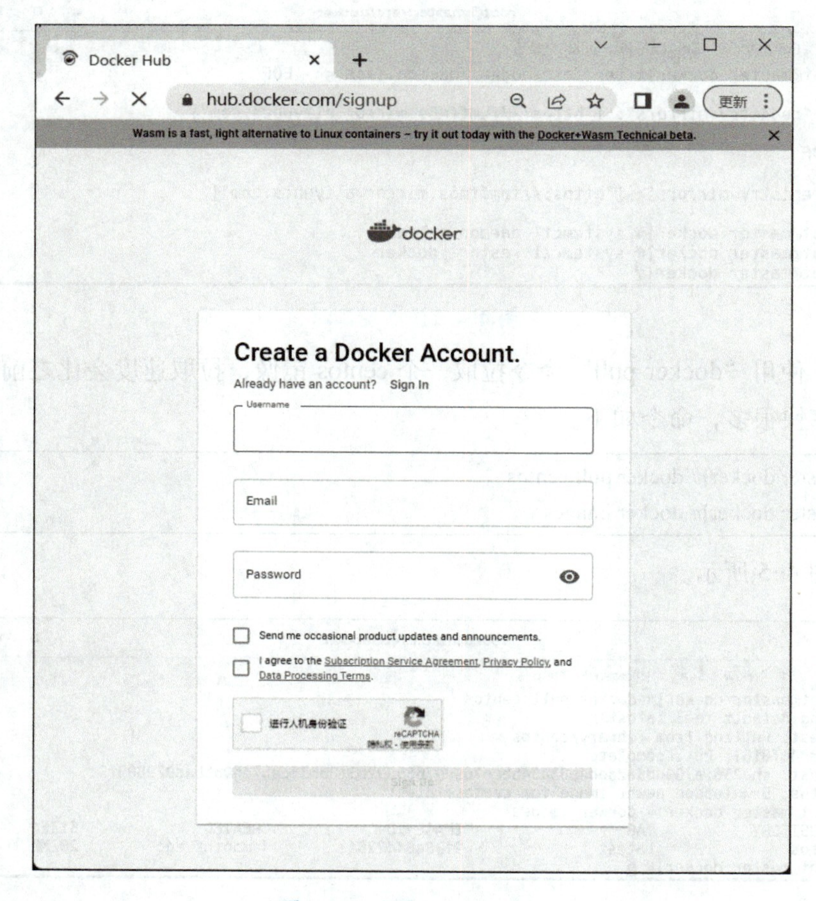

图 4-6 注册 Docker Hub

验证成功后会跳转到用户名输入界面，如图 4-7 所示。

最后输入用户名对应的密码，即可完成登录，如图 4-8 所示。

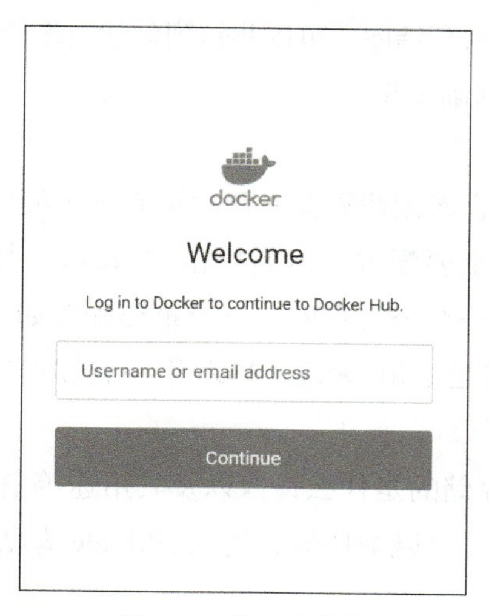

图 4-7　输入用户名

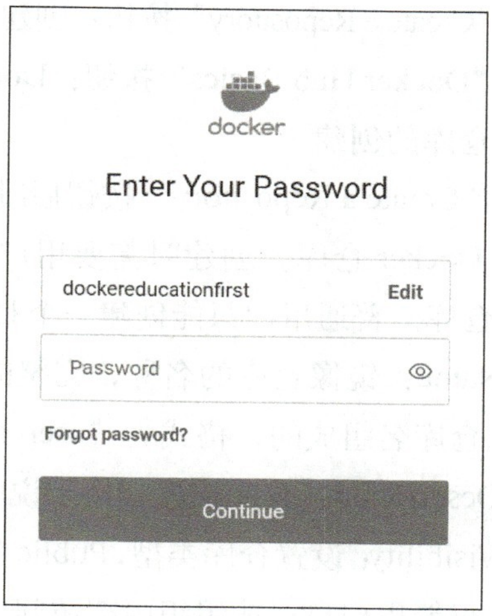

docker
Enter Your Password
dockereducationfirst　Edit
Password
Forgot password?
Continue

图 4-8　输入密码

（2）Docker Hub 主页

Docker Hub 登录成功后会跳转到 Docker Hub 的主页面（如图 4-9 所示），主页中主要包含“Download for Windows”“Create a Repository”和“Docker Hub Basics”按钮。

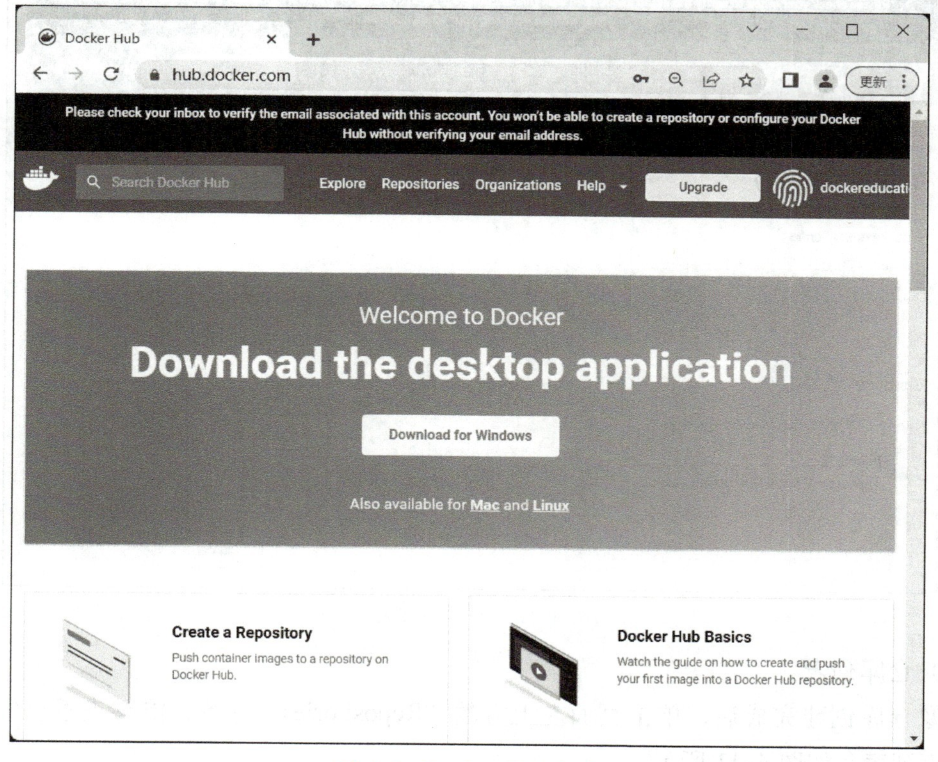

图 4-9　Docker Hub 主页

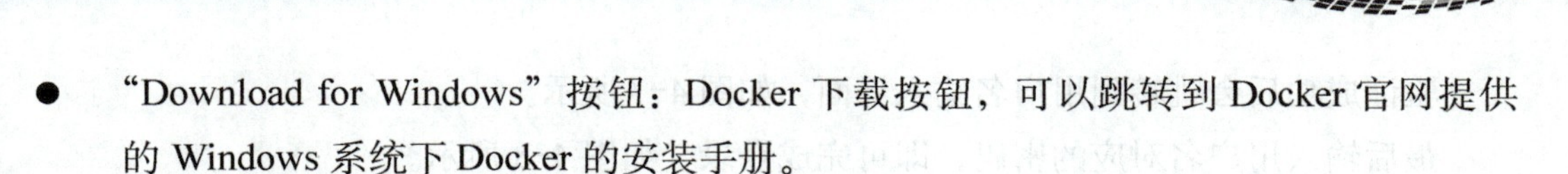

- “Download for Windows”按钮：Docker 下载按钮，可以跳转到 Docker 官网提供的 Windows 系统下 Docker 的安装手册。
- “Create a Repository”按钮：创建 Docker 镜像存储库，可以跳转到创建镜像仓库界面。
- “Docker Hub Basics”按钮：Docker Hub 基础知识。

(3) 仓库的创建

单击“Create a Repository”按钮后跳转到镜像仓库创建界面，用户可在该界面中创建属于自己的 Docker 仓库。创建时需要用户设置三个重要配置，然后单击“Create”按钮即可创建镜像仓库。普通用户只能创建一个私有仓库和一个公有仓库。三个重要配置如下。

- Name：镜像仓库的名称，完整的仓库命名是由用 Docker Hub 用户名和用户设置的仓库名组成的，格式为“username/Name”。
- Description：仓库描述，用于说明仓库内存储的是什么镜像以及其用途等信息。
- Visibility：设置仓库类型，Public 为公有仓库，可以被任何人访问，Private 为私有仓库，仅能用户自己或组织内部访问。

创建仓库界面如图 4-10 所示。

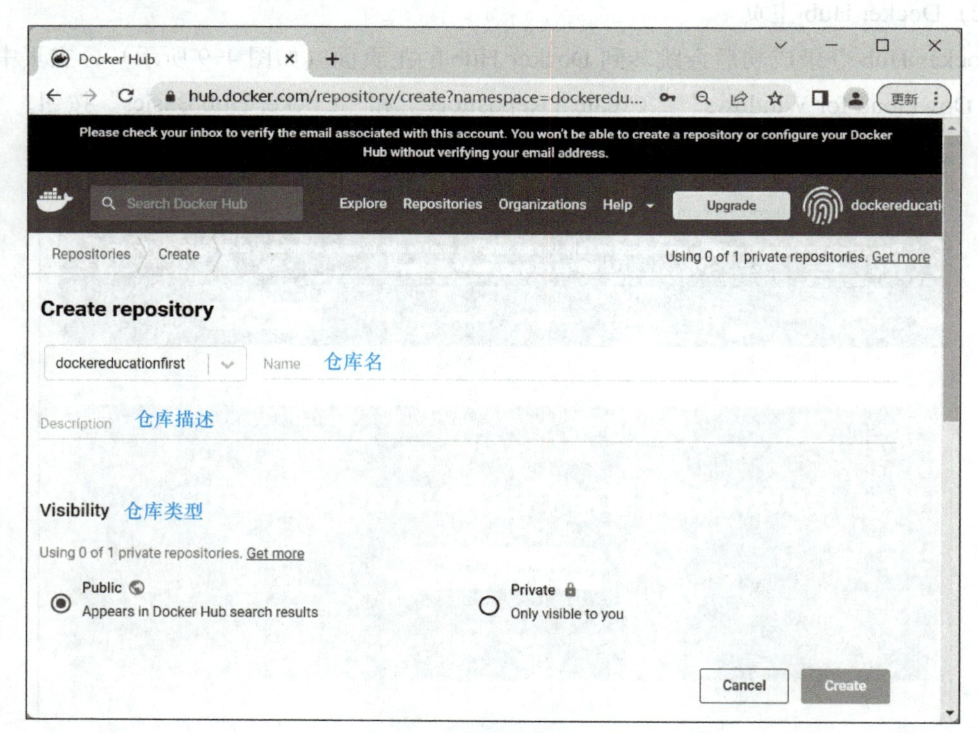

图 4-10　创建镜像仓库

(4) 仓库列表

镜像仓库创建完成后，单击页面左上方的“Repositories”标签，能够查看已经创建的镜像仓库列表，如图 4-11 所示。

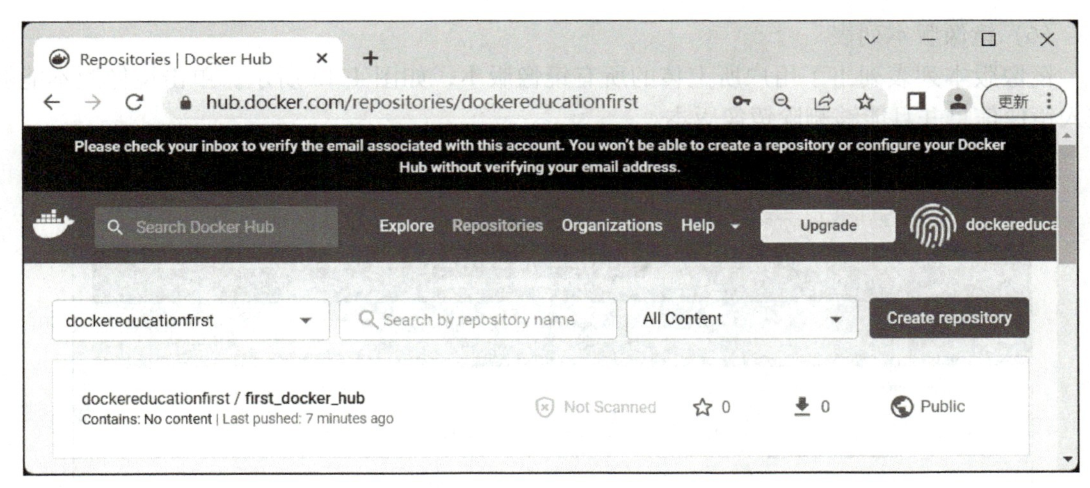

图 4-11　镜像仓库列表

（5）仓库信息

单击仓库名即可跳转到相应的仓库页面，该页面中会提示将镜像推送到镜像仓库的方式，还有其他镜像仓库的参数，如图 4-12 所示。常用设置如下。

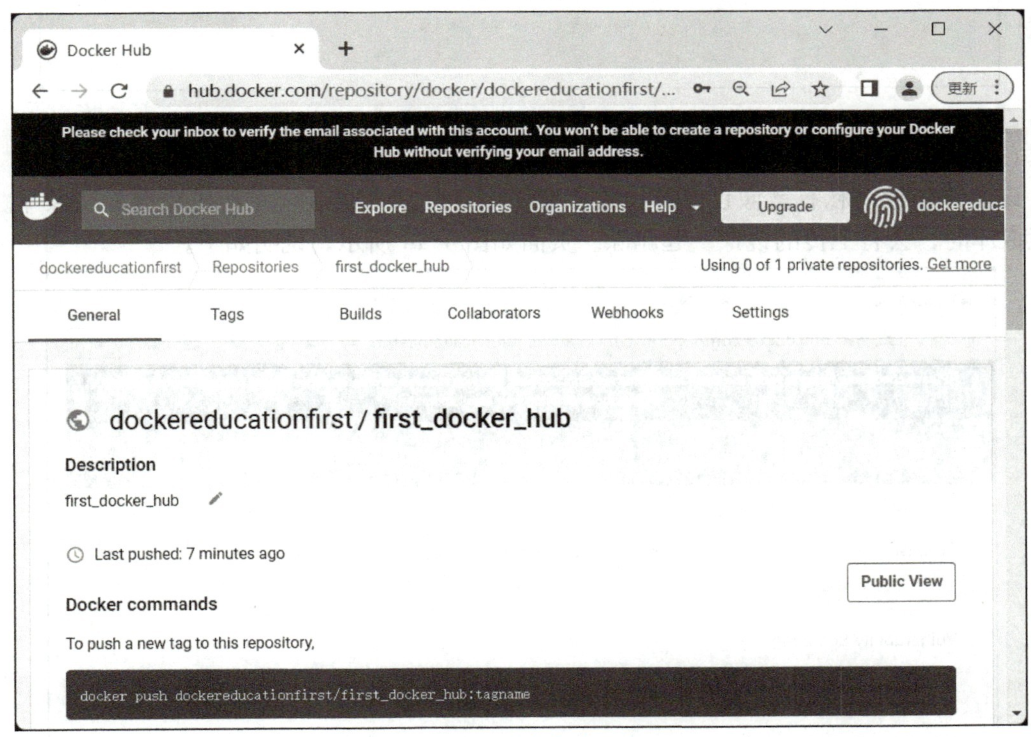

图 4-12　镜像仓库信息

- General：显示镜像仓库的基础信息。
- Tags：显示推送到的镜像版本和推送时间。
- Settings：能够设置仓库的性质为公有还是私有，并能够删除仓库。

(6) 镜像版本列表

镜像版本列表列出了用户所上传的所有镜像版本，如图 4-13 所示。单击镜像版本能够进入镜像信息并且能够删除镜像版本。

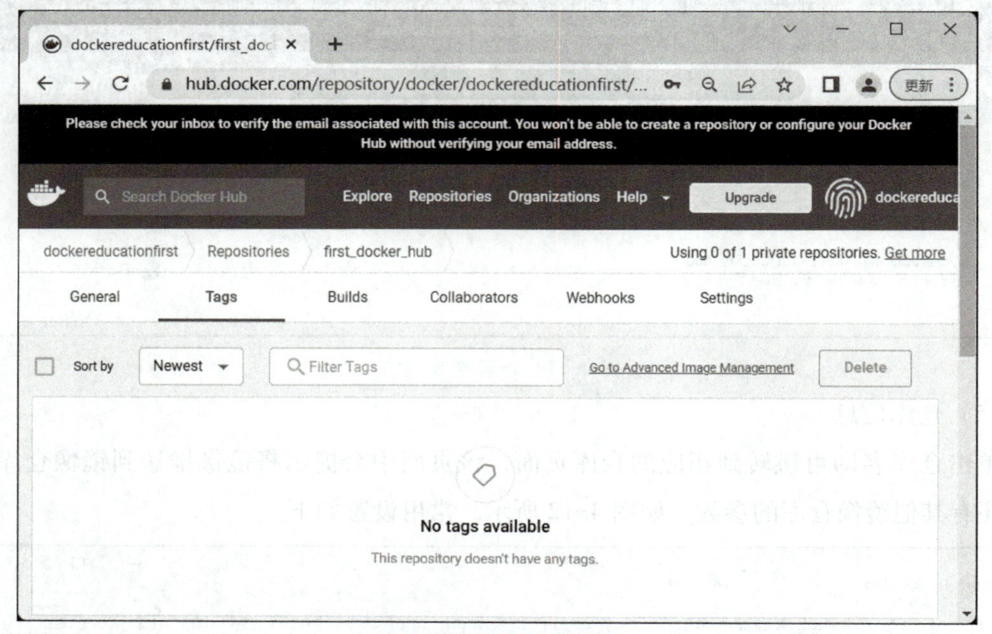

图 4-13　镜像版本列表

(7) 仓库设置

该设置是针对私有镜像仓库的设置，有两个，分别为设置仓库性质和删除镜像库。删除镜像库时，会将上传的镜像一起删除。页面如图 4-14 所示，说明如下。

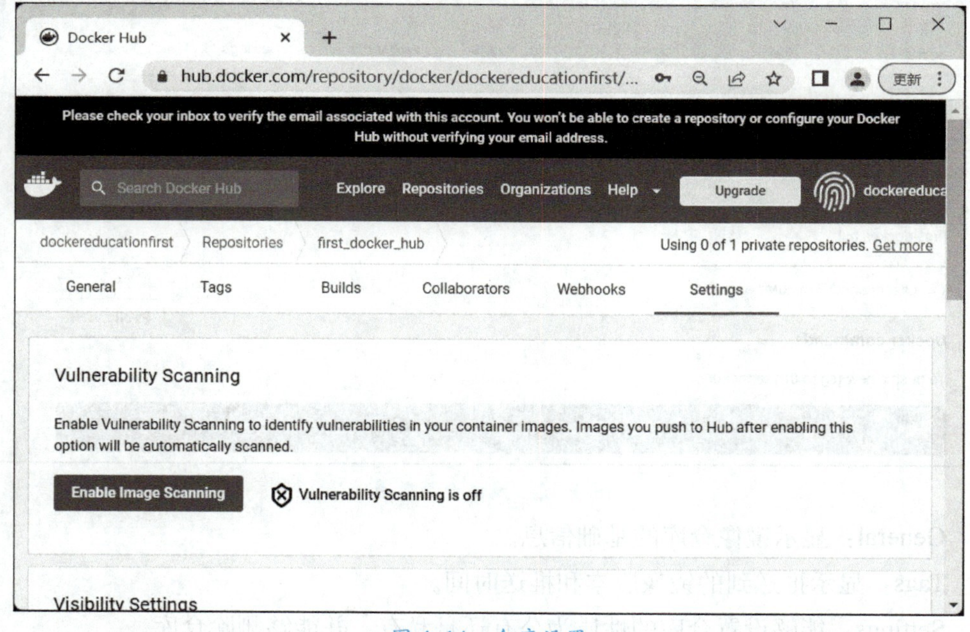

图 4-14　仓库设置

- Visibility Settings：设置仓库性质。
- Delete Repository：删除镜像库。

2．Docker Hub 仓库应用

向 Docker Hub 中上传镜像时除了在 Docker Hub 中创建一个仓库以外，还要在 Docker 宿主机中完成 Docker Hub 的登录、镜像标签修改，最后使用 push 命令将镜像上传到 Docker Hub 仓库中。登录、修改标签和上传镜像、拉取镜像说明如下。

（1）登录 Docker Hub

Docker Hub 账号注册完成之后，为之后将 Docker 宿主机上的镜像上传到 Docker Hub 做准备，需要在宿主机登录 Docker Hub，登录时需要提供 Docker Hub 的用户名和密码，命令如下。

```
docker login
```

结果如图 4-15 所示。

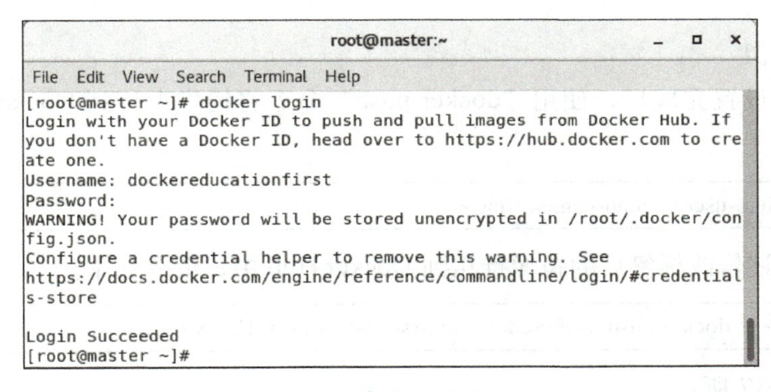

图 4-15　登录 Docker Hub

（2）修改标签

向 Docker Hub 上传镜像前，需要将镜像的标签修改为与镜像仓库同名的状态，版本编号可以自行设置。设置标签的命令格式如下。

```
docker tag <existing-image> <hub-user>/<repo-name>[:<tag>]
```

命令参数说明如下：

- existing-image：原镜像与标签或镜像 ID。
- <hub-user>/<repo-name>：Docker Hub 镜像仓库名。
- tag：镜像版本。

例如，使用“docker tag”命令将 ubuntu 镜像标签修改为与 Docker Hub 仓库名一致，这里的镜像库名为“dockereducationfirst/first_docker_hub”，新标签为 V1，命令如下。

```
[root@master ~]# docker tag b6f507652425 dockereducationfirst/first_docker_hub:V1 [root@master ~]
# docker images
```

结果如图 4-16 所示。

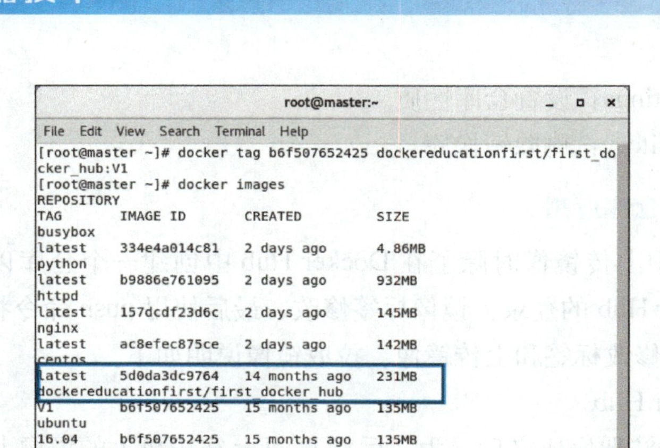

图 4-16 修改标签

（3）上传镜像

镜像的标签设置完成后，使用“docker push”命令将镜像上传到 Docker Hub 仓库中，命令格式如下。

```
docker push <hub-user>/<repo-name>:<tag>
```

例如，将前述修改标签后的镜像推送到 Docker Hub 中，命令如下。

```
[root@master ~]# docker push dockereducationfirst/first_docker_hub:V1
```

结果如图 4-17 所示。

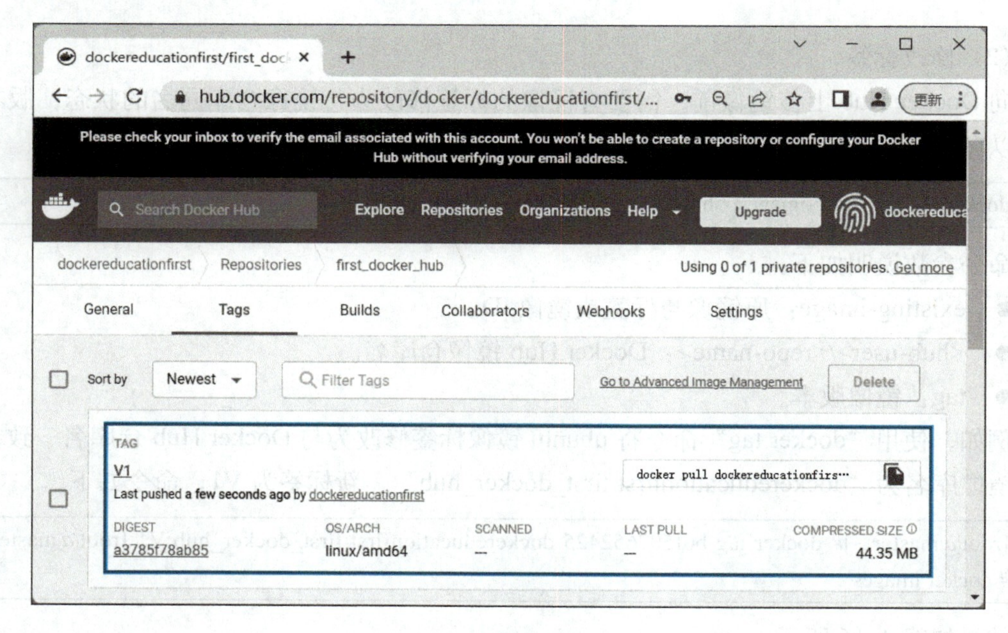

图 4-17 查看上传镜像

（4）拉取镜像

拉取镜像与拉取 Docker 官方镜像均是使用“docker pull”命令。例如，将本地的“dockereducationfirst/first_docker_hub”命令镜像删除，使用“docker pull”命令从私有仓库中拉取，命令如下。

```
[root@master ~]# docker pull dockereducationfirst/first_docker_hub:V1
```

技能点三 Registry 私人镜像仓库构建

1. Registry 简介

虽然 Docker Hub 提供了镜像库的服务，但是只能创建一个私有镜像库，当镜像种类比较多时不利于分类，管理起来较为复杂。这时，可以搭建一个真正属于自己的私人镜像仓库 Registry。

Docker 官方提供的 Docker Registry 镜像能够帮助开发人员简单地搭建私人镜像仓库，可以直接使用作为私有仓库服务。开源的 Docker Registry 镜像只提供镜像仓库的服务端实现，不包含图形界面，以及镜像维护、用户管理、访问控制等高级功能，但支持大部分 docker 命令。

2. Registry 本地配置

Docker Registry 现已开源且官方提供了完整的镜像，用户可以通过镜像快速构建一个私人镜像仓库服务器。具体步骤如下。

第一步：拉取 registry 镜像并启动容器，将容器命名为“registry_hub”，端口采用随机映射的方式将仓库的 5000 端口映射到 Docker 宿主机中，命令如下。

```
[root@master ~]# docker pull registry
[root@master ~]# docker create -P --name registry_hub -v /opt/data/registry:/var/lib/registry registry
```

结果如图 4-18 所示。

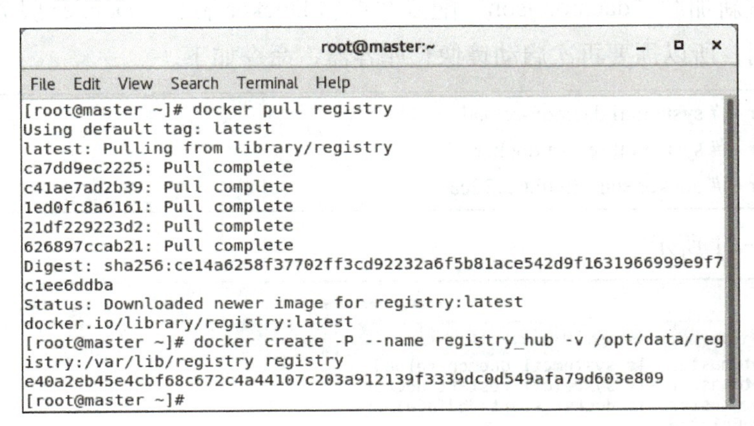

图 4-18 创建镜像仓库容器

第二步：启动镜像仓库容器，查看容器的端口号在 Docker 宿主机上的映射，命令如下。

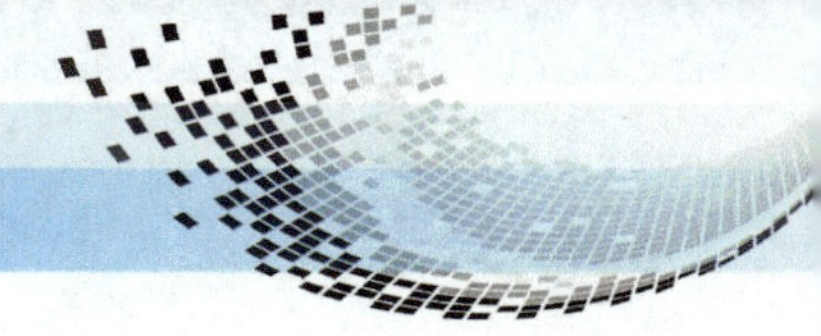

```
[root@master ~]# docker ps -a
[root@master ~]# docker start dbdfa6e132ca
[root@master ~]# docker port dbdfa6e132ca
```

结果如图 4-19 所示。

```
root@master:~
File  Edit  View  Search  Terminal  Help
[root@master ~]# docker ps -a
CONTAINER ID        IMAGE               COMMAND                  CREATED
 STATUS              PORTS                     NAMES
dbdfa6e132ca        registry            "/entrypoint.sh /etc…"   42 minutes ago
 Up 4 minutes        0.0.0.0:32768->5000/tcp   registry_hub
[root@master ~]# docker start dbdfa6e132ca
dbdfa6e132ca
[root@master ~]# docker port dbdfa6e132ca
5000/tcp -> 0.0.0.0:32768
[root@master ~]#
```

图 4-19　启动容器查看端口映射

第三步：由于客户端采用 https 但 Docker Registry 并未采用 https 服务，所以需要在“daemon.json”中进行配置，避免因服务不一致导致无法上传镜像，命令如下。

```
[root@master ~]# vi /etc/docker/daemon.json
# 在配置文件中输入 "insecure-registries":["master:32769"] 其中 master 为主机名
```

结果如图 4-20 所示。

```
root@master:~
File  Edit  View  Search  Terminal  Help
{
  "registry-mirrors": ["https://fumffm6s.mirror.aliyuncs.com"],
  "insecure-registries":["master:32769"]
}
~
~
~
~
-- INSERT --
```

图 4-20　配置访问服务

第四步：重新加载“daemon.json”配置并重启 Docker 服务，Docker 服务重启后镜像仓库容器也会关闭，所以需要再次启动镜像仓库容器，命令如下。

```
[root@master ~]# systemctl daemon-reload
[root@master ~]# systemctl restart docker
[root@master ~]# docker start dbdfa6e132ca
```

结果如图 4-21 所示。

```
root@master:~
File  Edit  View  Search  Terminal  Help
[root@master ~]# systemctl daemon-reload
[root@master ~]# systemctl restart docker
[root@master ~]# docker start dbdfa6e132ca
dbdfa6e132ca
[root@master ~]#
```

图 4-21　加载配置并重启服务

第五步： 拉取一个“ubuntu”镜像，并将其标签设置为“主机名 : 端口号 / 镜像版”的形式，最后使用 push 命令将镜像上传到本地仓库中，命令如下。

```
[root@master ~]# docker pull ubuntu
[root@master ~]# docker tag ubuntu master:32768/ubuntu
[root@master ~]# docker push master:32768/ubuntu
```

结果如图 4-22 所示。

```
root@master:~
File  Edit  View  Search  Terminal  Help
[root@master ~]# docker pull ubuntu
Using default tag: latest
latest: Pulling from library/ubuntu
7413c47ba209: Pull complete
0fe7e7cbb2e8: Pull complete
1d425c982345: Pull complete
344da5c95cec: Pull complete
Digest: sha256:c303f19cfe9ee92badbbbd7567bc1ca47789f79303ddcef56f77687d4744cd7a
Status: Downloaded newer image for ubuntu:latest
[root@master ~]# docker tag ubuntu master:32768/ubuntu
[root@master ~]# docker push master:32768/ubuntu
The push refers to repository [master:32768/ubuntu]
b079b3fa8d1b: Layer already exists
a31dbd3063d7: Layer already exists
c56e09e1bd18: Layer already exists
543791078bdb: Layer already exists
latest: digest: sha256:d91842ef309155b85a9e5c59566719308fab816b40d376809c39cf1cf4de3
c6a size: 1152
[root@master ~]#
```

图 4-22　上传镜像

第六步： 使用浏览器登录“master :32768/v2/_catalog”，查看镜像是否上传成功。结果如图 4-23 所示。

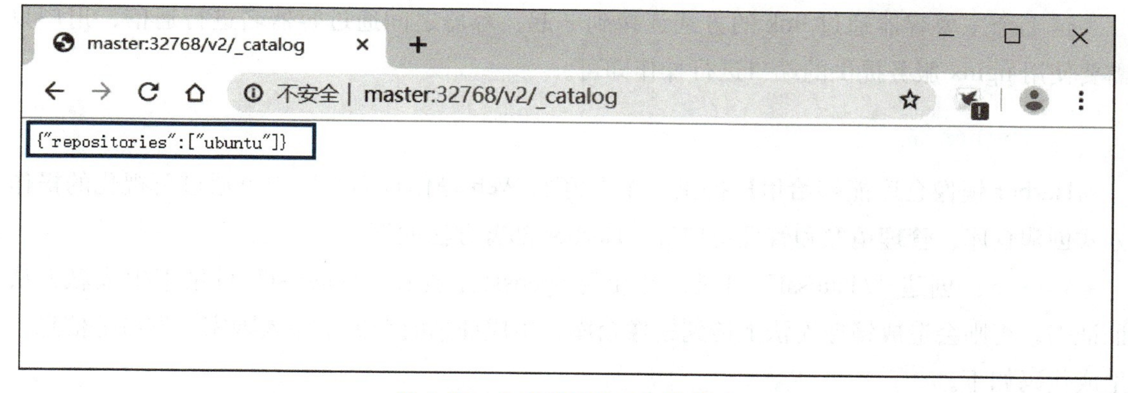

图 4-23　查看镜像是否上传成功

技能点四 Harbor 私有镜像仓库

1. Harbor 简介

Harbor 是一个用来存储和管理 Docker 镜像的企业级镜像仓库服务器。它之所以能够成

为企业级服务器，是因为它同时具备了较高的安全性、标示性和管理性等诸多优点。Harbor提升了构建和运行镜像仓库的效率，支持在多个仓库节点中进行镜像资源的复制。Harbor特性如下。

- 访问控制：Harbor采用了基于角色的访问控制权限，用户与Docker镜像仓库通过"项目"进行组织管理。
- 镜像复制：支持多镜像仓库之间复制镜像，适用于负载均衡、高可用和混合云等场景。
- 图形化用户界面：网页形式的用户界面能够通过浏览器访问管理仓库。
- 审计管理：所有针对镜像和仓库的操作会被记录。

Harbor的每个组件都是以Docker容器的形式构建的，官方也是使用Docker Compose来对它进行部署。Harbor主要由七个容器组成。

- nginx：主要负责流量转发和安全验证，nginx会将流量分发到后端的UI和镜像存储仓库。
- harbor-jobservice：harbor的任务管理模块主要完成仓库之间的同步。
- harbor-ui：是与用户交互的Web管理界面，主要完成与后端的CURD操作。
- registry：Docker原生镜像仓库，负责保存镜像。
- harbor-adminserver：是Harbor系统管理接口，可以修改系统配置以及获取系统信息。
- harbor-db：是Harbor的数据库，用于保存用户信息等数据。
- harbor-log：是Harbor的日志服务，统一管理Harbor日志。

这七个主要容器通过link的方式连接到一起，容器之间通过容器名进行通信，用户只需要使用nginx服务提供的端口进行操作即可。

2．Harbor部署

Harbor镜像仓库能够给用户提供一个友好的Web操作页面，用户可通过可视化的操作方式创建仓库、管理镜像和管理用户等。Harbor部署方法如下。

第一步：创建"/data/ssl"目录，并使用openssl工具在"/data/ssl"目录下生成私人认证证书，否则会造成镜像无法上传到镜像仓库。生成证书时会提示输入国家、省份等信息。生成代码如下。

```
[root@master ~]# mkdir -p /data/ssl
[root@master ~]# cd /data/ssl
[root@master ssl]# openssl req -newkey rsa:4096 -nodes -sha256 -keyout ca.key -x509 -days 365 -out ca.crt
[root@master ssl]# openssl req -newkey rsa:4096 -nodes -sha256 -keyout www.dockeryun.
com.key -out www.dockeryun.com.csr
```

结果如图4-24所示。

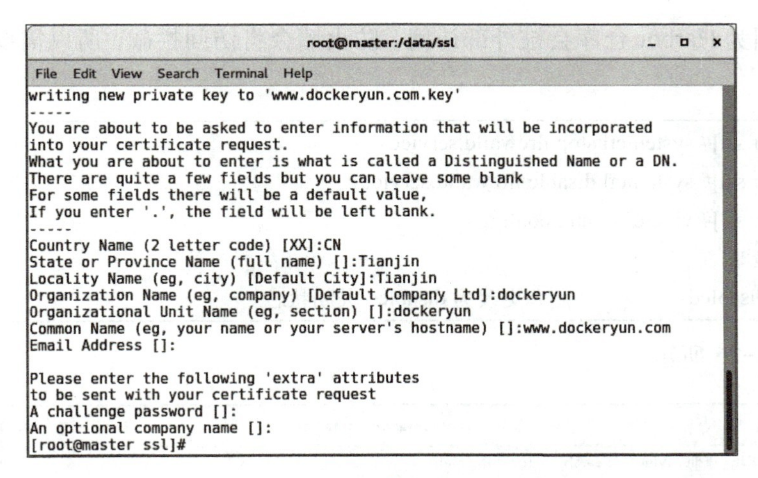

图 4-24　生成证书文件

过程中需要用户根据实际情况进行设置的参数说明如下。

- Country Name：国家，输入“CN”。
- State or Province Name：省份。
- Locality Name：城市。
- Organization Name：组织名，填写公司名或学校名即可。
- Organizational Unit Name：其他组织名，与 Organization Name 相同即可。
- Common Name：域名。
- Email Address : 邮箱，不填。
- A challenge password：不需要填写。
- An optional company name：不需要填写。

第二步：生成域名的 crt 证书，将证书复制到证书目录中，并使证书生效，命令如下。

```
[root@master ssl]# openssl x509 -req -days 365 -in www.dockeryun.com.csr -CA ca.crt -CAkey ca.key -CAcreateserial -out www.dockeryun.com.crt
[root@master ssl]# cp www.dockeryun.com.crt /etc/pki/ca-trust/source/anchors/
[root@master ssl]# update-ca-trust enable
[root@master ssl]# update-ca-trust extract
```

结果如图 4-25 所示。

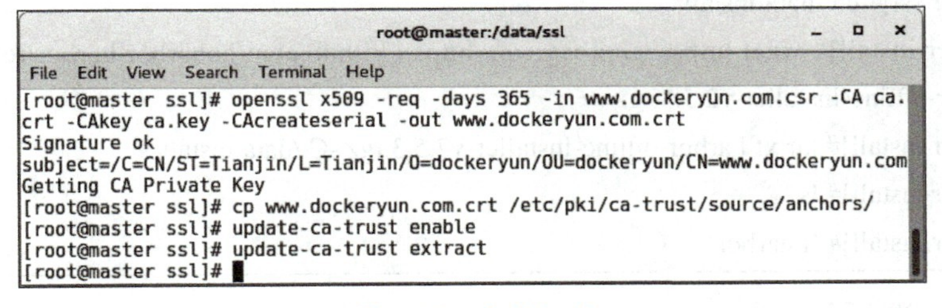

图 4-25　信任证书

第三步：因为 Harbor 仓库会被外部访问，防火墙会将访问拦截，所以需要关闭防火墙，命令如下。

```
[root@master ssl]# systemctl stop firewalld.service
[root@master ssl]# systemctl disable firewalld.service
[root@master ssl]# vi /etc/selinux/config
#  Selinux 策略
SELINUX=disabled                    # 更改为 disabled 关闭状态
```

结果如图 4-26 所示。

```
root@master:/data/ssl
File  Edit  View  Search  Terminal  Help
[root@master ssl]# systemctl stop firewalld.service
[root@master ssl]# systemctl disable firewalld.service
[root@master ssl]# vi /etc/selinux/config
[root@master ssl]#
```

图 4-26　关闭防火墙

第四步：重新启动 Docker，然后创建“/etc/ssl/harbor”目录，并将证书文件复制到该目录下，安装 Harbor 时还需要将软件连接到该目录，命令如下。

```
[root@master ssl]# systemctl restart docker
[root@master ssl]# mkdir -p /etc/ssl/harbor
[root@master ssl]# cp www.dockeryun.com.crt www.dockeryun.com.key /etc/ssl/harbor/
```

结果如图 4-27 所示。

```
root@master:/data/ssl
File  Edit  View  Search  Terminal  Help
[root@master ssl]# mkdir -p /etc/ssl/harbor
[root@master ssl]# cp www.dockeryun.com.crt www.dockeryun.com.key /etc/ssl/ha
rbor/
[root@master ssl]#
```

图 4-27　创建证书目录

第五步：在“/data”目录下创建 install 目录，并将 Harbor 安装包下载到该目录并解压，命令如下。

```
[root@master ssl]# mkdir -p /data/install
[root@master ssl]# cd /data/install/
[root@master install]# wget https://ghproxy.com/https://github.com/goharbor/harbor/releases/download/
v2.5.3/harbor-offline-installer-v2.5.3.tgz
[root@master install]# tar xf harbor-offline-installer-v2.5.3.tgz -C /data/install/
[root@master install]# ls
[root@master install]# ll harbor/
```

结果如图 4-28 所示。

```
er install]# wget wget https://ghproxy.com/https://g
/harbor/releases/download/v2.5.3/harbor-offline-inst

09 11:37:53--  http://wget/
wget (wget)... failed: Name or service not known.
le to resolve host address 'wget'
09 11:37:53--  https://ghproxy.com/https://github.co
releases/download/v2.5.3/harbor-offline-installer-v2
ghproxy.com (ghproxy.com)... 129.146.41.82
 to ghproxy.com (ghproxy.com)|129.146.41.82|:443...

st sent, awaiting response... 200 OK
0014621 (629M) [application/octet-stream]
 'harbor-offline-installer-v2.5.3.tgz'

=======================>] 660,014,621 10.8MB/s   in

 11:39:31 (6.52 MB/s) - 'harbor-offline-installer-v2
60014621/660014621]

-2022-12-09 11:39:31--
 clock time: 1m 38s
: 1 files, 629M in 1m 37s (6.52 MB/s)
er install]# tar xf harbor-offline-installer-v2.5.3.
ll/
er install]# ls
rbor-offline-installer-v2.5.3.tgz
er install]# ll harbor/
40
 1 root root       3361 Jul  7 14:17 common.sh
```

图 4-28　解压 Harbor

Harbor 解压完成后会看到很多配置文件，其中常用的配置文件说明见表 4-2。

表 4-2　Harbor 常用配置文件说明

配 置 文 件	说　明
common	模板目录
harbor.yml.tmpl	Harbor 配置文件
install.sh	安装脚本

第六步：备份 harbor 目录下的“harbor.cfg”文件，然后对源文件进行修改，配置生成证书时的域名并改为 https 请求，命令如下。

```
[root@master install]# cd ./harbor/
[root@master harbor]# cp harbor.yml.tmpl harbor.yml
[root@master harbor]# vim harbor.yml          # 修改配置文件
hostname = www.dockeryun.com（之前注册的域名）
http:
  port: 8800  # 端口号
https:
  # 证书位置
  certificate: /data/ssl/ca.crt
  private_key: /data/ssl/ca.key
```

结果如图 4-29 所示。

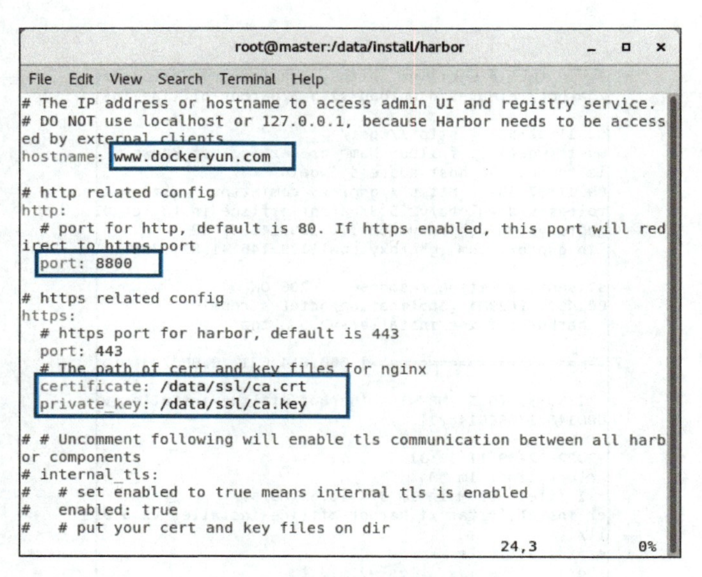

图 4-29 配置 Harbor

第七步：安装 docker-compose。Harbor 仓库需要使用 docker-compse，后面会对它进行详细介绍。命令如下。

```
[root@master harbor]# curl -L "https://github.com/docker/compose/releases/download/1.24.1/docker-compose-$(uname -s)-$(uname -m)" -o /usr/local/bin/docker-compose
[root@master harbor]# chmod +x /usr/local/bin/docker-compose
[root@master harbor]# docker-compose --version
```

结果如图 4-30 所示。

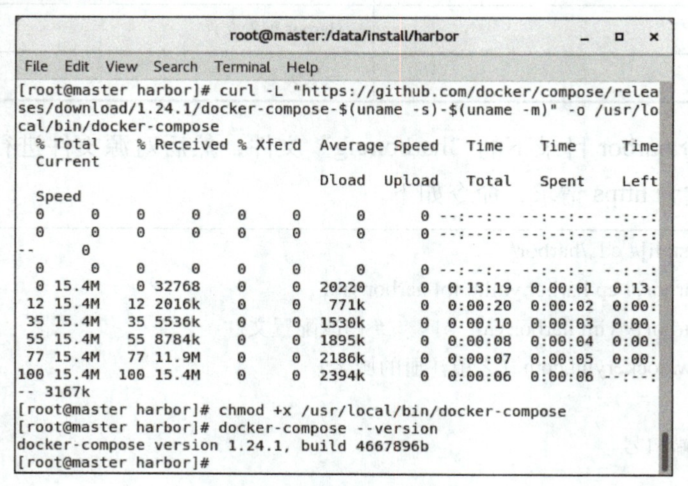

图 4-30 安装 docker-compose

第八步：在 harbor 目录下使用 prepare 生成配置文件，命令如下。

```
[root@master harbor]# ./prepare
```

结果如图 4-31 所示。

```
root@master:/data/install/harbor
File  Edit  View  Search  Terminal  Help
[root@master harbor]# ./prepare
prepare base dir is set to /data/install/harbor
Unable to find image 'goharbor/prepare:v2.5.3' locally
v2.5.3: Pulling from goharbor/prepare
cdd306291e3f: Pull complete
899708b6cf4a: Pull complete
5348cd9eea69: Pull complete
b26fbd0623df: Pull complete
8ef107bcedaf: Pull complete
45efdc863cd9: Pull complete
d109b36b1200: Pull complete
01920cccc2da: Pull complete
35df10b8b365: Pull complete
77422a9df465: Pull complete
Digest: sha256:1e3aae65de7a88dc0b541140940952657fdd1ab9b7bf64704d6b696
b078dd1dc
Status: Downloaded newer image for goharbor/prepare:v2.5.3
Generated configuration file: /config/portal/nginx.conf
Generated configuration file: /config/log/logrotate.conf
Generated configuration file: /config/log/rsyslog_docker.conf
Generated configuration file: /config/nginx/nginx.conf
Generated configuration file: /config/core/env
Generated configuration file: /config/core/app.conf
Generated configuration file: /config/registry/config.yml
Generated configuration file: /config/registryctl/env
Generated configuration file: /config/registryctl/config.yml
Generated configuration file: /config/db/env
Generated configuration file: /config/jobservice/env
Generated configuration file: /config/jobservice/config.yml
Generated and saved secret to file: /data/secret/keys/secretkey
Successfully called func: create_root_cert
Generated configuration file: /compose_location/docker-compose.yml
Clean up the input dir
[root@master harbor]#
```

图 4-31　生成配置文件

第九步：离线安装 Harbor。Harbor 提供了一键安装脚本，安装成功后会自动启动。命令如下。

```
[root@master harbor]# ./install.sh
```

结果如图 4-32 所示。

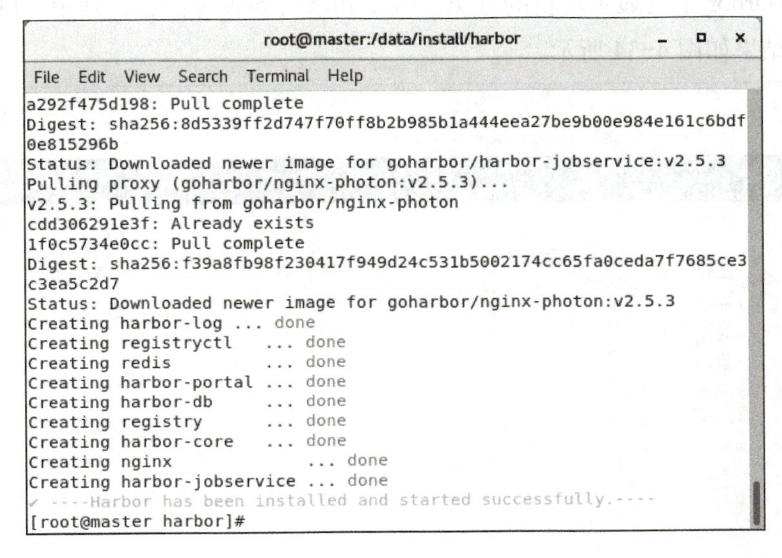

```
root@master:/data/install/harbor
File  Edit  View  Search  Terminal  Help
a292f475d198: Pull complete
Digest: sha256:8d5339ff2d747f70ff8b2b985b1a444eea27be9b00e984e161c6bdf
0e815296b
Status: Downloaded newer image for goharbor/harbor-jobservice:v2.5.3
Pulling proxy (goharbor/nginx-photon:v2.5.3)...
v2.5.3: Pulling from goharbor/nginx-photon
cdd306291e3f: Already exists
1f0c5734e0cc: Pull complete
Digest: sha256:f39a8fb98f230417f949d24c531b5002174cc65fa0ceda7f7685ce3
c3ea5c2d7
Status: Downloaded newer image for goharbor/nginx-photon:v2.5.3
Creating harbor-log ... done
Creating registryctl    ... done
Creating redis          ... done
Creating harbor-portal ... done
Creating harbor-db      ... done
Creating registry       ... done
Creating harbor-core    ... done
Creating nginx              ... done
Creating harbor-jobservice ... done
✔ ----Harbor has been installed and started successfully.----
[root@master harbor]#
```

图 4-32　启动 Harbor

至此，Harbor 仓库部署完成，通过 Docker 宿主机的 IP 地址即可访问。Harbor 页面功能说明如下。

（1）登录页面

通过虚拟机 IP 地址即可进入 Harbor 登录界面，账号默认为 admin，密码默认为 Harbor12345，结果如图 4-33 所示。

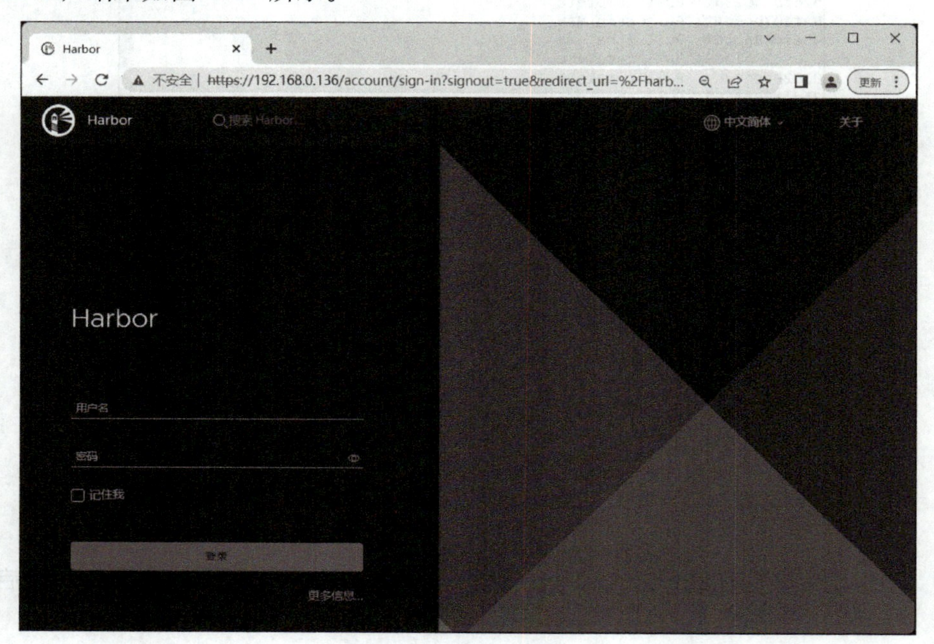

图 4-33　登录 Harbor

（2）项目主页

登录后，Harbor 主页显示项目的分类、数量和项目列表等信息，其中“library”为默认存在的项目，结果如图 4-34 所示。

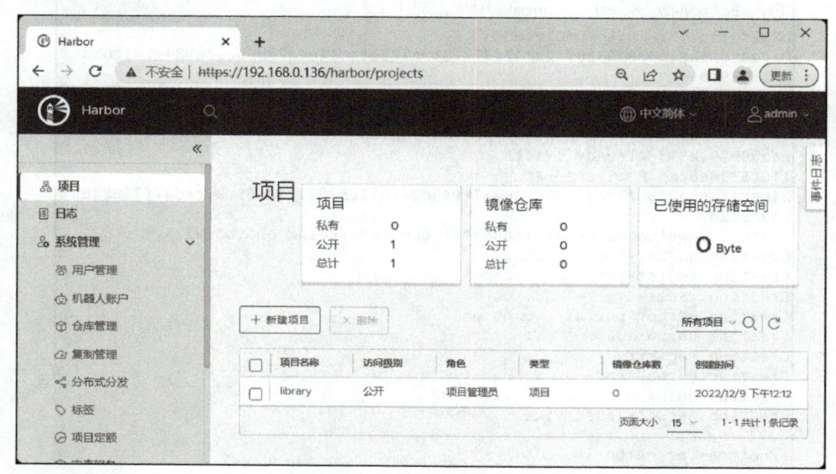

图 4-34　Harbor 主页

（3）项目列表

任意单击一个包含镜像仓库的项目查看镜像库列表，仓库列表中会显示仓库中的镜像版本、数量等信息，如图 4-35 所示。

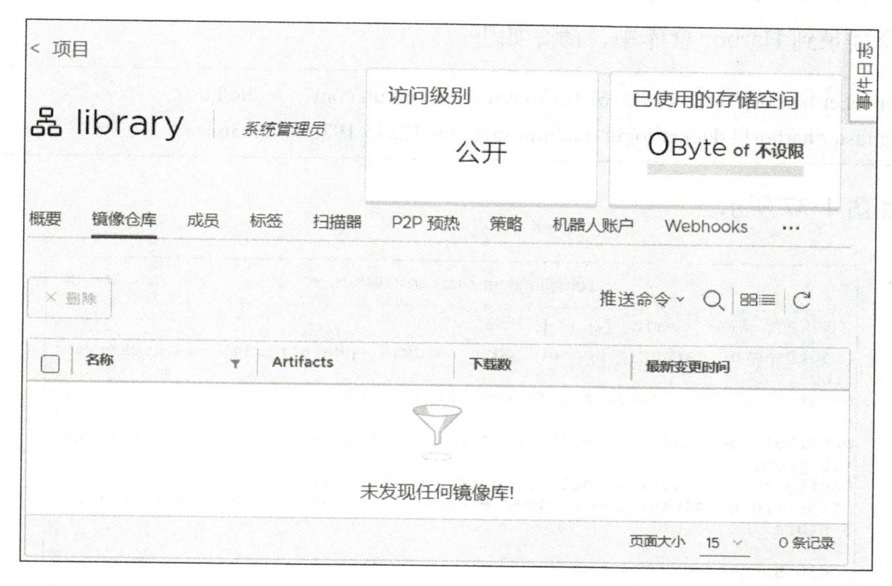

图 4-35　查看仓库信息

（4）镜像版本信息

单击仓库名称即可进入仓库，单击镜像版本名称查看版本的详细信息，如创建时间、架构、操作系统等信息。

项目实施

实现 Harbor 镜像仓库的创建和管理。项目流程如图 4-36 所示。

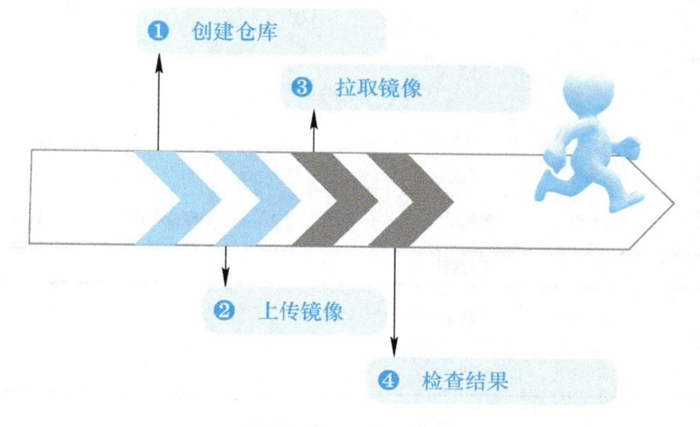

图 4-36　项目流程

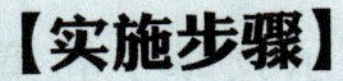

【实施步骤】

第一步：通过对技能点四的学习，Harbor 私有仓库部署已完成，现在通过“docker login”命令登录到 Harbor 仓库中，命令如下。

```
[root@master harbor]# echo "192.168.0.136 www.dockeryun.com" >> /etc/hosts
[root@master harbor]# docker login -uadmin -pHarbor12345 192.168.0.136
```

结果如图 4-37 所示。

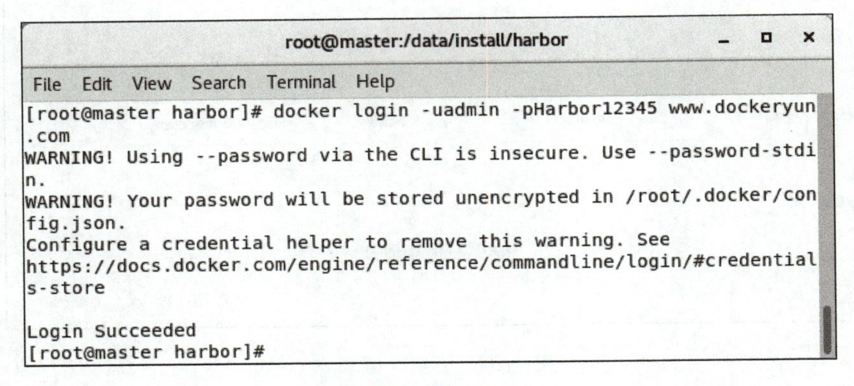

图 4-37 登录 Harbor

第二步：登录 Harbor 用户交互界面，单击“新建项目”按钮创建一个名为 centos 的私有项目，结果如图 4-38 所示。

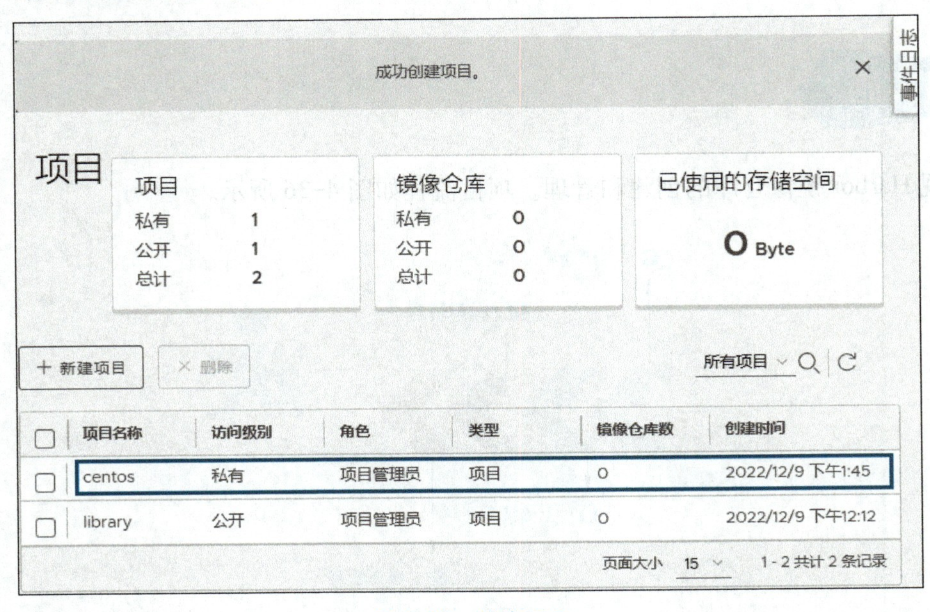

图 4-38 创建项目

第三步：拉取一个 centos 镜像并将标签修改为“www.dockeryun.com/centos/centos:v1”，然后上传到 Harbor 仓库中，命令如下。

```
[root@master harbor]# docker pull centos
[root@master harbor]# docker tag centos:latest www.dockeryun.com/centos/centos:v1
[root@master harbor]# docker push www.dockeryun.com/centos/centos:v1
```

结果如图 4-39 所示。

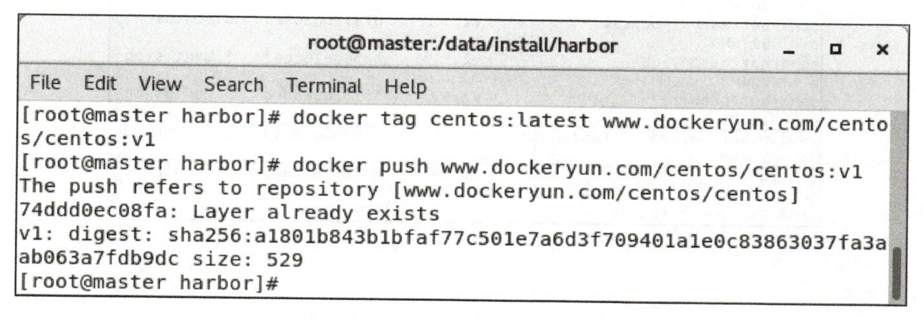

图 4-39　设置镜像标签

第四步：登录 Harbor 交互页面，单击项目列表中的“centos”，可看到项目中已经有了一个仓库，单击镜像仓库即可看到镜像，如图 4-40 所示。

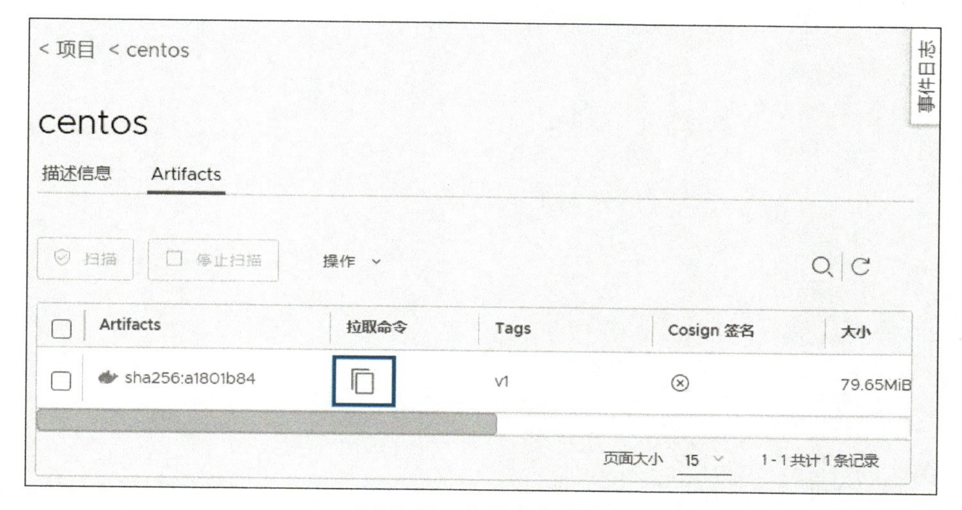

图 4-40　查看库中镜像

第五步：在删除本地镜像后，从 Harbor 中拉取镜像。单击“pull”复制镜像拉取链接，复制的是一条“docker pull”命令。

将复制的命令粘贴到命令行中执行，拉取 Harbor 仓库中的镜像并查看拉取结果，命令如下。

```
[root@master harbor]# docker pull www.dockeryun.com/centos/centos@sha256:a1801b843b1bfaf77c501e7a6d3f709401a1e0c83863037fa3aab063a7fdb9dc
[root@master harbor]# docker images
```

结果如图 4-41 所示。

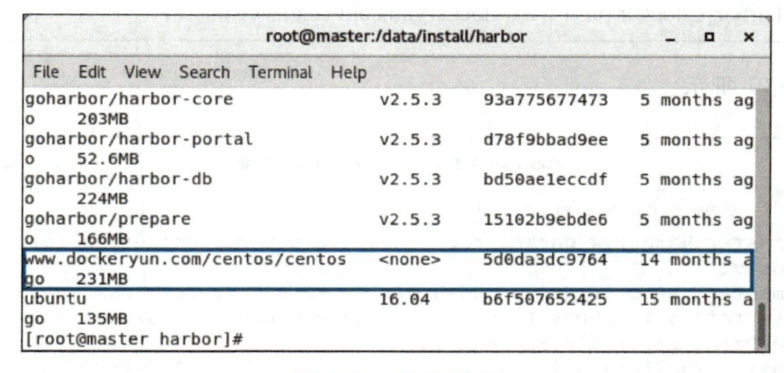

图 4-41　拉取镜像

```
[root@master harbor]# docker images
```

```
root@master:/data/install/harbor
File  Edit  View  Search  Terminal  Help
goharbor/harbor-core          v2.5.3    93a775677473    5 months ag
goharbor/harbor-portal        v2.5.3    d78f9bbad9ee    5 months ag
goharbor/harbor-db            v2.5.3    bd50ae1eccdf    5 months ag
o    224MB
[root@master harbor]#
```

[illegible]，如图4-40所示。

项目描述

由于 Docker 官方只提供了各种系统的基础镜像，启动容器后还需要安装各种插件和服务，当需要多次使用该镜像时就需要多次配置环境。技术主管与技术人员谈话如下。

技术主管：能够创建属于自己的镜像仓库了吗？

技术人员：嗯嗯，公有的、私有的都可以。

技术主管：猜猜下面该学习什么了？

技术人员：给个提示呗。

技术主管：有了属于自己的镜像仓库，那么仓库里是不是还需要有东西？

技术人员：是不是自定义镜像？

技术主管：不够准确，应该是镜像构建，能够根据需求做出符合的镜像。

技术人员：好的，我这就去学习。

Docker Hub 仓库中虽然有官方提供的系统基础镜像以及其他开发人员共享的定制镜像，但有时候很难找到百分百满足自己需求的镜像，只能找比较接近的然后启动容器后再去修改。问题在于，容器本身不能迁移，那么当在生产环境中部署时还需要再修改一次，违背了 Docker 初衷。所以，Docker 允许通过容器或 Dockerfile 构建一个新镜像。

学习目标

通过对 Docker 镜像构建的学习，了解镜像构建的不同方法，熟悉本地镜像构建和云端镜像构建的区别，掌握 Dockerfile 文件的编写方法，具有镜像构建的能力。

项目分析

本项目主要实现 tomcat8 服务镜像的构建。在“项目技能”中，简单讲解了本地镜像和云端镜像的构建过程，详细说明了“docker build”镜像构建命令和 Dockerfile 脚本文件的使用。

项目技能

技能点一 docker build 镜像构建命令

docker build 命令用于使用 Dockerfile 文件创建镜像，命令格式如下。

```
docker build [OPTIONS] PATH | URL | -
```

OPTIONS 命令参数说明见表 5-1。

表 5-1 docker build 命令参数说明

参数	说明
--build-arg=[]	设置镜像创建时的变量
--cpu-shares	设置 CPU 使用权重
--cpu-period	限制 CPU CFS 周期
--cpu-quota	限制 CPU CFS 配额
--cpuset-cpus	指定使用的 CPU ID
--cpuset-mems	指定使用的内存 ID
--disable-content-trust	忽略校验，默认开启
-f,--file	指定要使用的 Dockerfile 路径
--force-rm	设置镜像过程中删除中间容器
--isolation	使用容器隔离技术
--label=[]	设置镜像使用的元数据
-m,--memory	设置内存最大值
--memory-swap	设置 swap 的最大值为内存 +swap，”–1”表示不限 swap
--no-cache	创建镜像的过程不使用缓存
--pull	尝试更新镜像的版本
--quiet, -q	安静模式，成功后只输出镜像 ID
--rm	设置镜像成功后删除中间容器
--shm-size	设置 /dev/shm 的大小，默认值是 64MB
--ulimit	Ulimit 配置
--tag, -t	镜像的名字及标签，通常是 name:tag 或者 name 格式。可以在单个构建中为一个镜像设置多个标签
--network	默认为 default。在构建期间设置 RUN 指令的网络模式

Dockerfile 是一种脚本文件，由一系列指令组成，这些指令能够对 Docker 任意镜像进行操作并生成一个新镜像。Dockerfile 极大地简化了镜像定制的流程，减少了工程师的项目部署工作量。Dockerfile 文件以 FROM 开头用以指定使用的基础镜像，然后以每行一条命令的形式继续，Dockerfile 文件编写完成后使用 docker build 命令执行该文件以构建新镜像。

例如，使用 docker build 命令和 Dockerfile 脚本文件构建一个五子棋项目镜像，构建方法如下。

（1）准备 Dockerfile

在 Docker 宿主机的“/usr/local”目录下创建一个名为“Dockerfile”的目录，将五子棋项目文件复制到该目录并创建 Dockerfile 文件，命令如下。

```
[root@master ~]# cd /usr/local/
[root@master local]# mkdir Dockerfile
[root@master local]# cd ./Dockerfile/
[root@master Dockerfile]# vi Dockerfile
# 在该文件中输入如下内容
# 指定基础镜像
FROM httpd:latest
# 设置维护者信息
MAINTAINER educationdocker (education@docker.com)
# 复制项目到容器
COPY gobang /usr/local/apache2/htdocs/gobang
[root@master Dockerfile]# docker build -t gobang:V1 .
```

结果如图 5-1 所示。

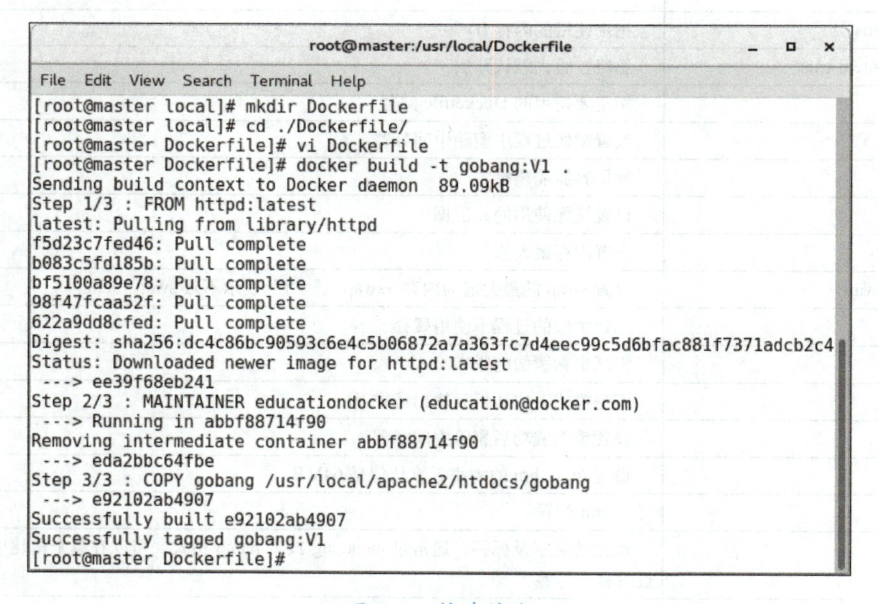

图 5-1　构建镜像

（2）查看镜像并创建容器

查看镜像是否创建成功，然后使用“docker run”命令创建并启动容器，将 nginx 端口映射到主机中的 8080 端口。

```
[root@master Dockerfile]# docker images
[root@master Dockerfile]# docker run -d -it --name gobang_game -p 8080:80 gobang:V1
[root@master Dockerfile]# docker ps -a
```

如图 5-1 所示，已经以 httpd 镜像为基础镜像创建了一个“gobang:V1”镜像，该镜像中已经部署了一个简单的项目。以 gobang 镜像启动容器，结果如图 5-2 所示。

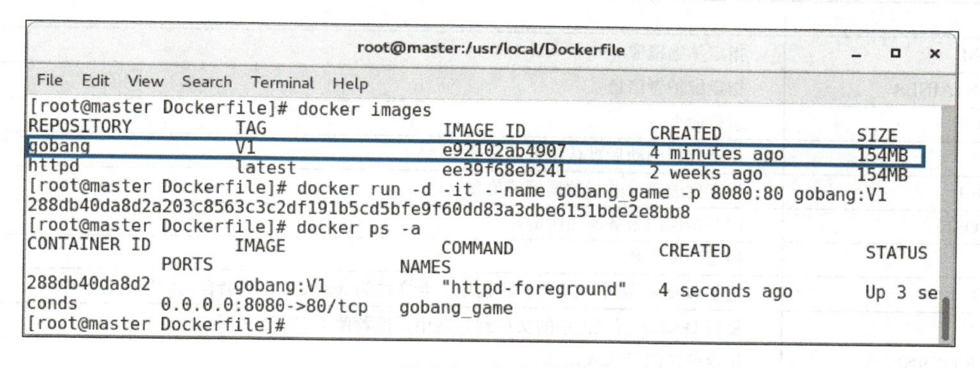

图 5-2 启动容器

（3）项目测试

启动完成后，访问宿主机“8080”端口的“gobang”查看效果，结果如图 5-3 所示。

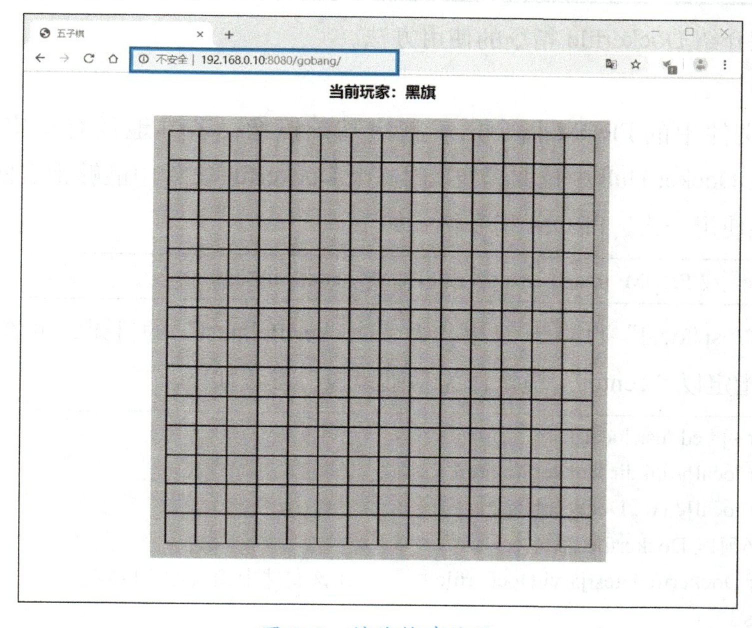

图 5-3 镜像构建结果

技能点二 Dockerfile 脚本文件

在介绍“docker build”命令时已经简单地使用了 Dockerfile 文件。下面对其进行详细介绍。Dockerfile 脚本文件一般被分为四部分：基础镜像信息、镜像操作指令、容器启动时的执行指令，以及注释（Dockerfile 中的注释符为“#”）。Docker 在执行 Dockerfile 文件时，只会按照顺序由上而下执行，所以为了指定镜像第一条指令必须使用 FROM，然后使用 RUN、CMD、EXPOSE、ENV 等指令。Dockerfile 脚本文件常用指令见表 5-2。

表 5-2 Dockerfile 脚本文件常用指令说明

指　令	说　明
FROM	指定基础镜像
MAINTAINER	指定维护者信息
RUN	运行命令
CMD	指定容器启动后默认执行的命令
LABEL	指定生成镜像的元数据标签信息
EXPOSE	声明镜像内服务所监听的端口
ENV	指定环境变量
ADD	复制 Docker 宿主机文件到容器中，若文件为 .tar 文件，则会自动解压到容器中
COPY	复制 Docker 宿主机中的文件到容器中，推荐使用 COPY 指令
ENTRYPOINIT	指定镜像的默认入口
VOLUME	创建数据卷挂载点
USER	指定运行容器时的用户名或 UID
WORKDIR	配置工作目录
ONBUILD	配置当前所创建的镜像作为其他镜像的基础镜像时，所执行的创建操作指令

下面来详细介绍 Dockerfile 指令的使用方法。

（1）FROM

Dockerfile 文件中的 FROM 指令用于指定基础镜像，若本地没有指定的基础镜像，Docker 会自动去 Docker Hub 中拉取镜像。同一个 Dockerfile 文件中能够指定使用多个镜像，但每个镜像只能使用一次。FROM 指令格式如下。

```
FROM<image> 或 FROM<image>:<tag> 或 FROM<image>@<digest>
```

例如，在“/usr/local”目录下创建名为“Dockerfilelatest”的目录，并在该目录中创建 Dockerfile 文件指定以“centos”镜像作为基础镜像，方法如下。

```
[root@master ~]# cd /usr/local/
[root@master local]# mkdir Dockerfilelatest
[root@master local]# cd ./Dockerfilelatest/
# 脚本文件必须以 Dockerfile 命名
[root@master Dockerfilelatest]# vi Dockerfile        # 在该文件中输入如下内容
FROM centos
[root@master Dockerfile]# docker build -t dockerfiledemo:V1 .
```

从图 5-4 中可以看出，已经基于“centos”镜像创建出了“dockerfiledemo:V1”镜像，由于 Dockerfile 文件中没有指定其他操作，所以两个镜像并没有区别。

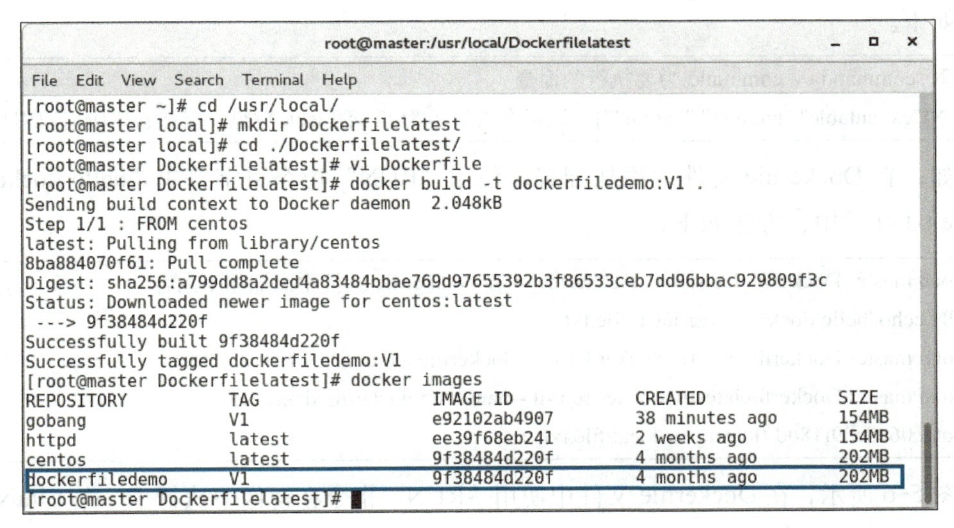

图 5-4　FROM 指令

（2）MAINTAINER

该指令用来设定维护者的详细信息。镜像创建成功后，能够查看到镜像的构建者是谁。指令格式如下。

```
MAINTAINER<name>
```

例如，在 Dockerfile 文件中添加维护者信息，并生成镜像查看结果，方法如下。

```
[root@master Dockerfilelatest]# vi Dockerfile  # 在该文件中添加如下内容
MAINTAINER educationdocker
[root@master Dockerfilelatest]# docker build -t dockerfiledemo:V2 .
[root@master Dockerfilelatest]# docker inspect -f {{".ContainerConfig.Cmd"}} dockerfiledemo:V2
```

如图 5-5 所示，在 Dockerfile 文件中使用“MAINTAINER”指令设置的维护者已经保存到了镜像信息中。

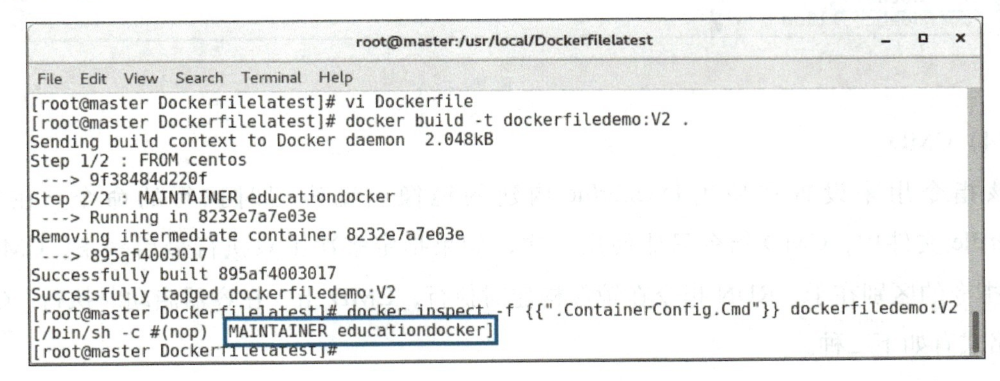

图 5-5　MAINTAINER 指令

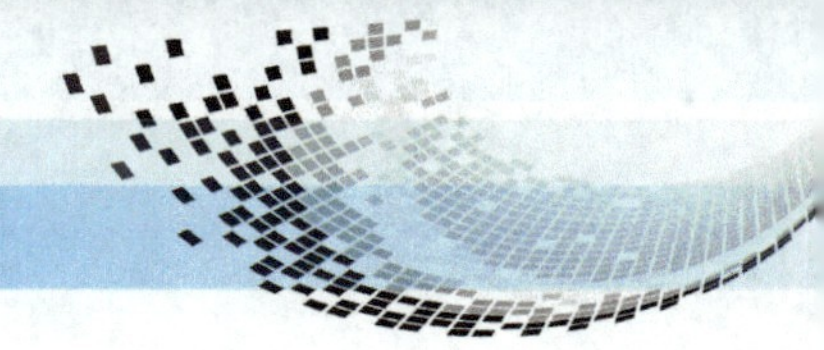

（3）RUN

该指令用来指定在 FROM 指定的镜像中执行的命令，执行完成后提交新镜像。RUN 指令格式如下。

```
RUN<command>    command 为要执行的命令
RUN["executable","param1","param2"]   该指令被解析为了一组 json 数组，因此必须应用双引号
```

例如，在 Dockerfile 文件中添加配置，使用“RUN”指令将字符串“hello docker!”插入到 file.txt 文件中，方法如下。

```
[root@master Dockerfilelatest]# vi Dockerfile  # 在 Dockerfile 文件中添加如下内容
RUN echo 'hello docker!'>/usr/local/file.txt
[root@master Dockerfilelatest]# docker build -t dockerfiledemo:V3 .
[root@master Dockerfilelatest]# docker run -it --name run dockerfiledemo:V3
[root@06e8cd9f18dd /]# cat /usr/local/file.txt
```

如图 5-6 所示，在 Dockerfile 文件中使用“RUN”指令在镜像中执行了一条 Linux 命令，将字符串“hello docker!”插入到了容器的 file.txt 文件中。

```
@06e8cd9f18dd:/
File  Edit  View  Search  Terminal  Help
[root@master Dockerfilelatest]# vi Dockerfile
[root@master Dockerfilelatest]# docker build -t dockerfiledemo:V3 .
Sending build context to Docker daemon  2.048kB
Step 1/3 : FROM centos
 ---> 9f38484d220f
Step 2/3 : MAINTAINER educationdocker
 ---> Using cache
 ---> 895af4003017
Step 3/3 : RUN echo 'hello docker!'>/usr/local/file.txt
 ---> Running in 71d137f8b1c8
Removing intermediate container 71d137f8b1c8
 ---> 685eb6a41867
Successfully built 685eb6a41867
Successfully tagged dockerfiledemo:V3
[root@master Dockerfilelatest]# docker run -it --name run dockerfiledemo:V3
[root@06e8cd9f18dd /]# cat /usr/local/file.txt
hello docker!
[root@06e8cd9f18dd /]#
```

图 5-6　RUN 指令

（4）CMD

该指令用来设置在使用 Dockerfile 构建的镜像启动容器时执行的命令。在每个 Dockerfile 文件中，CMD 指令只能使用一次，如果指定多次则只执行最后一条。CMD 与 RUN 指令的区别在于，RUN 指令在镜像构建时执行，CMD 指令在容器启动时执行。CMD 指令格式有如下三种。

```
CMD["executable","param1","param2"]  使用 exec 执行命令，推荐使用这种方式
CMD command param1 param2  在 /bin/sh 中执行，提供给需要交互的应用
CMD ["param1","param2"]  用来给 ENTRYPOINT 提供默认参数
```

例如，在 Dockerfile 文件中添加配置，在容器启动时在屏幕上输出“hello docker”，方法如下。

```
[root@master Dockerfilelatest]# vi Dockerfile # 在 Dockerfile 文件中添加如下内容
CMD echo " hello docker"
[root@master Dockerfilelatest]# docker build -t dockerfiledemo:V4 .
[root@master Dockerfilelatest]# docker run -it --name CMD dockerfiledemo:V4
```

如图 5-7 所示，在 Dockerfile 文件中使用“CMD”指令后，在启动容器时输出了“hello docker”。

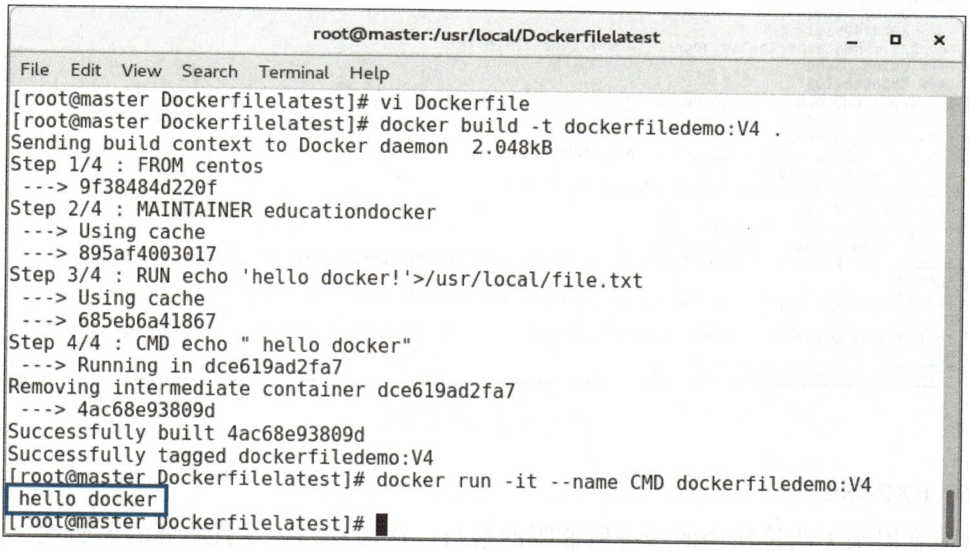

```
root@master:/usr/local/Dockerfilelatest
File Edit View Search Terminal Help
[root@master Dockerfilelatest]# vi Dockerfile
[root@master Dockerfilelatest]# docker build -t dockerfiledemo:V4 .
Sending build context to Docker daemon  2.048kB
Step 1/4 : FROM centos
 ---> 9f38484d220f
Step 2/4 : MAINTAINER educationdocker
 ---> Using cache
 ---> 895af4003017
Step 3/4 : RUN echo 'hello docker!'>/usr/local/file.txt
 ---> Using cache
 ---> 685eb6a41867
Step 4/4 : CMD echo " hello docker"
 ---> Running in dce619ad2fa7
Removing intermediate container dce619ad2fa7
 ---> 4ac68e93809d
Successfully built 4ac68e93809d
Successfully tagged dockerfiledemo:V4
[root@master Dockerfilelatest]# docker run -it --name CMD dockerfiledemo:V4
 hello docker
[root@master Dockerfilelatest]#
```

图 5-7 CMD 指令

（5）LABEL

该指令用于指定新镜像的 LABEL 元素标签信息，指令格式有以下两种。

```
LABEL<key>=<value> <key>=<value> <key>=<value>...
LABEL multi.label1="value1" \
        multi.label2="value2" \
        other="value3"   命令过长使用“\”符号进行换行。
```

例如，在 Dockerfile 文件中添加配置，使用“LABEL”指令为新镜像设置 Label 标签信息，并使用“docker inspect”命令查看标签信息，方法如下。

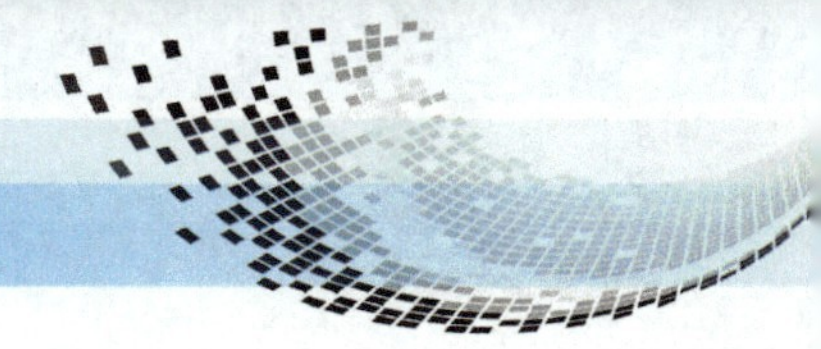

```
[root@master Dockerfilelatest]# vi Dockerfile  # 在 Dockerfile 文件中添加如下内容
LABEL label1="LABEL" label2="RUN" label3="CMD"
[root@master Dockerfilelatest]# docker build -t dockerfiledemo:V5 .
[root@master Dockerfilelatest]# docker inspect -f {{".Config.Labels.label1"}} dockerfiledemo:V5
[root@master Dockerfilelatest]# docker inspect -f {{".Config.Labels.label2"}} dockerfiledemo:V5
[root@master Dockerfilelatest]# docker inspect -f {{".Config.Labels.label3"}} dockerfiledemo:V5
```

如图 5-8 所示，在 Dockerfile 文件中使用“LABEL”指令在创建镜像时为镜像设置了三个标签。

```
root@master:/usr/local/Dockerfilelatest
File  Edit  View  Search  Terminal  Help
[root@master Dockerfilelatest]# vi Dockerfile
[root@master Dockerfilelatest]# docker build -t dockerfiledemo:V5 .
Sending build context to Docker daemon  2.048kB
Step 1/5 : FROM centos
 ---> 9f38484d220f
Step 2/5 : MAINTAINER educationdocker
 ---> Using cache
 ---> 895af4003017
Step 3/5 : RUN echo 'hello docker!'>/usr/local/file.txt
 ---> Using cache
 ---> 685eb6a41867
Step 4/5 : CMD echo " hello docker"
 ---> Using cache
 ---> 4ac68e93809d
Step 5/5 : LABEL label1="LABEL" label2="RUN" label3="CMD"
 ---> Running in afe7feb4f1b6
Removing intermediate container afe7feb4f1b6
 ---> 50cbd048042e
Successfully built 50cbd048042e
Successfully tagged dockerfiledemo:V5
[root@master Dockerfilelatest]# docker inspect -f {{".Config.Labels.label1"}} dockerfiledemo:V5
LABEL
[root@master Dockerfilelatest]# docker inspect -f {{".Config.Labels.label2"}} dockerfiledemo:V5
RUN
[root@master Dockerfilelatest]# docker inspect -f {{".Config.Labels.label3"}} dockerfiledemo:V5
CMD
[root@master Dockerfilelatest]#
```

图 5-8　LABEL 指令

（6）EXPOSE

该指令用来声明镜像内的服务所监听的端口，该命令只能设置服务的监听端口，实现将容器的端口映射到 Docker 宿主机的功能，EXPOSE 使用格式如下。

```
EXPOSE<port>[<port>...]
```

例如，在 Dockerfile 文件中添加配置，设置镜像开放 80、8080、8088 端口，方法如下。

```
[root@master Dockerfilelatest]# vi Dockerfile        # 在 Dockerfile 文件中添加如下内容
EXPOSE 80 8080 8088
[root@master Dockerfilelatest]# docker build -t dockerfiledemo:V6 .
[root@master Dockerfilelatest]# docker inspect -f {{.Config.ExposedPorts}} dockerfiledemo:V6
```

如图 5-9 所示，在 Dockerfile 文件中使用“EXPOSE”指令在创建镜像时开放了三个端口。

```
root@master:/usr/local/Dockerfilelatest
File  Edit  View  Search  Terminal  Help
Step 6/6 : EXPOSE 80 8080 8088
 ---> Running in 14b49d4dbc61
Removing intermediate container 14b49d4dbc61
 ---> b1158ecec2a9
Successfully built b1158ecec2a9
Successfully tagged dockerfiledemo:V6
[root@master Dockerfilelatest]# docker inspect -f {{.Config.ExposedPorts}} dockerfiledemo:V6
map[80/tcp:{} 8080/tcp:{} 8088/tcp:{}]
[root@master Dockerfilelatest]#
```

图 5-9　EXPOSE 指令

（7）ENV

该指令用来设置容器中的环境变量。RUN 指令和容器中运行的应用会直接使用 ENV 指令定义的环境变量。使用 ENV 指令指定的环境变量，能够在运行容器时被覆盖，如 docker run –ENV <key>=<value> built_image。ENV 指令格式有两种，如下。

```
ENV<key><value>    每次只能设置一个环境变量
ENV<key>=<value>   可一次设置多个环境变量
```

例如，在 Dockerfile 文件中添加配置，实现在镜像构建时添加环境变量，方法如下。

```
[root@master Dockerfilelatest]# vi Dockerfile          # 在 Dockerfile 文件中添加如下内容
ENV JAVA_HOME /usr/local/jdk1.8.0_171
ENV PATH $JAVA_HOME/bin:$PATH
[root@master Dockerfilelatest]# docker build -t dockerfiledemo:V7 .
[root@master Dockerfilelatest]# docker inspect -f {{ ".ContainerConfig.Cmd" }} dockerfiledemo:V7
```

如图 5-10 所示，在 Dockerfile 文件中使用“ENV”指令在创建镜像时设置 JDK 环境变量。

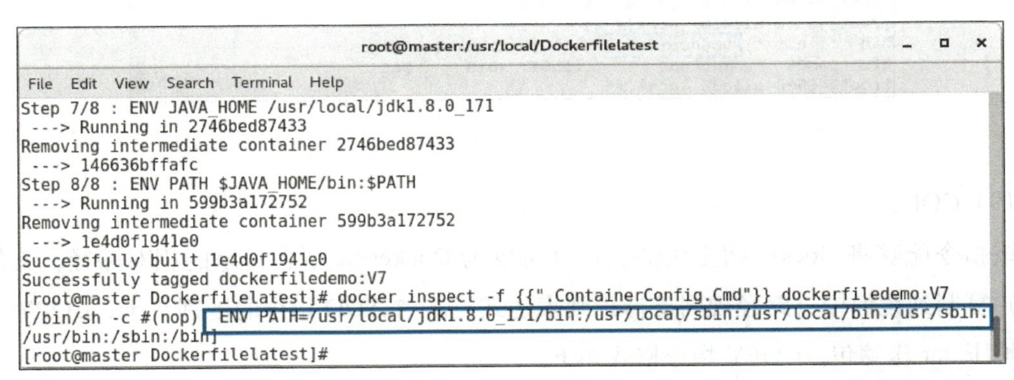

图 5-10　ENV 指令

（8）ADD

该指令能够将 Docker 宿主机中 Dockerfile 所在目录的相对路径、URL、.tar 文件等添加到容器中。当添加的为 .tar 文件时，会自动解压。ADD 指令格式如下。

```
ADD <scr> <dest>
```

例如，在 Dockerfile 文件中添加配置，使用 ADD 指令将 Dockerfile 所在目录中的 hadoop-3.3.3.tar.gz 复制到容器中，然后启动容器查看目录中的文件，方法如下。

```
[root@master Dockerfilelatest]# vi Dockerfile   # 在 Dockerfile 文件中添加如下内容
ADD hadoop-3.3.3.tar.gz /usr/local
[root@master Dockerfilelatest]# docker build -t dockerfiledemo:V8 .
[root@master Dockerfilelatest]# docker run -it dockerfiledemo:V8 /bin/bash
[root@405e84a11a38 /]# cd /usr/local/
[root@405e84a11a38 local]# ls
[root@405e84a11a38 local]# exit
```

如图 5-11 所示，使用 ADD 命令会将压缩包解压到容器中。

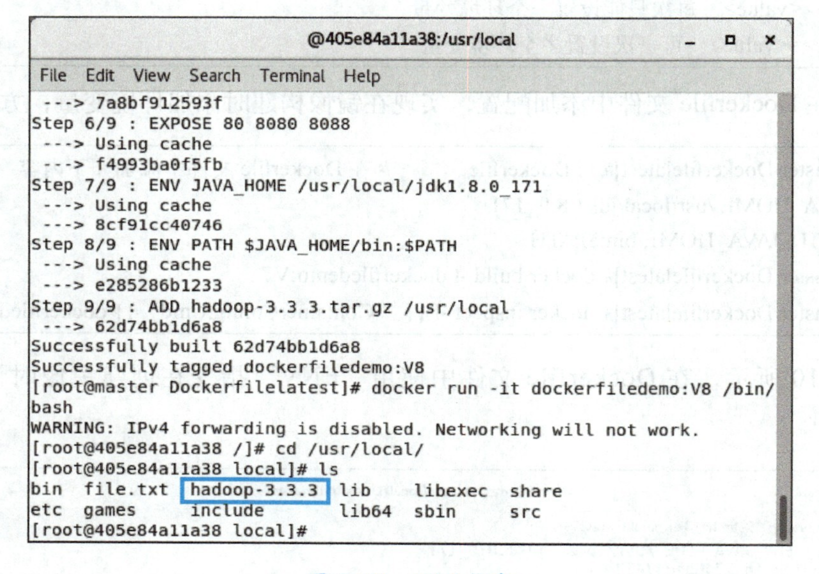

```
@405e84a11a38:/usr/local
File Edit View Search Terminal Help
 ---> 7a8bf912593f
Step 6/9 : EXPOSE 80 8080 8088
 ---> Using cache
 ---> f4993ba0f5fb
Step 7/9 : ENV JAVA_HOME /usr/local/jdk1.8.0_171
 ---> Using cache
 ---> 8cf91cc40746
Step 8/9 : ENV PATH $JAVA_HOME/bin:$PATH
 ---> Using cache
 ---> e285286b1233
Step 9/9 : ADD hadoop-3.3.3.tar.gz /usr/local
 ---> 62d74bb1d6a8
Successfully built 62d74bb1d6a8
Successfully tagged dockerfiledemo:V8
[root@master Dockerfilelatest]# docker run -it dockerfiledemo:V8 /bin/
bash
WARNING: IPv4 forwarding is disabled. Networking will not work.
[root@405e84a11a38 /]# cd /usr/local/
[root@405e84a11a38 local]# ls
bin  file.txt  hadoop-3.3.3 lib    libexec  share
etc  games     include      lib64  sbin     src
[root@405e84a11a38 local]#
```

图 5-11　ADD 指令

(9) COPY

该指令能够将 Docker 宿主机的文件（可以为 Dockerfile 所在目录的相对路径、文件或目录）复制到镜像中（路径规则支持正则表达式）。与 ADD 指令的区别在于，COPY 指令不会解压 .tar 压缩包。COPY 指令格式如下。

```
COPY<sec> <test>
```

例如，在 Dockerfile 文件中添加配置，使用 ADD 指令将 Dockerfile 所在目录中的 hadoop-3.3.3.tar.gz 复制到容器中，方法如下。

```
[root@master Dockerfilelatest]# vi Dockerfile   # 在 Dockerfile 文件中添加如下内容
COPY hadoop-3.3.3.tar.gz /usr/local
[root@master Dockerfilelatest]# docker build -t dockerfiledemo:V9 .
[root@master Dockerfilelatest]# docker run -it dockerfiledemo:V9 /bin/bash
[root@ae32d69cbe73 /]# cd /usr/local/
[root@ae32d69cbe73 local]# ls
```

如图 5-12 所示，在 Dockerfile 文件中使用 COPY 指令在创建镜像时将 hadoop-3.3.3.tar.gz 复制到了容器的 /usr/local 目录中。

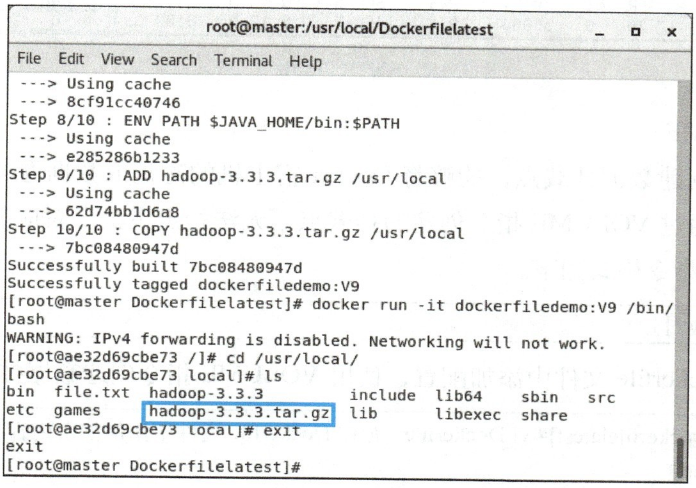

```
root@master:/usr/local/Dockerfilelatest
File  Edit  View  Search  Terminal  Help
 ---> Using cache
 ---> 8cf91cc40746
Step 8/10 : ENV PATH $JAVA_HOME/bin:$PATH
 ---> Using cache
 ---> e285286b1233
Step 9/10 : ADD hadoop-3.3.3.tar.gz /usr/local
 ---> Using cache
 ---> 62d74bb1d6a8
Step 10/10 : COPY hadoop-3.3.3.tar.gz /usr/local
 ---> 7bc08480947d
Successfully built 7bc08480947d
Successfully tagged dockerfiledemo:V9
[root@master Dockerfilelatest]# docker run -it dockerfiledemo:V9 /bin/
bash
WARNING: IPv4 forwarding is disabled. Networking will not work.
[root@ae32d69cbe73 /]# cd /usr/local/
[root@ae32d69cbe73 local]# ls
bin  file.txt  hadoop-3.3.3         include  lib64    sbin   src
etc  games     hadoop-3.3.3.tar.gz  lib      libexec  share
[root@ae32d69cbe73 local]# exit
exit
[root@master Dockerfilelatest]#
```

图 5-12　COPY 指令

（10）ENTRYPOINT

该指令用来指定镜像默认的入口命令，该入口命令会在容器启动时作为根目录执行，所有传入的值都会作为该命令的参数。通俗来讲，就是容器默认需要执行的任务。ENTRYPOINT 指令格式如下。

```
ENTRYPOINT ["executable","param1","param2"]   exec 调用执行
ENTRYPOINT command param1 param2   shell 中执行
```

例如，在 Dockerfile 文件中添加配置，使用 ENTRYPOINT 指令设置容器默认执行“top”命令，方法如下。

```
[root@master Dockerfilelatest]# vi Dockerfile          # 在 Dockerfile 文件中添加如下内容
ENTRYPOINT [ "top", "-b" ]
[root@master Dockerfilelatest]# docker build -t dockerfiledemo:V10 .
[root@master Dockerfilelatest]# docker run dockerfiledemo:V10 -c
```

如图 5-13 所示，在 Dockerfile 文件中使用“ENTRYPOINT”指令在创建镜像时设置使用该镜像创建容器时默认执行的命令。

```
root@master:/usr/local/Dockerfilelatest
File  Edit  View  Search  Terminal  Help
%Cpu(s):  1.7 us,  0.7 sy,  0.0 ni, 97.7 id,  0.0 wa,  0.0 hi,  0.0 si,  0.0 st
KiB Mem :  3865284 total,   545024 free,  1056332 used,  2263928 buff/cache
KiB Swap:  4063228 total,  4057276 free,     5952 used.  2386268 avail Mem

   PID USER      PR  NI    VIRT    RES    SHR S %CPU %MEM     TIME+ COMMAND
     1 root      20   0   56064   1916   1468 R  0.0  0.0   0:00.03 top -b -c

top - 03:50:05 up  3:17,  0 users,  load average: 0.08, 0.04, 0.05
Tasks:   1 total,   1 running,   0 sleeping,   0 stopped,   0 zombie
%Cpu(s):  0.7 us,  0.3 sy,  0.0 ni, 99.0 id,  0.0 wa,  0.0 hi,  0.0 si,  0.0 st
KiB Mem :  3865284 total,   545024 free,  1056332 used,  2263928 buff/cache
KiB Swap:  4063228 total,  4057276 free,     5952 used.  2386268 avail Mem

   PID USER      PR  NI    VIRT    RES    SHR S %CPU %MEM     TIME+ COMMAND
     1 root      20   0   56064   1916   1468 R  0.0  0.0   0:00.03 top -b -c
```

图 5-13　ENTRYPOINT 指令

（11）VOLUME

该指令用来创建数据挂载点，能够将 Docker 宿主机的磁盘或数据卷容器挂载到容器中实现数据共享。通过 VOLUME 指令创建的挂载点，无法指定主机上对应的目录，是自动生成的。VOLUME 指令格式如下。

```
VOLUME["/date"]
```

例如，在 Dockerfile 文件中添加配置，使用 VOLUME 指令创建数据挂载点，方法如下。

```
[root@master Dockerfilelatest]# vi Dockerfile    # 在 Dockerfile 文件中添加如下内容
VOLUME ["/usr"]
[root@master Dockerfilelatest]# docker build -t dockerfiledemo:V11 .
[root@master Dockerfilelatest]# docker inspect -f {{".Config.Volumes"}} dockerfiledemo:V11
```

结果如图 5-14 所示。

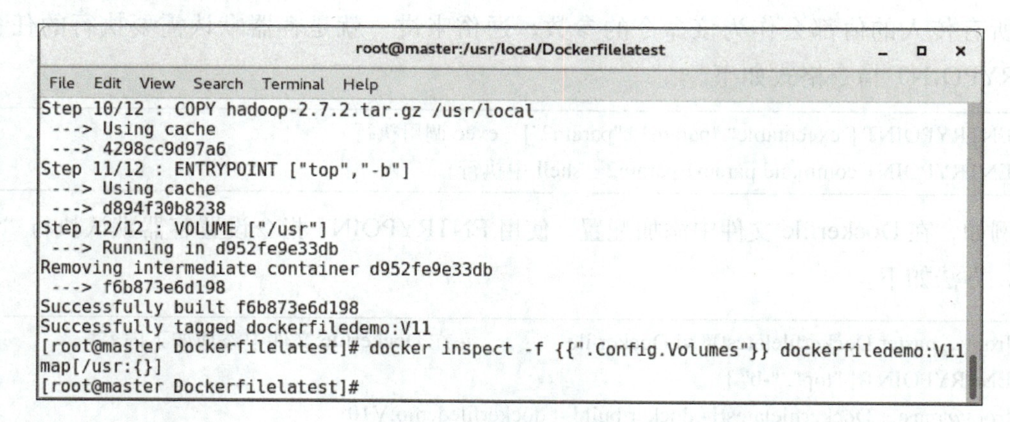

图 5-14　VOLUME 指令

（12）USER

该指令能够指定容器运行时的用户名或 UID，在使用 "docker run" 命令启动容器时也可以使用指定的用户身份。USER 指令格式有两种，如下。

```
USER <user>[:<group>]
USER <UID>[:<GID>]
```

例如，在 Dockerfile 文件中添加配置，使用 USER 指令设置容器的用户名为“master”，方法如下。

```
[root@master Dockerfilelatest]# vi Dockerfile                # 在 Dockerfile 文件中添加如下内容
USER master
[root@master Dockerfilelatest]# docker build -t dockerfiledemo:V12 .
[root@master Dockerfilelatest]# docker inspect -f {{".ContainerConfig.Cmd"}} dockerfiledemo:V12
```

如图 5-15 所示，通过 USER 指令为容器创建了 master 用户。

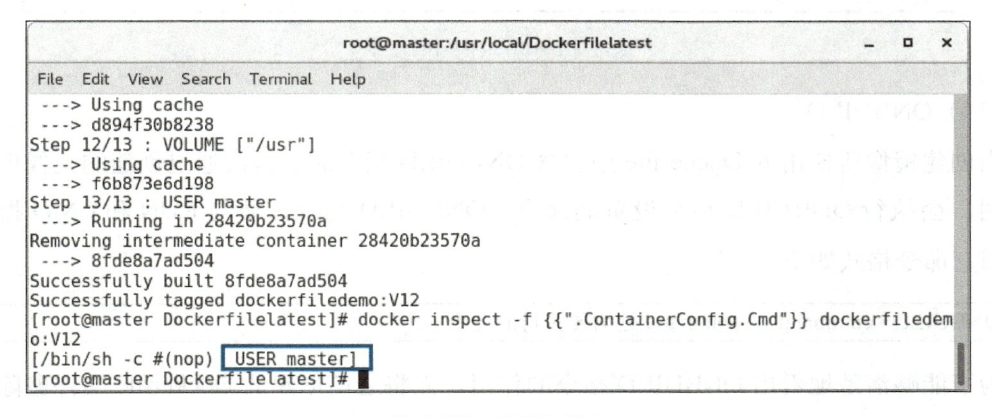

图 5-15 USER 指令

(13) WORKDIR

该指令能够为 RUN、CMD、ENTRYPOINT、COPY 和 ADD 等指令设置工作目录，设置工作目录指令要在以上命令之前完成。WORKDIR 指令格式如下。

```
WORKDIR   指定目录
```

例如，删除以上使用过的 Dockerfile 文件并重新创建，使用 WORKDIR 指令为 RUN 设置工作空间为“/usr/local”目录，然后使用“RUN”指令，方法如下。

```
[root@master Dockerfilelatest]# rm -r Dockerfile
[root@master Dockerfilelatest]# vi Dockerfile                # 在 Dockerfile 文件中添加如下内容
FROM centos
WORKDIR /usr/local
RUN mkdir WORKDIR
[root@master Dockerfilelatest]# docker build -t dockerfiledemo:V13 .
[root@master Dockerfilelatest]# docker run -it dockerfiledemo:V13 /bin/bash
```

如图 5-16 所示，在 Dockerfile 中“mkdir”创建目录并没有指定在“/usr/local”目录下创建，但使用了“WORKDIR”指令设置了工作目录为“/usr/local”。

```
@1293f2a5ff1a:/usr/local
File  Edit  View  Search  Terminal  Help
 ---> 9f38484d220f
Step 2/3 : WORKDIR /usr/local
 ---> Using cache
 ---> 379d95bb9c38
Step 3/3 : RUN mkdir WORKDIR
 ---> Running in 0e486606c5d0
Removing intermediate container 0e486606c5d0
 ---> 485c2ff405e6
Successfully built 485c2ff405e6
Successfully tagged dockerfiledemo:V13
[root@master Dockerfilelatest]# docker run -it dockerfiledemo:V13 /bin/bash
[root@1293f2a5ff1a local]# ls
WORKDIR  bin  etc  games  include  lib  lib64  libexec  sbin  share  src
[root@1293f2a5ff1a local]#
```

图 5-16　WORKDIR 指令

(14）ONBUILD

当创建镜像所使用的 Dockerfile 中包含 ONBUILD 指令时，再次通过创建的镜像创建新镜像时，会执行 ONBUILD 指令设置的命令。ONBUILD 指令需要与 RUN 和 CMD 指令一起使用，命令格式如下。

```
ONBUILD <command>    command 处为要执行的命令
```

为了能够清楚地看出 ONBUILD 指令的作用，先将之前创建的 Dockerfile 文件删除，再重新创建并使用 ONBUILD 指令设置在下次基于新镜像创建镜像时执行的命令。

删除 Dockerfile 文件，并重新创建使用 centos 作为基础镜像设置 ONBUILD 指令，创建的镜像名为 onbuild:v1，方法如下。

```
[root@master Dockerfilelatest]# rm -r Dockerfile
[root@master Dockerfilelatest]# vi Dockerfile          # 在 Dockerfile 文件中添加如下内容
FROM centos
ONBUILD run top -b -c
[root@master Dockerfilelatest]# docker build -t dockerfiledemo:V14 .
[root@master Dockerfilelatest]# vi Dockerfile          # 修改 Dockerfile 文件中添加如下内容
FROM dockerfiledemo:V14
[root@master Dockerfilelatest]# docker build -t dockerfiledemo:ONBUILD .
```

结果如图 5-17 所示，在用于创建“dockerfiledemo:V14”的 Dockerfile 文件中使用了 ONBUILD 指令设置在下次基于“dockerfiledemo:V14”镜像创建镜像时执行的命令“top -b -c”，当“dockerfiledemo:V14”镜像创建完成后，修改 Dockerfile 文件使用“dockerfiledemo:V14”镜像创建新镜像“dockerfiledemo:ONBUILD”时执行了“top -b -c”命令。

```
root@master:/usr/local/Dockerfilelatest
File  Edit  View  Search  Terminal  Help
Tasks:   1 total,   1 running,   0 sleeping,   0 stopped,   0 zombie
%Cpu(s):  7.8 us,  1.4 sy,  0.0 ni, 90.8 id,  0.0 wa,  0.0 hi,  0.0 si,  0.0 st
KiB Mem :  3865284 total,   188888 free,   960620 used,  2715776 buff/cache
KiB Swap:  4063228 total,  3919004 free,   144224 used.  2456044 avail Mem

   PID USER      PR  NI    VIRT    RES    SHR S %CPU %MEM     TIME+ COMMAND
     1 root      20   0   56064   1916   1468 R  0.0  0.0   0:00.02 top -b -c

top - 02:15:46 up  9:34,  0 users,  load average: 0.10, 0.13, 0.13
Tasks:   1 total,   1 running,   0 sleeping,   0 stopped,   0 zombie
%Cpu(s):  1.0 us,  0.3 sy,  0.0 ni, 98.7 id,  0.0 wa,  0.0 hi,  0.0 si,  0.0 st
KiB Mem :  3865284 total,   188888 free,   960620 used,  2715776 buff/cache
KiB Swap:  4063228 total,  3919004 free,   144224 used.  2456044 avail Mem

   PID USER      PR  NI    VIRT    RES    SHR S %CPU %MEM     TIME+ COMMAND
     1 root      20   0   56064   1916   1468 R  0.0  0.0   0:00.02 top -b -c
```

图 5-17　ONBUILD 指令

项目实施

实现 tomcat8 服务镜像的构建。在本地构建镜像 tomcat8 镜像前需要事先下载 jdk 和 tomcat 安装包，之后编写 Dockerfile 文件构建镜像，最后使用该镜像启动容器测试 tomcat 是否能够正常使用。项目流程如图 5-18 所示。

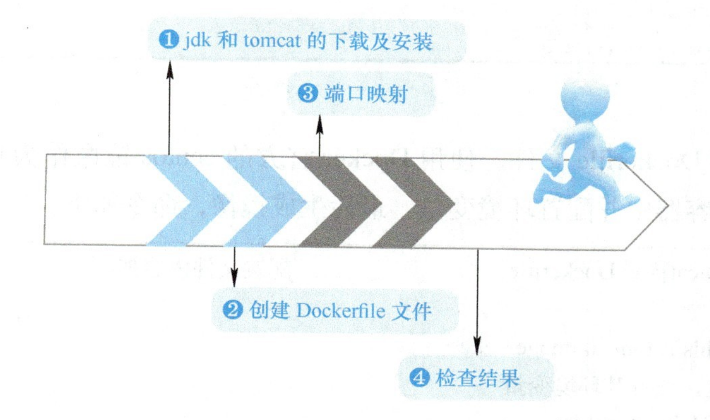

图 5-18　项目流程

【实施步骤】

第一步：分别下载 jdk1.8.0_221 和 apache-tomcat-8.5.43，并在 “/usr/local” 目录下创建 tomcat 目录，将 jdk 和 tomcat 安装包复制到 tomcat 目录下，命令如下。

```
[root@master ~]# mkdir /usr/local/tomcat
[root@master ~]# cd /usr/local/tomcat/
[root@master tomcat]# ls
```

结果如图 5-19 所示。

```
root@master:/usr/local/tomcat
File  Edit  View  Search  Terminal  Help
[root@master ~]# mkdir /usr/local/tomcat
[root@master ~]# cd /usr/local/tomcat/
[root@master tomcat]# ls
apache-tomcat-8.5.43.tar.gz  jdk-8u221-linux-x64.tar.gz
[root@master tomcat]#
```

图 5-19　准备安装包

第二步：分别将 jdk 和 tomcat 压缩包解压，随后会通过 Dockerfile 指令将解压后的安装包复制到容器中，命令如下。

```
[root@master tomcat]# tar zxvf apache-tomcat-8.5.43.tar.gz
[root@master tomcat]# tar zxvf jdk-8u221-linux-x64.tar.gz
[root@master tomcat]# ls
```

结果如图 5-20 所示。

```
root@master:/usr/local/tomcat
File  Edit  View  Search  Terminal  Help
jdk1.8.0_221/man/man1/jstatd.1
jdk1.8.0_221/man/man1/javadoc.1
jdk1.8.0_221/THIRDPARTYLICENSEREADME.txt
jdk1.8.0_221/COPYRIGHT
[root@master tomcat]# ls
apache-tomcat-8.5.43         jdk1.8.0_221
apache-tomcat-8.5.43.tar.gz  jdk-8u221-linux-x64.tar.gz
[root@master tomcat]#
```

图 5-20　解压安装包

第三步：创建 Dockerfile 文件。使用 Docker 官方的 centos 镜像作为基础镜像，将解压后的安装包复制到容器中并配置环境变量，最后生成镜像，命令如下。

```
[root@master tomcat]# vi Dockerfile                    # 配置文件内容如下
FROM centos
MAINTAINER this is tomcat image <zkc>
# 安装 JDK 环境，设置其环境变量
ADD jdk1.8.0_221 /usr/local/java
ENV JAVA_HOME /usr/local/java
ENV JAVA_BIN /usr/local/java/bin
ENV JRE_HOME /usr/local/java/jre
ENV PATH $PATH:/usr/local/java/bin:/usr/local/java/jre/bin
ENV CLASSPATH /usr/local/java/jre/bin:/usr/local/java/lib:/usr/local/java/jre/lib/charsets
.jar
ADD apache-tomcat-8.5.43 /usr/local/tomcat8
EXPOSE 8080
[root@master tomcat]# docker build -t tomcat:centos .
[root@master tomcat]#
```

结果如图 5-21 所示。

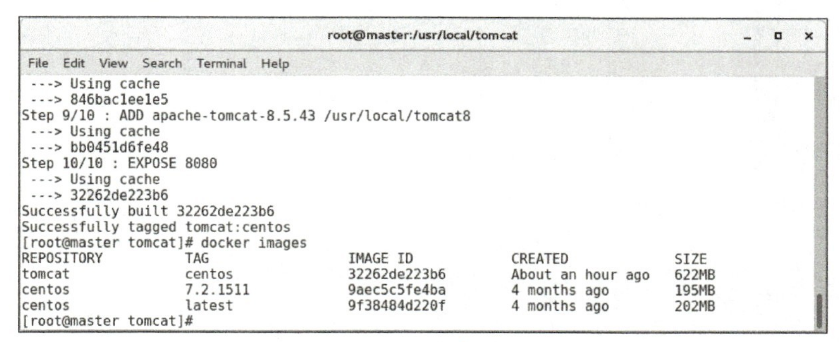

图 5-21 构建镜像

第四步： 使用 Tomcat 镜像创建容器，并将本地 80 端口映射到容器的 8080 端口。进入容器内启动 Tomcat 服务，然后通过浏览器访问 80 端口验证结果，命令如下。

```
[root@master tomcat]# docker run --name tomcat01 -p 80:8080 -it  tomcat:centos /bin/bash
[root@ab141e430ebc /]# cd /usr/local/tomcat8/bin
[root@ab141e430ebc bin]# ./startup.sh
```

结果如图 5-22 和图 5-23 所示。

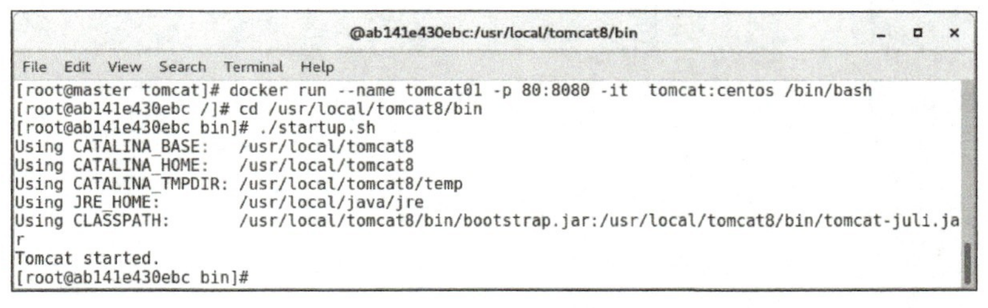

图 5-22 启动容器

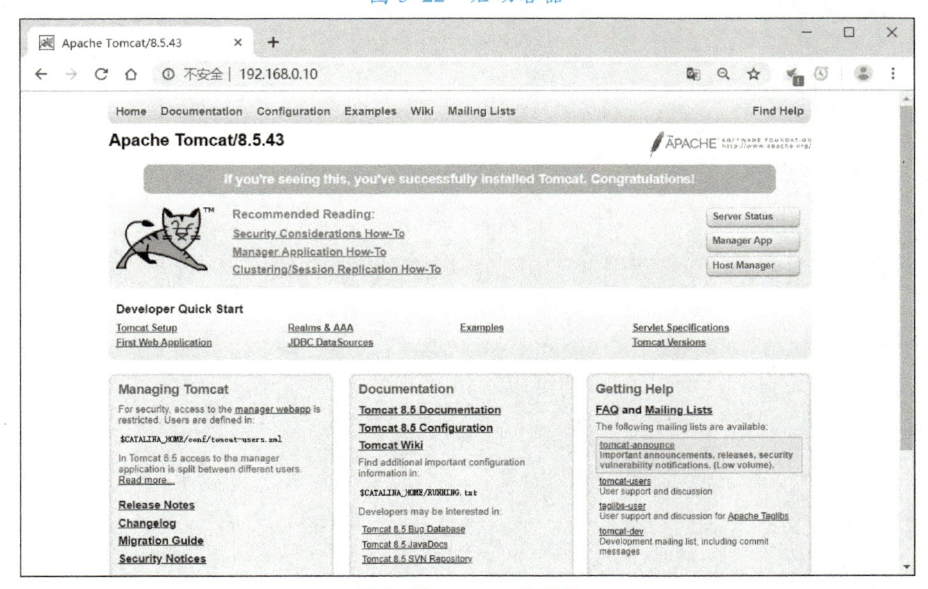

图 5-23 Tomcat 页面

Project 6

项目六

Docker可视化管理平台

项目描述

通过命令行的方式查看管理容器和镜像过于烦琐，且机构比较杂乱。技术主管与技术人员谈话如下。

技术人员：后面还有需要学习的知识吗？

技术主管：差不多了，但还是有的。

技术主管：到现在，Docker 的基础知识已经学完了。

技术人员：刚学完基础知识啊！

技术人员：那后面的知识还多吗？

技术主管：不多，但相对于基础知识，难度略有提升。

技术主管：接下来学习管理工具的使用，如 Docker UI、Rancher 等。

技术人员：好的，我这就去学习。

在之前的学习过程中，管理 Docker 都是使用命令行的方式实现的，返回结果很不直观。现在市面上有三种功能较为全面的可视化的 Docker 管理工具 Docker UI、Portainer 和 Rancher，这三种工具不仅能够监控 Docker，还能以可视化的方式拉取镜像创建容器。本项目主要讲解 Docker 可视化工具的部署和使用方法。

学习目标

通过对 Docker 可视化管理平台的学习，了解不同管理工具的特点，熟悉可视化管理工具的部署方法，掌握每种工具的使用方法，具有使用和根据不同需求选择和使用工具的能力。

项目分析

本项目主要实现 Nextcloud 网盘工具的部署。在“项目技能”中，简单讲解了 Docker 各个管理工具的安装及概念介绍，详细说明了 Docker 各个管理工具的使用。

项目技能

技能点一 Docker UI 可视化管理工具

1. Docker UI 简介

Docker UI 是一款基于 Docker API 开发的镜像与容器可视化管理工具，实现了 Docker 命令行的大部分功能，如容器的创建、关闭、删除、重启，以及镜像的拉取、删除等功能。它没有登录认证机制，一般用作个人临时使用。其优缺点如下。

（1）优点

- 能够对运行中的容器进行批量操作。
- 界面简洁，操作简单。
- 能够显示容器与容器间的网络关系。
- 集中显示所有的挂载目录。

（2）缺点

- 不支持多主机。
- Web 管理平台无登录认证机制，无法做到使用人员的权限管理。

2. Docker UI 的安装

Docker Hub 官方镜像仓库中提供了 Docker UI 的镜像，只需要将镜像拉取到本地去创建容器。Docker UI 容器创建时需要挂载 Docker 宿主机的“docker.sock”文件，通过该文件可以像在主机上使用 Docker 命令一样控制 Docker。Docker UI 的安装方法如下。

（1）准备镜像

拉取 Docker UI 镜像前需要查询镜像的完整名称，查询到完整镜像名称后，使用“docker pull”命令将镜像拉取到本地，命令如下。

```
[root@master ~]# docker search ui-for-docker
[root@master ~]# docker pull uifd/ui-for-docker
```

结果如图 6-1 所示。

```
root@master:~
File  Edit  View  Search  Terminal  Help
         0
ailispaw/ui-for-docker              uifd/ui-for-docker for armhf
         0
zhouzhigang/ui-for-docker
         0
chengmang007/ui-for-docker
         0
land007/ui-for-docker               ui-for-docker
         0
fabiocannioto/ui-for-docker         An unofficial web interface for Docke
r, form…  0                        [OK]
lsw945/ui-for-docker
         0
[root@master ~]# docker pull uifd/ui-for-docker
Using default tag: latest
latest: Pulling from uifd/ui-for-docker
841194d080c8: Pull complete
Digest: sha256:fe371ff5a69549269b24073a5ab1244dd4c0b834cbadf2448705721
50b1cb749
Status: Downloaded newer image for uifd/ui-for-docker:latest
docker.io/uifd/ui-for-docker:latest
[root@master ~]#
```

图 6-1　拉取 Docker UI 镜像

（2）启动 Docker UI 容器

拉取 Docker UI 到本地后，使用“docker run”命令启动容器。因为 Docker UI 容器的可视化界面是通过 9000 端口进行访问的，所以需要将容器的 9000 端口映射到宿主机的 9000 端口上，用于获取 Docker 状态和操作 Docker 文件 docker.sock 绑定的容器。命令如下。

```
[root@master ~]# docker run -it -d --name docker-ui -p 9000:9000 -v /var/run/docker.sock:/var/run/docker.sock docker.io/uifd/ui-for-docker
```

结果如图 6-2 所示。

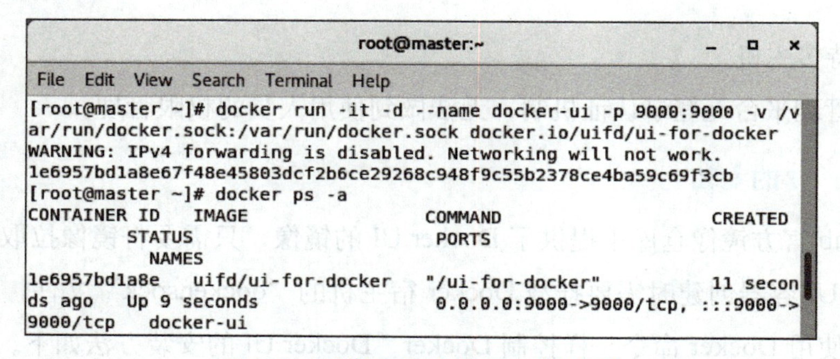

图 6-2　创建并启动 Docker UI 容器

3．Docker UI 的使用

Docker UI 容器启动完成后通过浏览器以“主机 IP+ 端口”的方式进入可视化管理界面。可视化管理界面主要包含以下几个页面。

（1）Dashboard

登录 Docker UI 的首页面，即 Dashboard 页面。该页面中包含 Docker 运行的整体状态，如容器运行总数量、关闭状态的容器数量、每天启动的容器数量等，如图 6-3 所示。

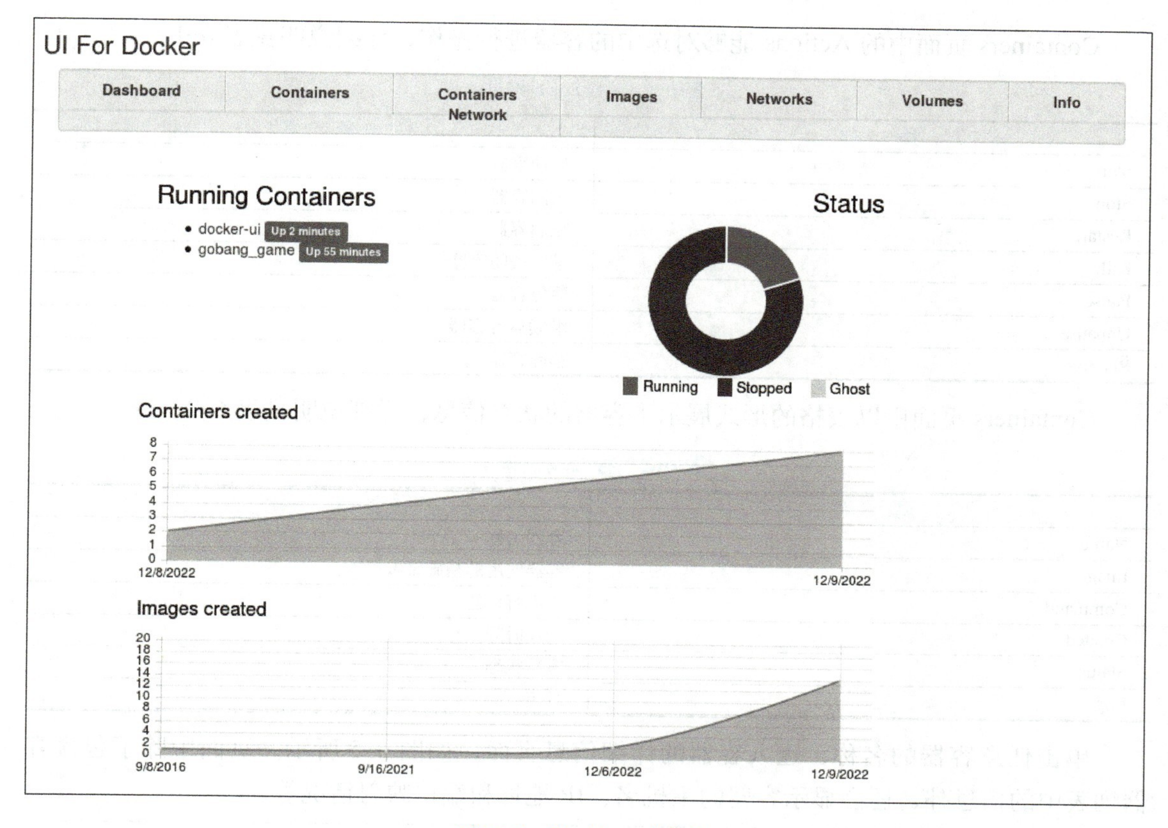

图 6-3 Dashboard 页面

（2）Containers

Containers 页面中列出了 Docker 中所有的容器，并且能够对容器进行批量启动、关闭、删除等操作；选中一个容器还能对其进行重命名、端口映射修改等操作。Containers 页面如图 6-4 所示。

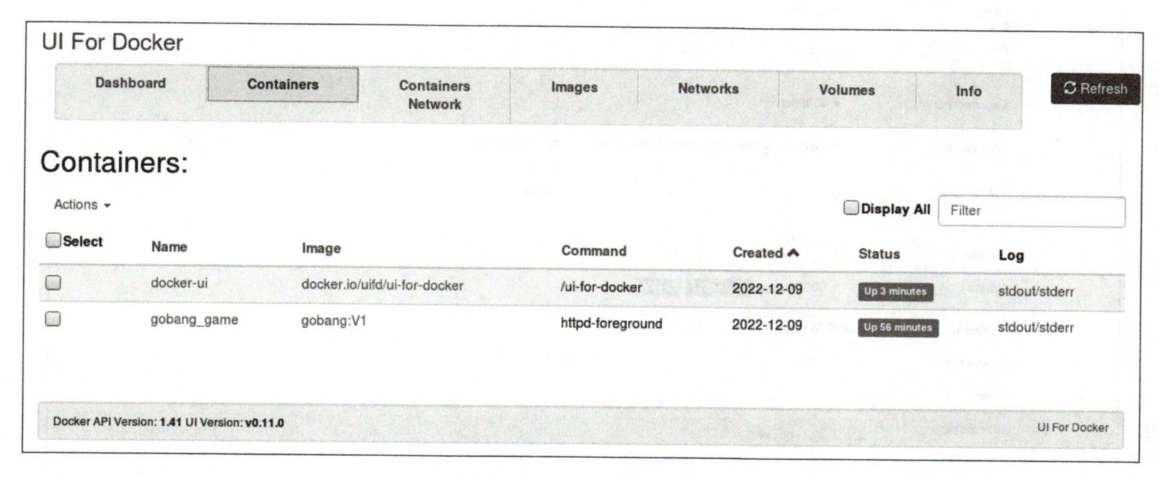

图 6-4 Containers 页面

Containers 页面中的 Actions 能够对选中的容器进行操作，详细说明见表 6-1。

表 6-1　Actions 说明

操　作	说　明
Start	启动容器
Stop	关闭容器
Restart	重启容器
Kill	前置关闭容器
Pause	暂停容器
Unpause	继续运行容器
Remove	移除容器

Containers 页面中以表格的形式展示了容器的状态信息，详细说明见表 6-2。

表 6-2　容器属性说明

属　性	说　明
Name	容器名称
Image	容器使用的基础镜像
Command	脚本解释器
Created	创建时间
Status	容器状态
Log	日志

单击任意容器的名称，进入容器的详细信息页面，如图 6-5 所示。页面中除了包含容器列表中的信息外，还会显示容器的主机名、IP 地址和端口映射情况等。

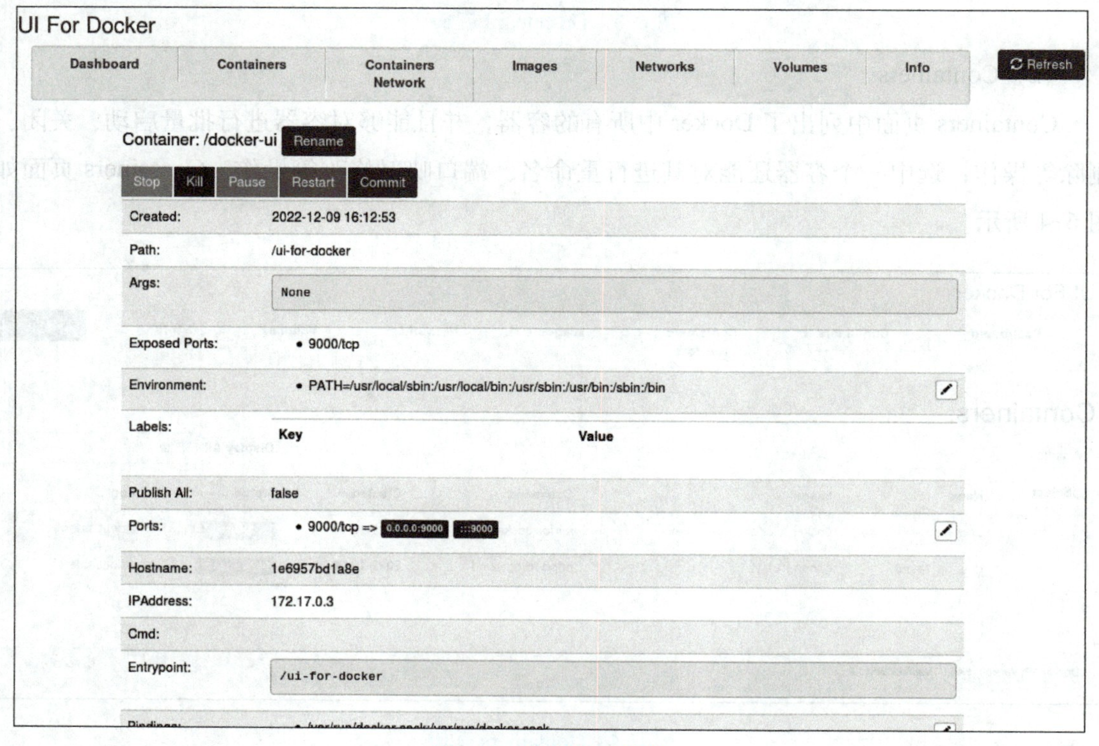

图 6-5　容器详细信息

容器的详细信息页面中的重要属性说明见表 6-3。

表 6-3　容器的详细信息页面中的重要属性说明

属　性	说　明
Path	工作环境
Exposed Ports	容器暴露的端口
Lablels	容器标签
Ports	端口映射情况
Hostname	容器主机名
IPAddress	容器 IP 地址

（3）Containers Network

Containers Network 页面能够以图形的方式显示容器之间的网络连接关系，如图 6-6 所示。

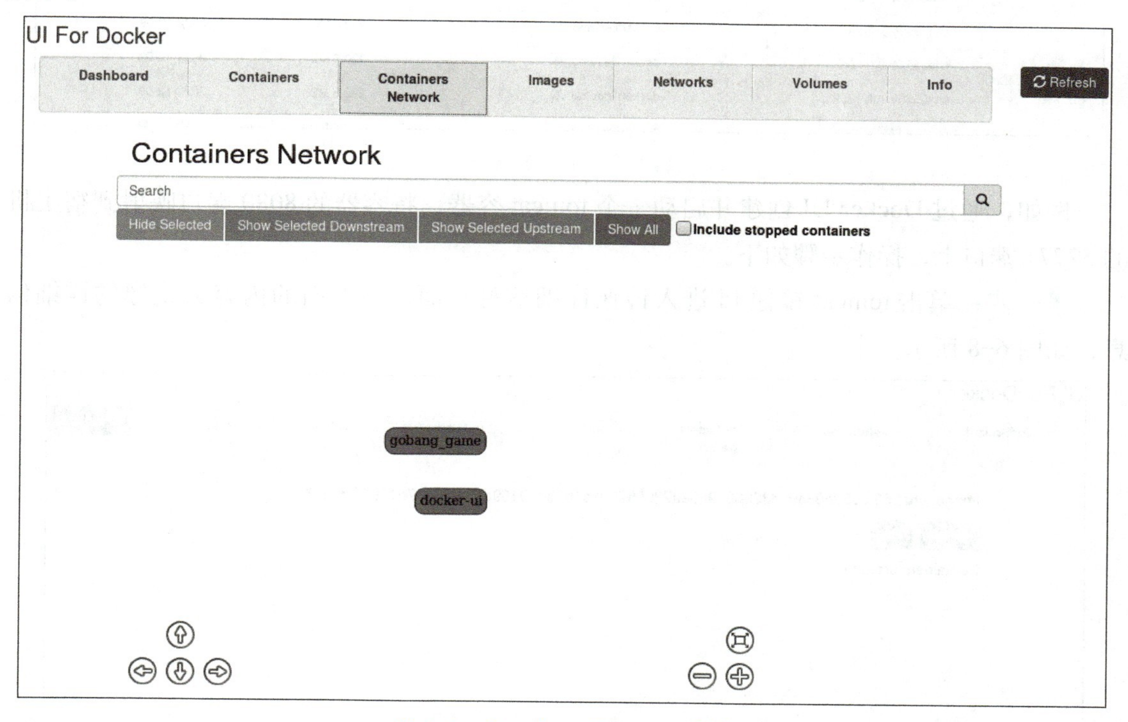

图 6-6　Containers Network 页面

（4）Images

Images 页面中显示的是镜像列表，显示内容包括镜像 ID、版本库、镜像大小和创建时间等，如图 6-7 所示。

显示内容说明如下。

- Id：镜像的 ID。
- Repository：镜像来自哪个仓库。
- VirtualSize：镜像大小。
- Created：创建时间。

图 6-7　Images 页面

例如，通过 Docker UI 创建并启动一个 tomcat 容器，将容器的 8080 端口映射到宿主机的 32771 端口上，操作步骤如下。

第一步：单击 tomcat 镜像 Id 进入镜像详细信息页面，该页面的内容为镜像的详细信息，如图 6-8 所示。

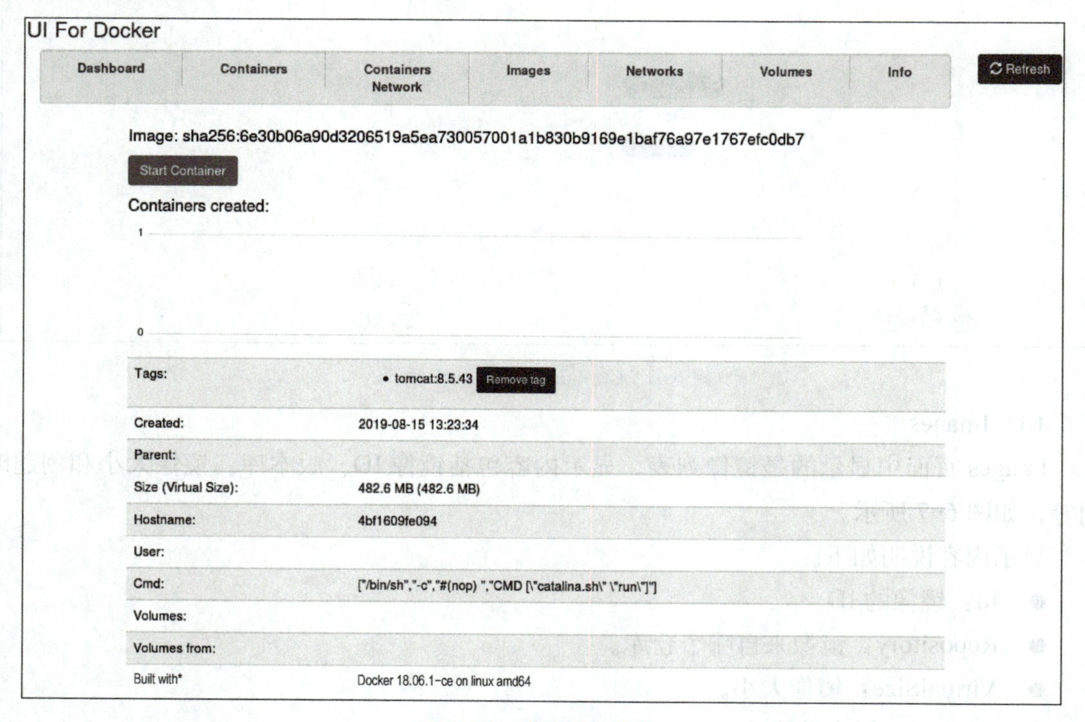

图 6-8　镜像详细信息

镜像详细信息页面中的重要属性说明见表 6-4。

表 6-4 镜像详细信息属性说明

属 性	说 明
Containers created	以当前镜像创建的容器数量
Tags	镜像标签
Created	创建时间
Size	镜像大小
Hostname	镜像创建时的主机名
Cmd	镜像终端类型

第二步：在镜像详细信息页面中单击“Start Container”按钮，能够以当前镜像创建一个容器，如图 6-9 所示。

可见，创建容器需要进行两类配置，分别为：容器配置（Container options）和主机设置（HostConfig options）。展开容器配置，在容器配置中添加容器名称（Name），如图 6-10 所示。

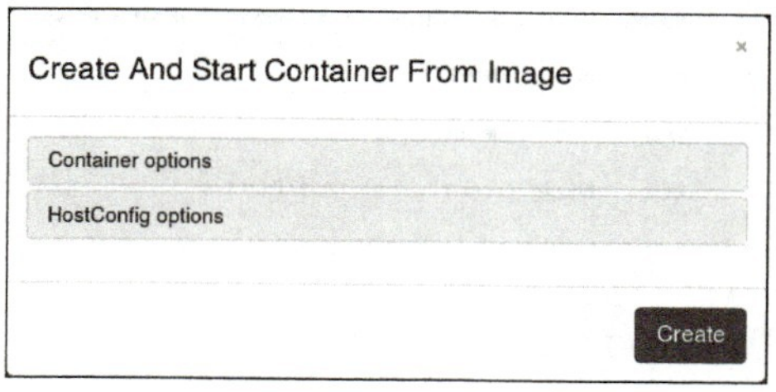

Create And Start Container From Image

Container options

HostConfig options

Create

图 6-9 创建容器

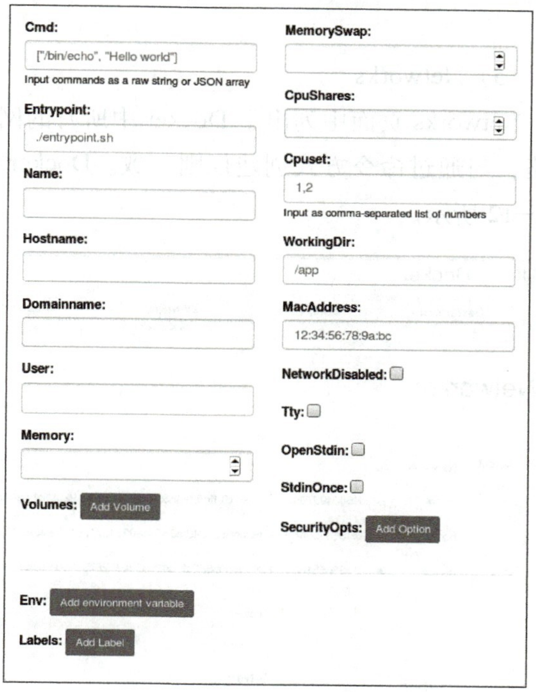

Cmd: ["/bin/echo", "Hello world"]
Input commands as a raw string or JSON array
Entrypoint: ./entrypoint.sh
Name:
Hostname:
Domainname:
User:
Memory:
Volumes: Add Volume
Env: Add environment variable
Labels: Add Label
MemorySwap:
CpuShares:
Cpuset: 1,2
Input as comma-separated list of numbers
WorkingDir: /app
MacAddress: 12:34:56:78:9a:bc
NetworkDisabled:
Tty:
OpenStdin:
StdinOnce:
SecurityOpts: Add Option

图 6-10 设置容器名称

创建容器时常用的属性说明见表 6-5。

表 6-5 容器创建属性

属 性	说 明
Cmd	指定 Shell 的运行地址
Name	容器名称
Hostname	容器主机名
User	用户名
Volumes	数据卷
Env	添加环境变量
Lables	添加容器标签

展开主机设置，单击“Add Port Binding”按钮配置容器端口与 Docker 宿主机端口的映射，如图 6-11 所示。配置完成后，单击“Create”按钮开始创建并启动容器。

第三步：创建完成后，通过访问 Docker 宿主机的 32771 端口会显示 Tomcat 的默认页面。

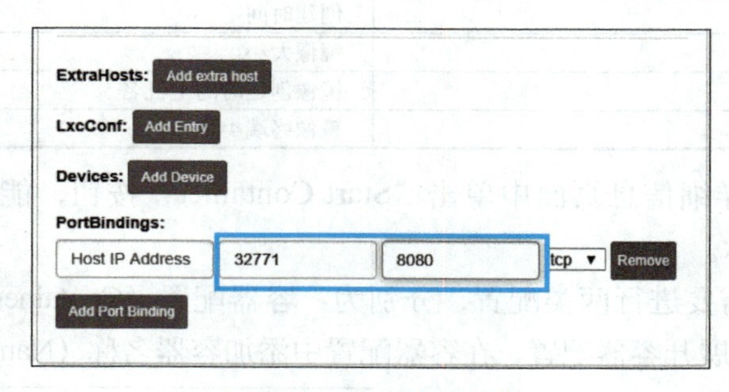

图 6-11　配置端口映射

（5）Networks

Networks 页面中列出了 Docker 中所有的网络信息。同时，在该页面还可以创建一个新网络，与通过命令方式创建规则一致。Docker 中默认的网络不能够删除。Networks 页面如图 6-12 所示。

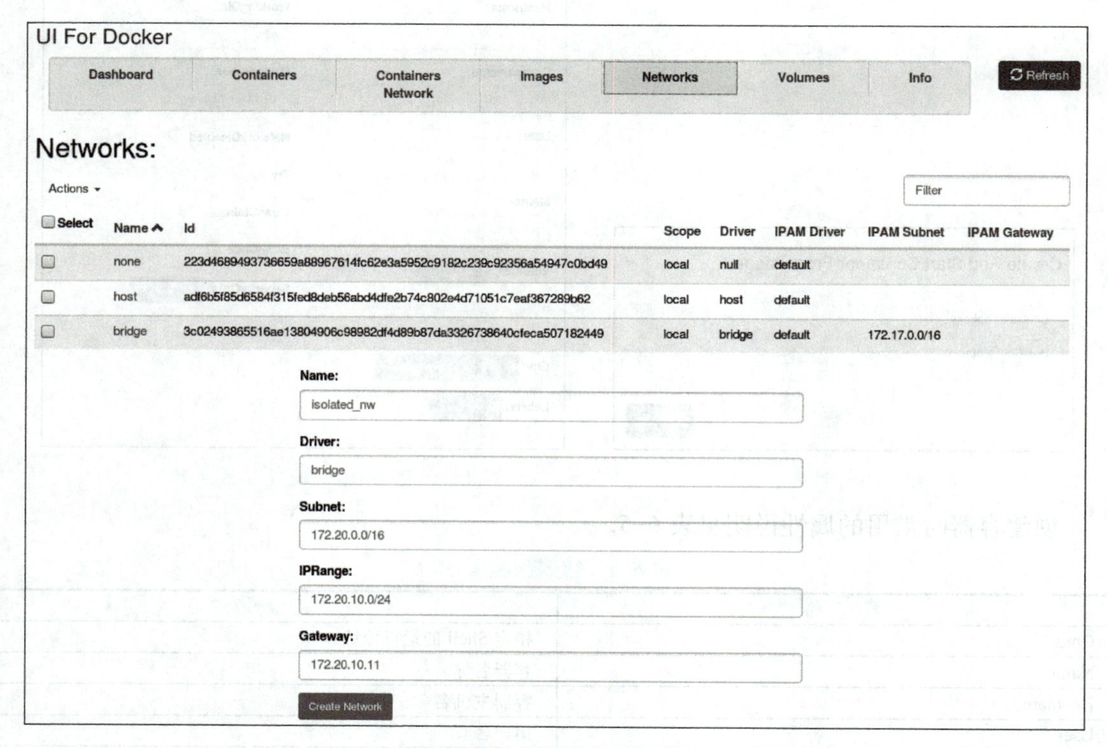

图 6-12　Networks 页面

Networks 页面中显示的重点属性说明见表 6-6。

表 6-6　网络属性说明

属　性	说　明
Name	网络名称
Id	网络的 ID 编号
Scope	作用范围
Driver	网络类型

（6）Volumes

Volumes 页面显示了 Docker 的所有数据卷。同时，在该页面可以创建新数据卷，创建数据卷时只需要输入数据卷名称和路径即可。Volumes 页面如图 6-13 所示。

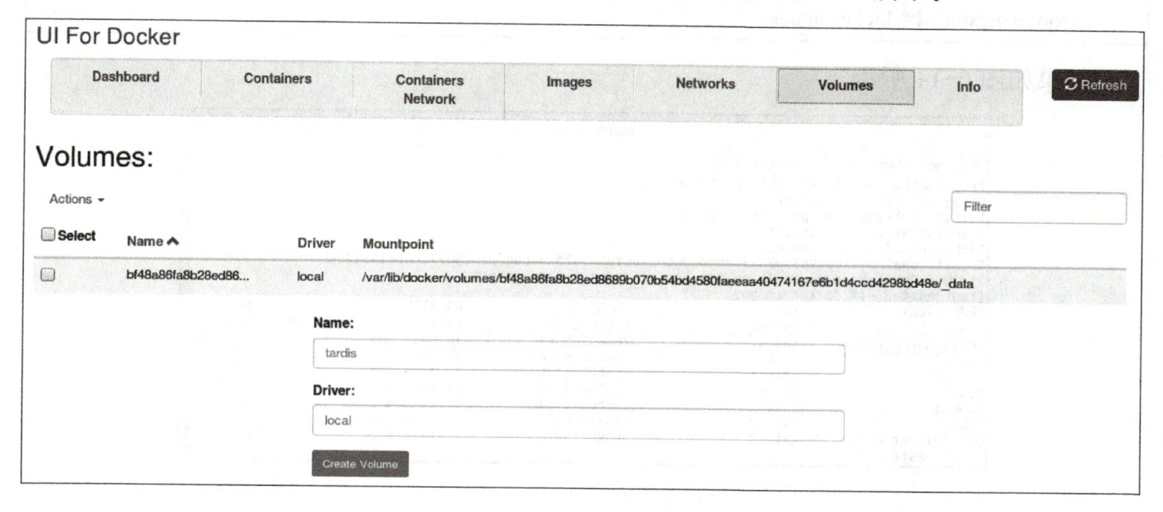

图 6-13　Volumes 页面

技能点二　Portainer Docker 管理工具

1．Portainer 简介

Portainer 是一款开源的 Docker 可视化管理工具，基于 Docker API 实现了轻量级的用户管理界面，提供了 Docker 的状态显示、应用模板快速部署、容器镜像、数据卷等基本操作。Portainer 能够与 Swarm 结合，实现集群 Docker 的管理，满足中小型企业的管理需求。其优点如下。

- 支持镜像与容器的管理，包括导入、导出、删除等。
- 轻量级部署，资源消耗少。
- 基于 Docker API，安全性高，可指定 Docker API 端口，支持 TLS 证书认证。
- 支持权限分配。
- 支持集群。
- Github 上目前持续维护更新。

2. Portainer 的安装

Portainer 的安装方式与 Docker UI 的安装方式一样，都是以容器方式运行，通过绑定 Docker 宿主机中的“docker.sock”文件，实现对容器镜像的操作。Portainer 的安装方法如下。

(1) 拉取镜像

Portainer 的完整镜像名称为“portainer/portainer”。使用“docker pull”命令将完整的 Portainer 镜像拉取到本地，命令如下。

```
[root@master ~]# docker pull portainer/portainer
[root@master ~]# docker images
```

结果如图 6-14 所示。

```
root@master:~
File  Edit  View  Search  Terminal  Help
[root@master ~]# docker pull portainer/portainer
Using default tag: latest
latest: Pulling from portainer/portainer
d1e017099d17: Pull complete
84dbae3c7ec8: Pull complete
Digest: sha256:a16919b3e02323e4bd0a8c5023d6fd569525297b9dc9a028d778cb6e13512be5
Status: Downloaded newer image for portainer/portainer:latest
[root@master ~]# docker images
REPOSITORY            TAG       IMAGE ID       CREATED                 SIZE
<none>                <none>    690cb7248ab8   Less than a second ago  202MB
portainer/portainer   latest    2b4ddf654e1c   10 days ago             77.7MB
nginx                 latest    e445ab08b2be   12 days ago             126MB
ubuntu                latest    3556258649b2   12 days ago             64.2MB
mysql                 latest    2151acc12881   13 days ago             445MB
tomcat                latest    238e6d7313e3   2 weeks ago             506MB
centos                latest    9f38484d220f   4 months ago            202MB
uifd/ui-for-docker    latest    965940f98fa5   2 years ago             8.1MB
[root@master ~]#
```

图 6-14　拉取 Portainer 镜像

(2) 启动 Portainer 容器

Portainer 管理工具与 Docker UI 工具在容器中均使用的是 9000 端口，而且都需要将“docker.sock”文件绑定到容器中。在启动容器时，因为宿主机的 9000 端口已经映射到了 Docker UI 容器中的 9000 端口，所以 Portainer 管理工具容器的 9000 端口需要映射到 Docker 宿主机的其他端口上才能够正常访问，命令如下。

```
[root@master ~]# docker run -d -p 9001:9000 -v /var/run/docker.sock:/var/run/docker.sock -v portainer_data:/data portainer/portainer
```

结果如图 6-15 所示。

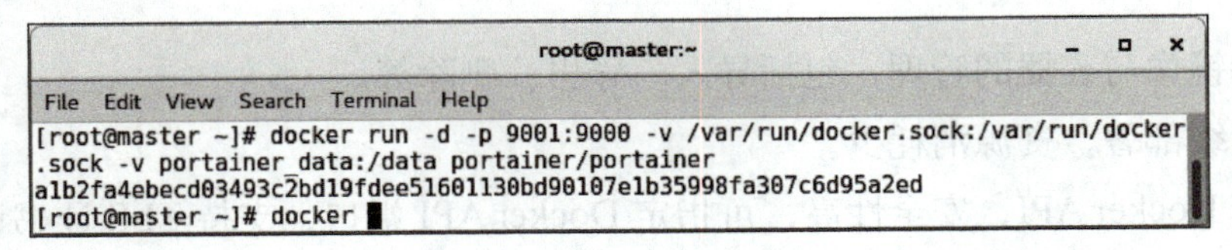

图 6-15　启动 Portainer 容器

3. Portainer 的使用

通过上面的步骤已经完成了 Portainer 的部署。Portainer 与 Docker UI 的访问的区别在于，Portainer 容器将 9000 端口映射到了 Docker 宿主机的 9001 端口上。Portainer 的主要页面功能使用说明如下。

（1）Portainer 配置

Portainer 在初次登录时需要设置初始用户名和密码（密码为 8 位或以上），而 Docker UI 能够直接使用，如图 6-16 所示。

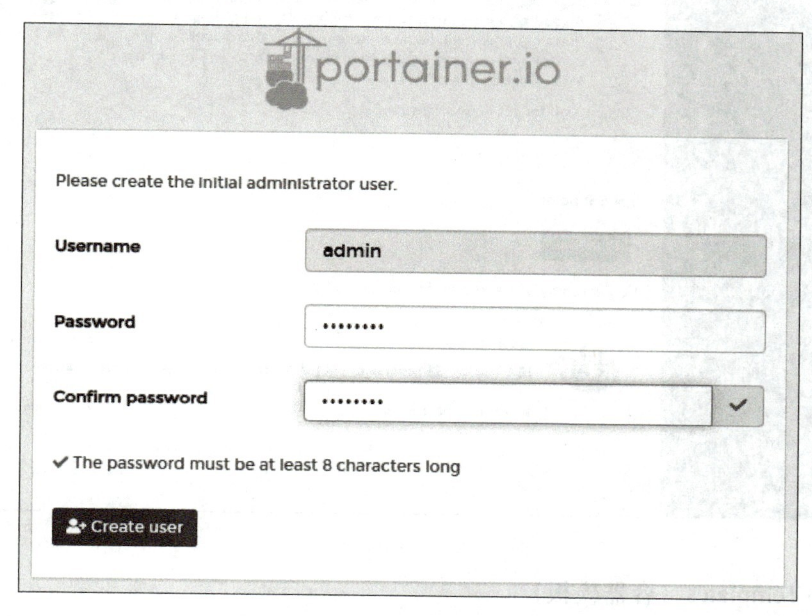

图 6-16 设置初始用户名和密码

初始密码设置完成后，会要求管理员设置该平台管理的 Docker 环境，主要分为四种：本地 Docker 环境、远程环境、Portainer 代理、微软容器实例。一般使用 Portainer 工具管理本地 Docker 环境，如图 6-17 所示。

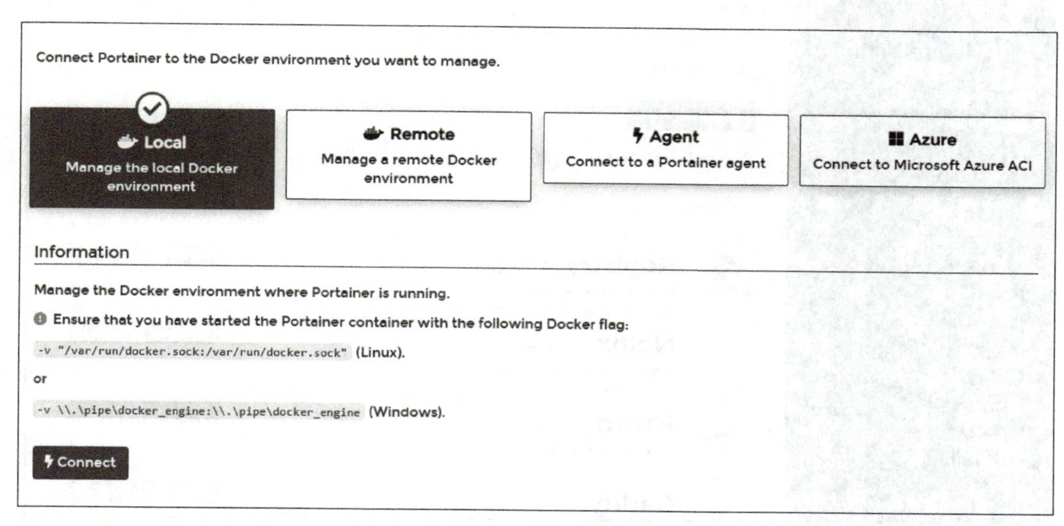

图 6-17 配置 Docker 环境

（2）Portainer 主页

Portainer 工具能够连接多台服务器分别管理不同服务器中的 Docker，Portainer 主页中便列出了所有已连接的 Docker 服务器，在每条服务器信息中能够清楚地看出 CPU 和内存资源以及容器、镜像等信息。Portainer 主页如图 6-18 所示。

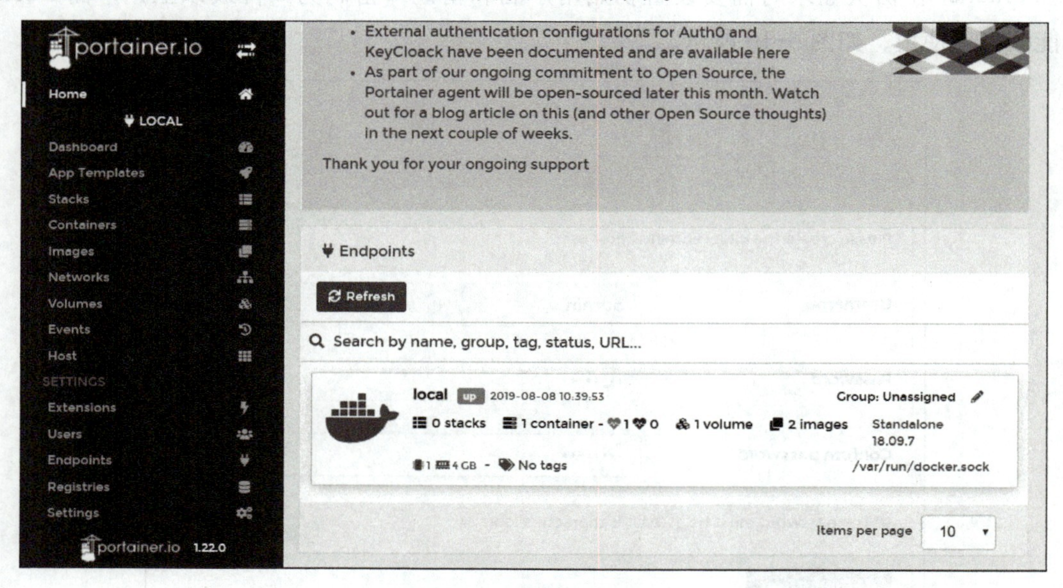

图 6-18 Portainer 主页

（3）App Templates（容器模板）

在 Portainer 工具中提供了 41 种容器模板，其中包含了日常开发中常用的 MySQL、Nginx、Apache 容器等。容器模板除了能够使用 Portainer 工具自带模板创建容器外，还能够自行创建模板。Portainer 容器模板页面如图 6-19 所示。

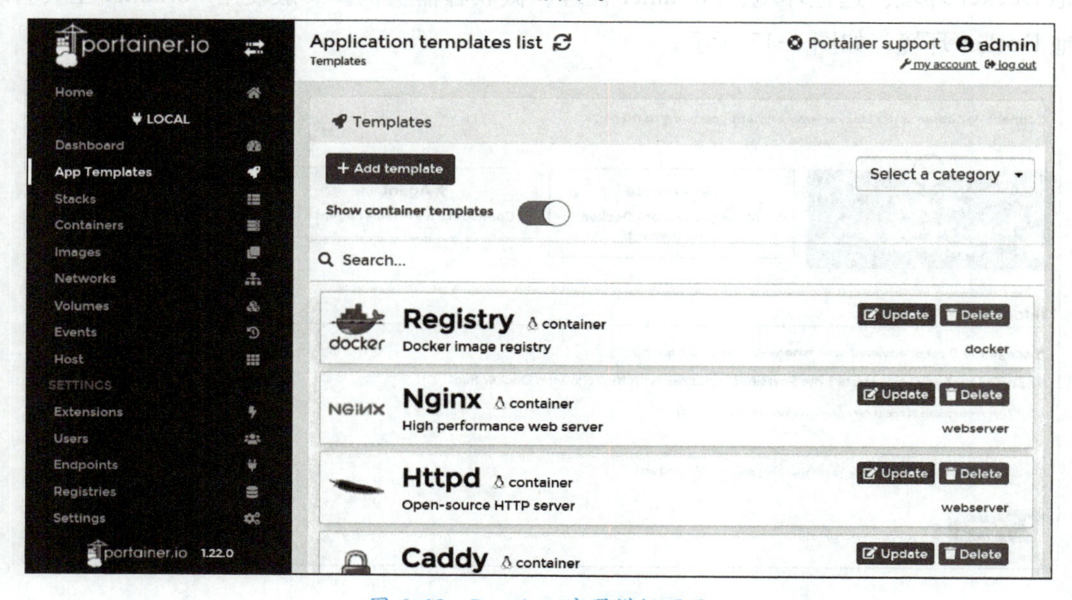

图 6-19 Portainer 容器模板页面

在应用容器模板列表中单击 Nginx 项，基于 Nginx 模板创建并启动一个名为“tomcat1”的容器。单击“Show advanced options”（显示高级配置）按钮在“Port mapping”中手动将容器的 80 端口映射到 Docker 宿主机上的 8081 端口，如果不设置，则会随机将容器 80 端口映射到宿主机中，如图 6-20 所示。

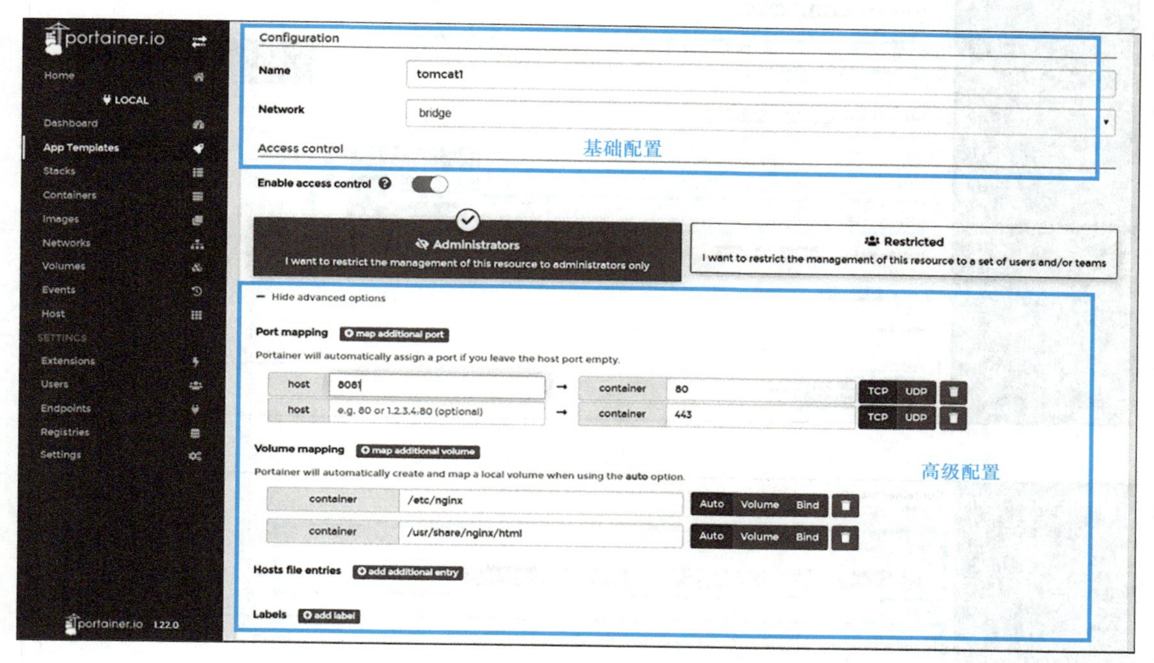

图 6-20　模板启动容器

在图 6-20 所示的高级配置中，常用配置分为五部分，功能说明见表 6-7。

表 6-7　高级配置功能说明

配　置	说　明
Port mapping	端口映射
Volume mapping	数据卷映射
Lables	标签
Hostname	主机名

在“Port mapping”配置中，通过手动配置，将容器的 80 端口映射到 Docker 宿主机的 80 端口；单击“Volume mapping”配置中的“Bind”按钮，将本地“/usr/local/html”目录挂载到容器的“/usr/share/nginx/html”上；最后单击“Deploy the container”按钮开始创建容器，如图 6-21 所示。

（4）Containers

Containers 页面中，列出了 Docker 宿主机中的所有容器（包括运行状态中的容器和停止状态下的容器）。在该页面中，能够批量对容器进行如启动、停止、移除等操作。Containers 页面如图 6-22 所示。

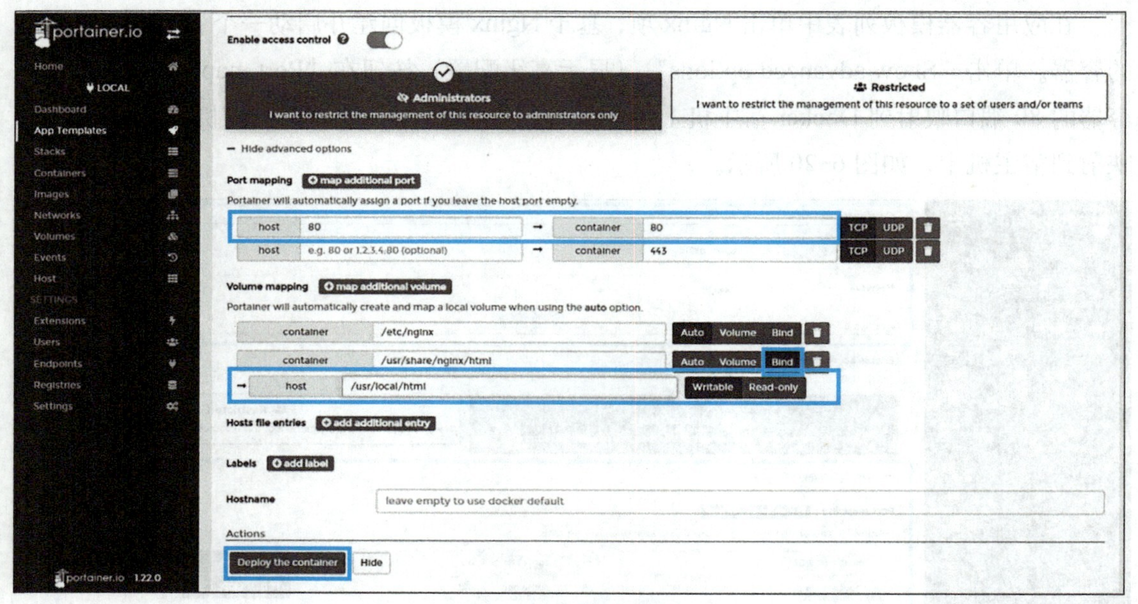

图 6-21 创建容器

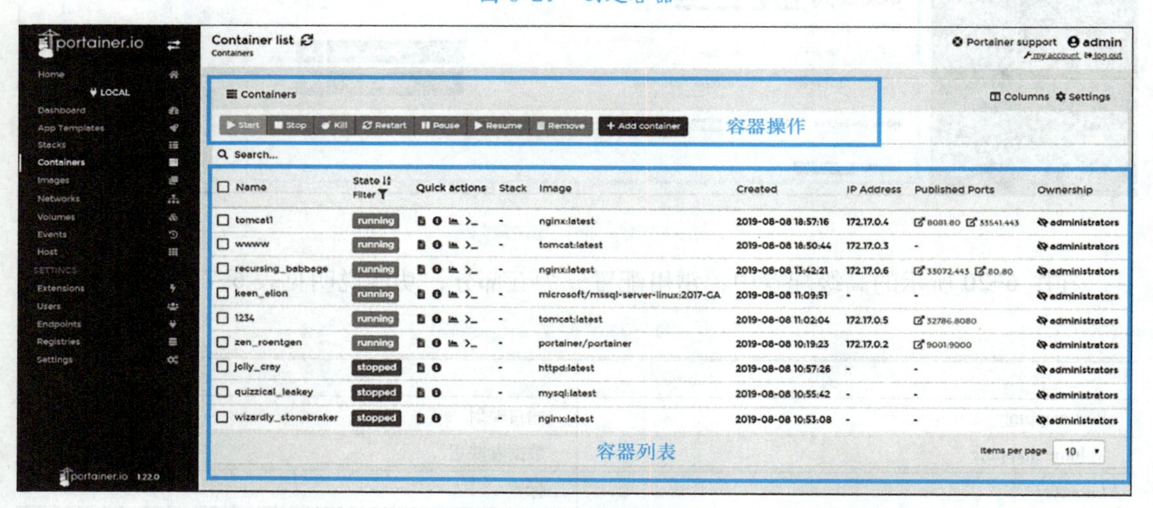

图 6-22 Containers 页面

Containers 页面中主要分为了容器操作和容器列表项两个部分。容器操作和容器列表项说明见表 6-8 和表 6-9。

表 6-8 容器操作说明

操　作	说　明
Start	启动容器
Stop	关闭容器
Kill	强制关闭容器
Restart	重启容器
Pause	暂停容器
Resume	恢复容器运行状态
Remove	删除容器
Add container	创建容器

表 6-9　容器列表项说明

列　表　项	说　　明
Name	容器名称
State	容器状态
Quick actions	根据容器状态过滤容器
Stack	快捷操作
Image	容器使用的镜像
Created	容器创建时间
IP Address	容器 IP
Published Ports	端口映射
Ownership	容器权限

单击名为"tomcat1"的容器，进入容器详细信息页面，除了容器的基础信息外，还能够对容器运行时消耗的资源进行实时监控和链接到命令行页面等，如图 6-23 所示。

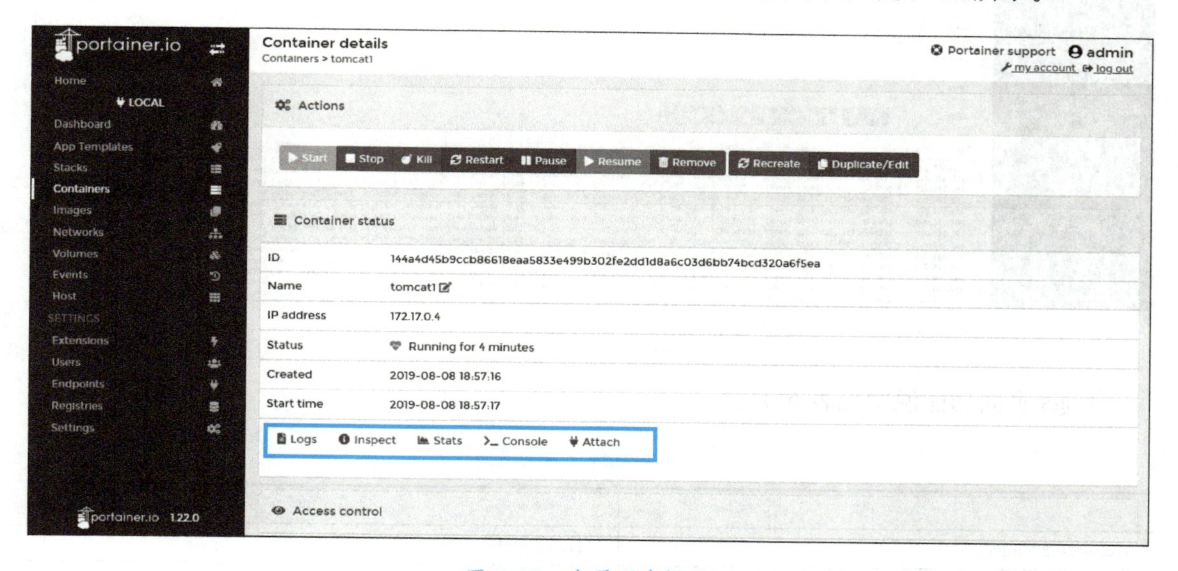

图 6-23　容器深度操作

由图 6-23 可见，有五个针对容器的操作，功能说明见表 6-10。

表 6-10　容器操作说明

操　　作	说　　明
Logs	查看容器运行时的输出日志
Inspect	容器详细信息，与 inspect 命令功能一致
Stats	容器运行时资源的消耗（内存、CPU 和网速）
Console	连接到容器命令行
Attach	附加容器

上述五个容器操作能够帮助管理员很好地管理服务器中的 Docker 容器，实时监控容器的运行状态并及时发现问题和解决问题，大大降低了容器出现问题时的排查和修复时间。其中，“Inspect”查询出的是以 .json 格式返回的容器所有信息，与通过页面查询到的数据一致，这里不过多说明，其他操作详细介绍如下。

1）Logs。

单击“Logs”按钮即可进入容器输出日志界面。该界面能够显示出如 Tomcat 的实时运行日志信息，还能实现显示不同时间段内的日志信息和日志数量，如图 6-24 所示。

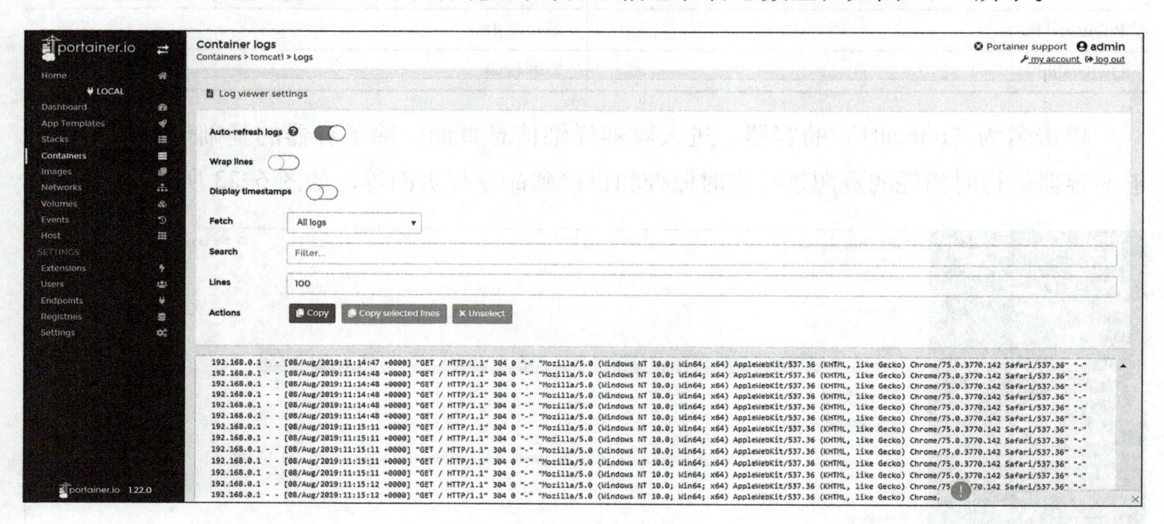

图 6-24　查看容器日志

Logs 页面功能说明见表 6-11。

表 6-11　Logs 页面功能说明

功　能	说　明
Auto-refresh logs	自动刷新日志
Wrap lines	显示日志分割线
Display timestamps	显示日志时间戳
Fetch	按照时间筛选日志
Search	查询日志
Lines	每次显示的日志行数
Actions	日志的复制和取消操作

2）Stats。

单击“Stats”按钮进入容器的可视化资源占用监控界面，该界面中主要包含三个主要监控指标，分别为：内存占用率、CPU 占用率和网络带宽占用率，如图 6-25 所示。

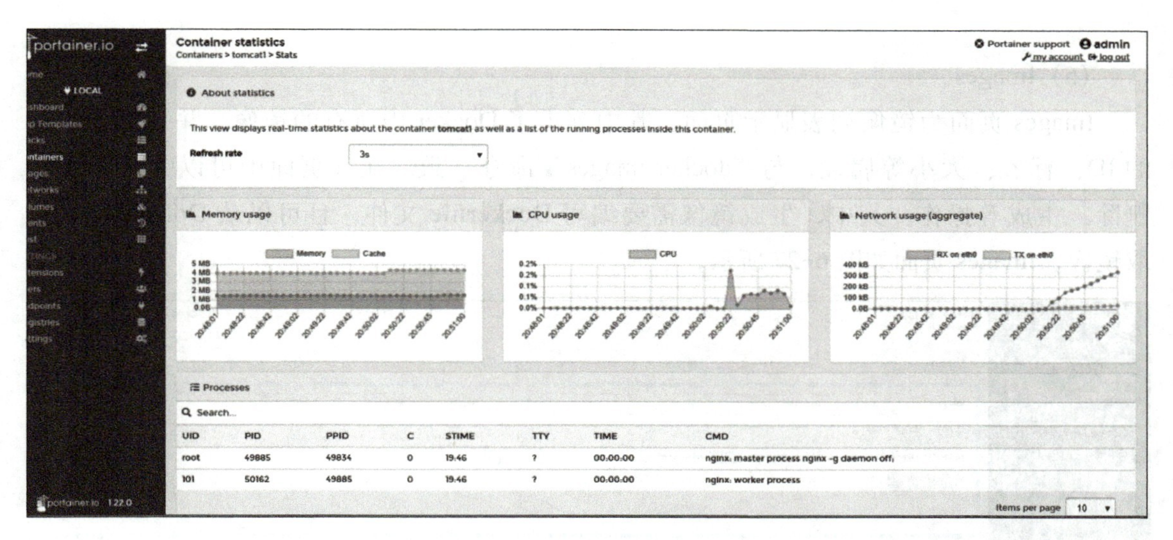

图 6-25　容器资源占用

Stats 页面功能说明见表 6-12。

表 6-12　Stats 页面功能说明

功　　能	说　　明
Memory usage	内存占用率
CPU usage	CPU 占用率
Network usage (aggregate)	网络带宽占用率

3）Console 与 Attach。

Console 与 Attach 均能够连接到 Docker 容器的命令行并嵌入到页面中进行操作，与 Docker 中的 exec 命令效果一致，如图 6-26 所示。

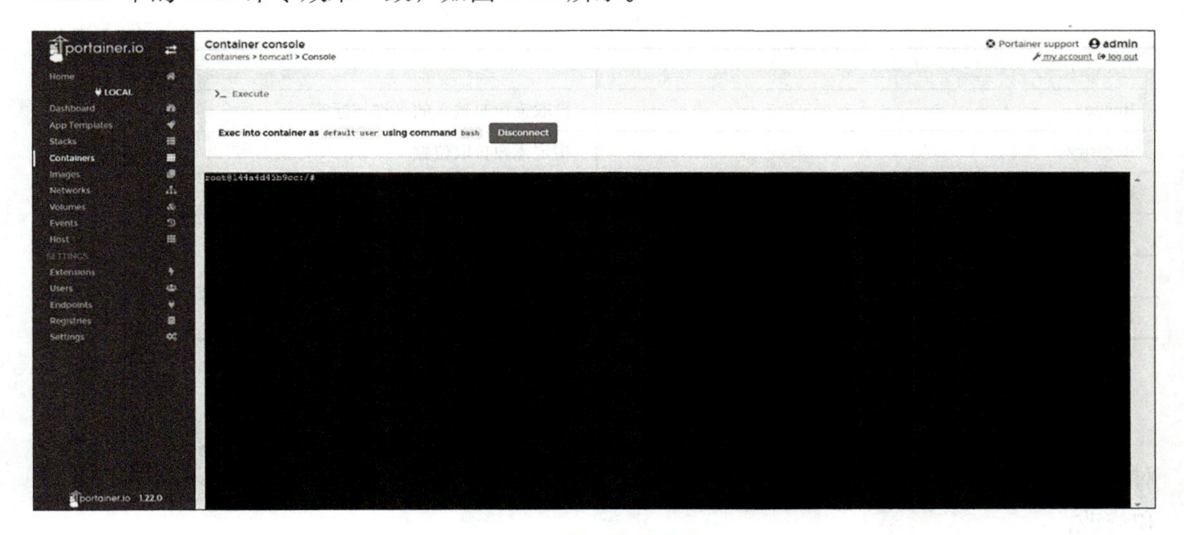

图 6-26　接入容器命令行

（5）Images

Images 页面为镜像列表显示页面，其中列出了 Docker 中所有的镜像，并列出了镜像的 ID、标签、大小等属性，与“docker images”命令一致。在该页面中可以完成镜像的删除、生成等操作。其中，生成镜像需要编写 Dockerfile 文件，且可以从 Docker 官方拉取镜像。Images 页面如图 6-27 所示。

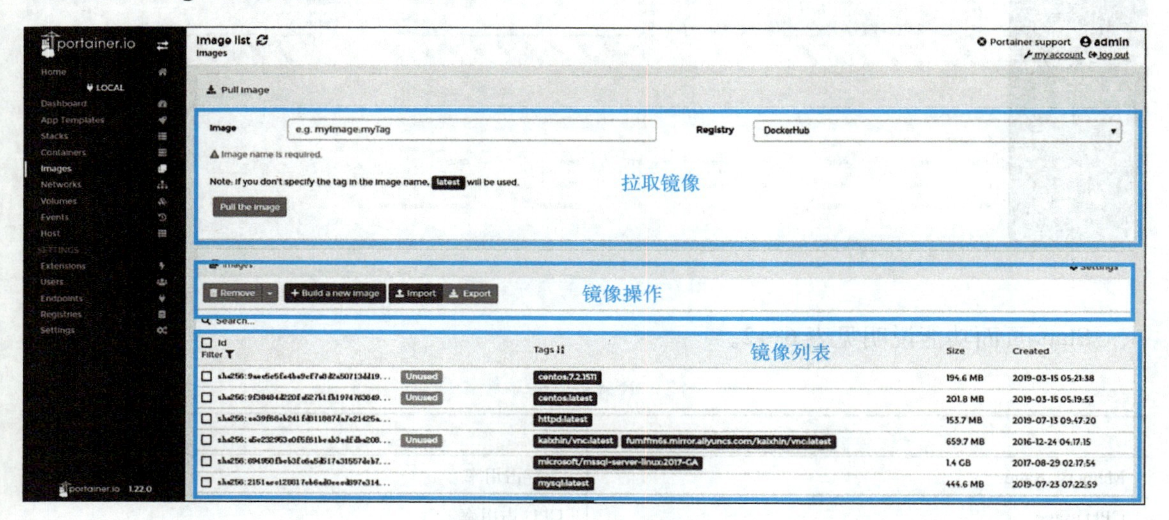

图 6-27　Images 页面

在进行拉取镜像操作时需要输入镜像的名称并指定仓库位置。镜像操作中需要特别说明的是导入与导出操作，导入与导出操作并非将镜像完整导出，而是将镜像的全部文件目录导出和导入一个文件。Images 页面功能说明见表 6-13。

表 6-13　Images 页面功能说明

功　能	说　明
Image	拉取镜像时输入的名称与标签
Registry	指定镜像拉取位置
Remove	删除镜像
Build a new images	构建新镜像
Import	将文件导入到镜像
Export	导出镜像全部文件

（6）Networks

Networks 页面中列出了 Docker 全部的网络（包括自定义网络与默认网络），还提供了对网络的删除与创建等操作，如图 6-28 所示。需要注意的是，默认存在网络不允许被删除和修改。

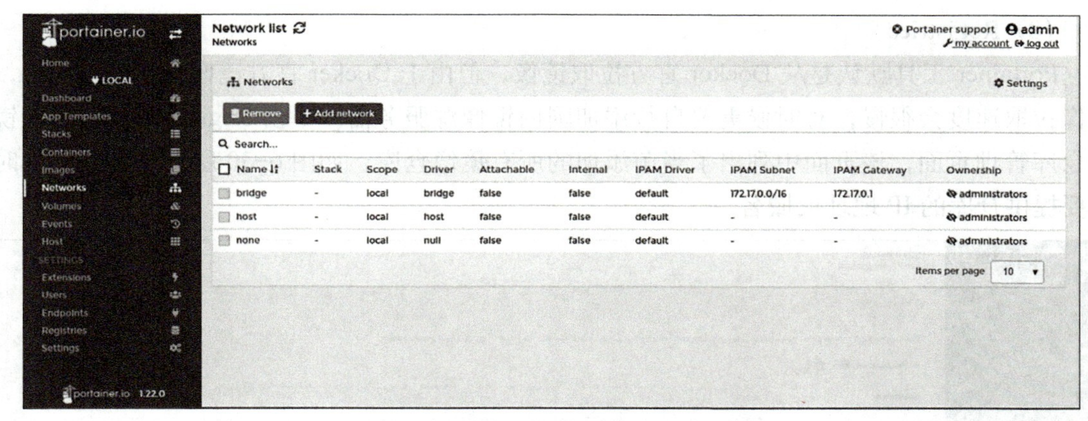

图 6-28　Networks 页面

Networks 页面说明见表 6-14。

表 6-14　Networks 页面说明

功　能	说　明
Remove	删除网络
Add network	创建网络
Name	网络名称
Stack	网络堆栈
Scope	网络所在位置
Driver	网络驱动类型
Attachable	是否允许直接连接主机网络
Internal	是否为虚拟 IP
IPAM Driver	网络模块

（7）Volumes

Volumes 页面中列出了 Docker 中包含的所有自定义数据卷和容器默认创建的数据卷，信息项包括数据卷的名称、所在位置、挂载点、创建时间和权限等。同时，在该页面还能够实现数据卷的删除与创建。Volumes 页面如图 6-29 所示。

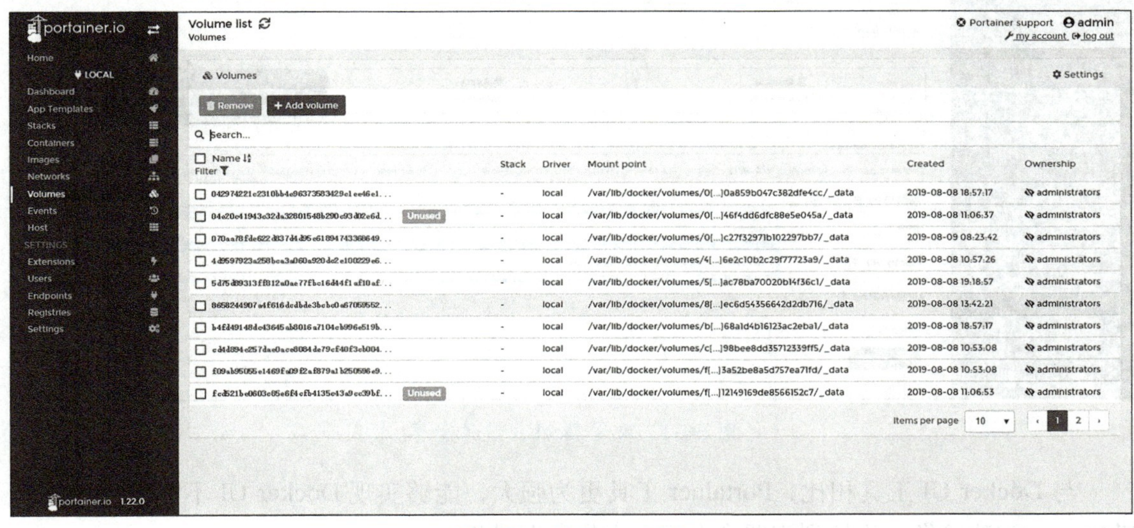

图 6-29　Volumes 页面

（8）Registries

Portainer 工具默认是从 Docker 官方拉取镜像，但由于 Docker 官方镜像服务器在国外，镜像拉取速度会很慢，有时候需要自行添加国内镜像源服务器。单击 Registries 标签进入镜像仓库管理页面，该页面中列出了当前添加的所有镜像仓库，如图 6-30 所示。添加仓库时需要提供仓库的 IP 地址或域名。

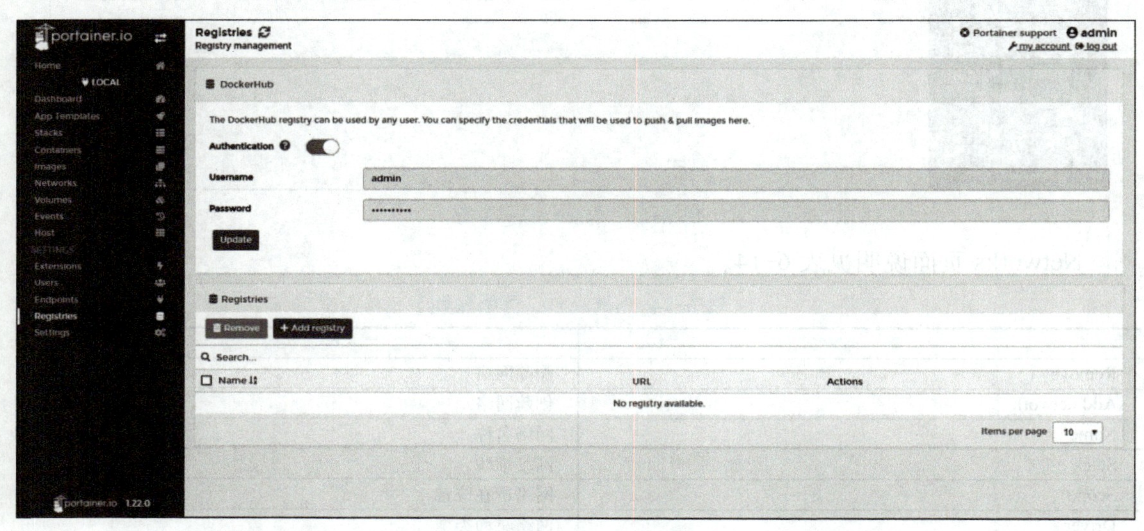

图 6-30　Registries 页面

从图 6-30 可以看出，Portainer 工具默认的镜像仓库并不会在仓库列表中显示，该页面只能够显示出自行配置的仓库。可单击“Add registry”按钮进入添加镜像仓库页面，在“Name”文本框中输入镜像仓库的名称（自行任意设置），在“Registry URL”文本框中填写镜像仓库地址，如图 6-31 所示。

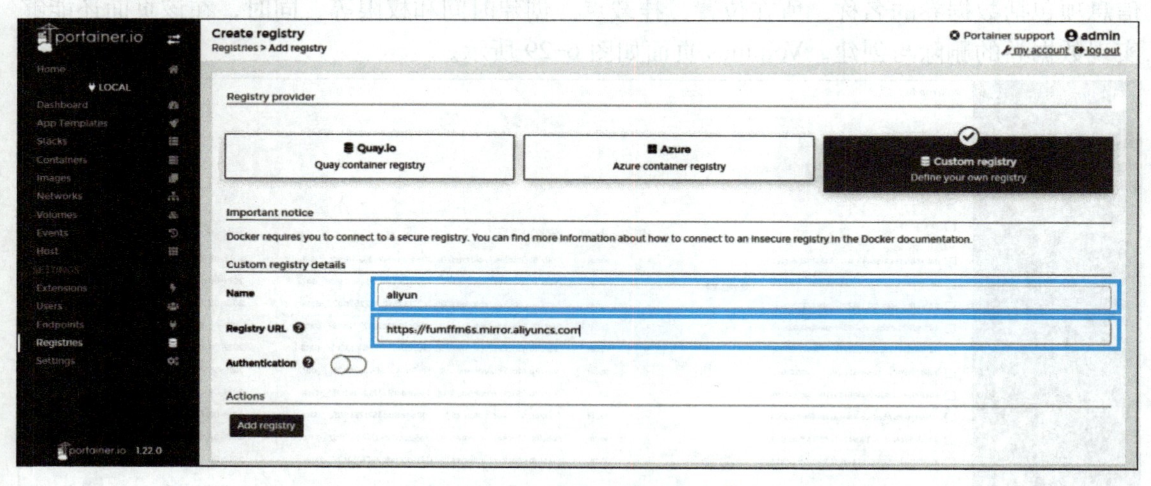

图 6-31　配置 Docker 镜像仓库

与 Docker UI 工具相比，Portainer 工具更为强大，能够实现 Docker UI 不能实现的很多功能，如构建镜像、连接到容器命令行、提供容器模板等。

技能点三 Rancher 全栈化管理工具

1. Rancher 简介

Rancher 是一个开源的 Docker 容器可视化管理平台。Rancher 能够让企业不必从基础开始构建容器平台。Rancher 管理工具能够在生产环境中使用 Docker 和 Kubernetes 全栈化容器部署管理平台。Rancher 由以下四部分组成。

(1) 基础设施编排

Rancher 能够在所有公有云或私有云中的 Linux 资源主机中部署运行（Linux 主机可以为虚拟机或物理机），且对 Linux 资源要求较低，仅需要有 CPU、内存、磁盘和网络即可。对于 Rancher 来说，云主机与物理主机并无区别。

(2) 容器编排与调度

目前，大多数 Docker 用户都会通过容器编排调度框架来完成容器化的应用。Rancher 的亮点就在于，它包含了全部主流的编排调度框架（如 Docker Swarm、Kubernetes 等）。在同一个物理主机中可以同时创建 Swarm 和 Kubernetes 集群，还可以安装原生的 Swarm 和 Kubernetes。

除了这两种编排调度框架之外，Rancher 还拥有属于自己的编排框架 Cattle。该框架也被用于 Swarm 集群和 Kubernetes 集群的配置管理与升级。

(3) 应用商店

Rancher 中还提供了应用商店功能，类似于 Portainer 中的容器模板，但 Portainer 只能够部署由单个容器构成的服务，而 Rancher 能够一键部署由多个容器组成的应用并且能够为用户提供管理这个应用的方法，当有新版本时可以进行自动升级。

(4) 企业级权限管理

Rancher 支持插件式的用户认证方式。支持 Active Directory、LDAP、Github 等认证方式。能够实现通过角色权限的不同来配置某个用户或用户对开发环境的操作访问权限。

Rancher 主要功能和组件如图 6-32 所示。

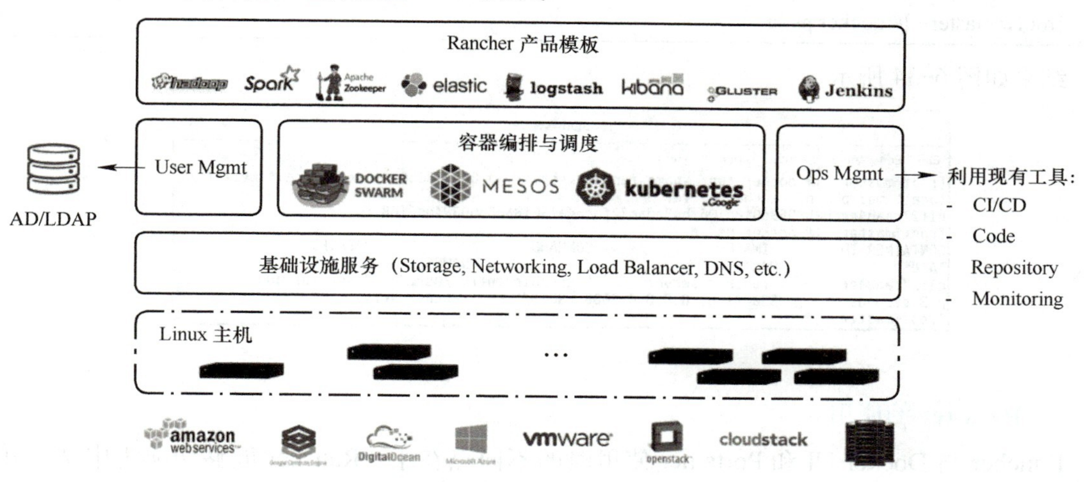

图 6-32　Rancher 主要功能和组件

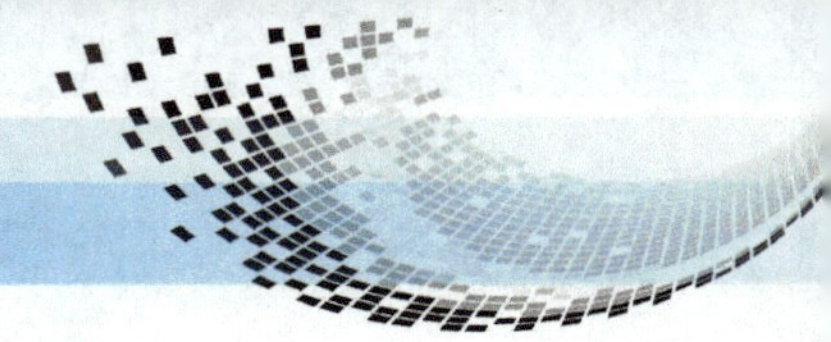

2．Rancher 的安装

Docker 的可视化管理页面部署都很简单，Docker Hub 中包含了其完整的镜像。三种 Docker 可视化管理工具部署方式一致，由官方拉取镜像，在启动容器时映射 8000 端口即可。安装步骤如下。

（1）准备镜像

通过“docker search”命令查询出 Rancher 镜像的完整名称，然后使用“docker pull”命令将镜像拉取到本地，命令如下。

```
[root@master ~]# docker search rancher
[root@master ~]# docker pull rancher/server
```

结果如图 6-33 所示。

```
root@master:~
File Edit View Search Terminal Help
bc433fed3823: Pull complete
b82e188df556: Pull complete
dae2802428a4: Pull complete
52f6d2f26f94: Pull complete
0aa4a1b2a701: Pull complete
188eab4e6b92: Pull complete
8a4a937ee6ea: Pull complete
5843cac5ce60: Pull complete
d01afece027e: Pull complete
0a2457aec5a8: Pull complete
8d36d3d855d0: Pull complete
aa39a92dcdb1: Pull complete
Digest: sha256:03a1759d5edbceeb0160c0eda6406021c3ab037e3f2661cfac36c6cf1132eecc
Status: Downloaded newer image for rancher/server:latest
[root@master ~]#
```

图 6-33　拉取 Rancher 镜像

（2）启动 Rancher 容器

Rancher 与 Docker UI 和 Portainer 管理工具使用的端口有所不同，其使用了 8000 端口供外部访问，因此启动容器时需要将 8000 端口映射到 Docker 宿主机上，命令如下。

```
[root@master ~]# docker run --name rancher-server -p 8000:8080 -v /etc/localtime:/etc/localtime:ro -d rancher/server
[root@master ~]# docker ps -a
```

结果如图 6-34 所示。

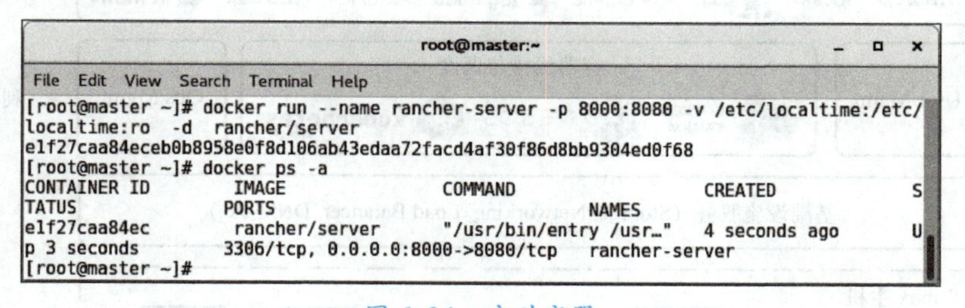

图 6-34　启动容器

3．Rancher 的使用

Rancher 与 Docker UI 和 Portainer 使用时的不同点在于，Rancher 能够切换为中文，并且是意译中文不是直译中文，能够帮助用户充分利用该平台完成任务。中文切换方法为：

单击右下角的“English”字样，在弹出的列表中选择“简体中文”选项，即可切换为中文，如图 6-35 所示。

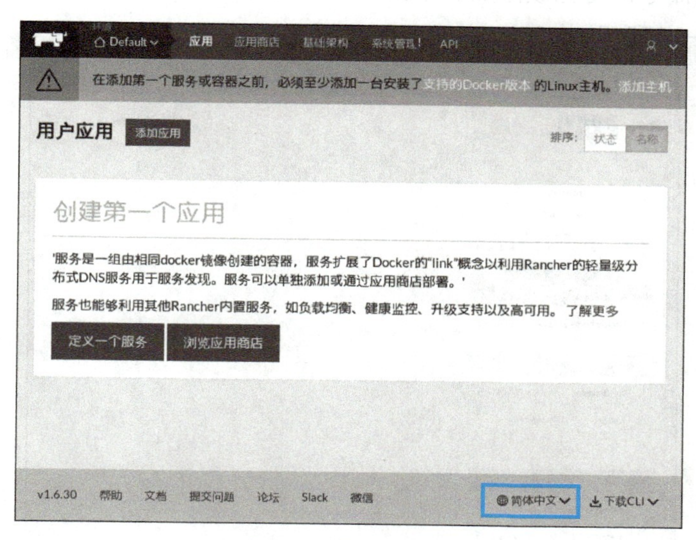

图 6-35 切换为中文

（1）添加主机

切换为简体中文后，开始对 Rancher 进行配置。Docker UI 与 Portainer 能够直接将主机加载到工具中，而 Rancher 工具需要手动将主机添加到工具中才能对宿主机的 Docker 进行监控。添加主机过程为：依次单击“基础架构”→“主机”→“添加主机”→“保存”命令，然后选中“Custom”图标，如图 6-36 所示。

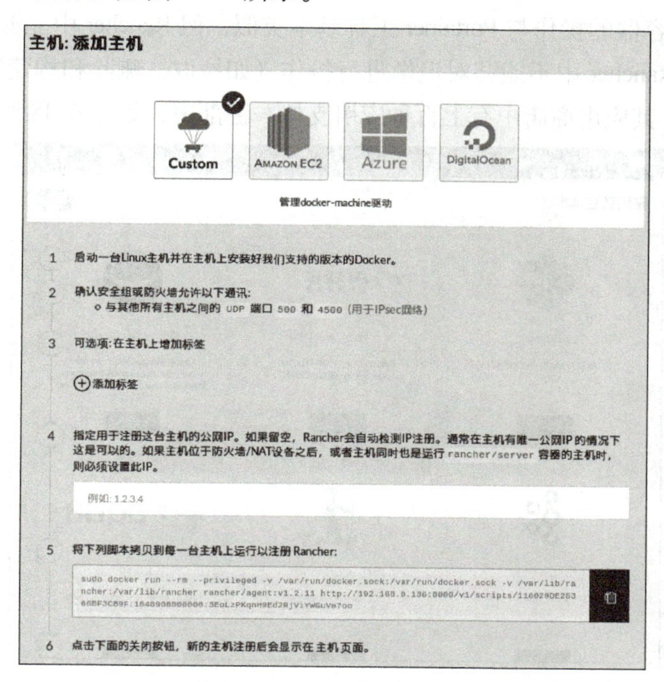

图 6-36 添加主机

从图 6-36 中可以看出，第⑤步中已经添加主机命令脚本。在需要添加到 Rancher 工具中的主机中运行该命令即可完成添加。单击“基础架构”→“主机”命令能够查看到添加进来的主机，如图 6-37 所示。

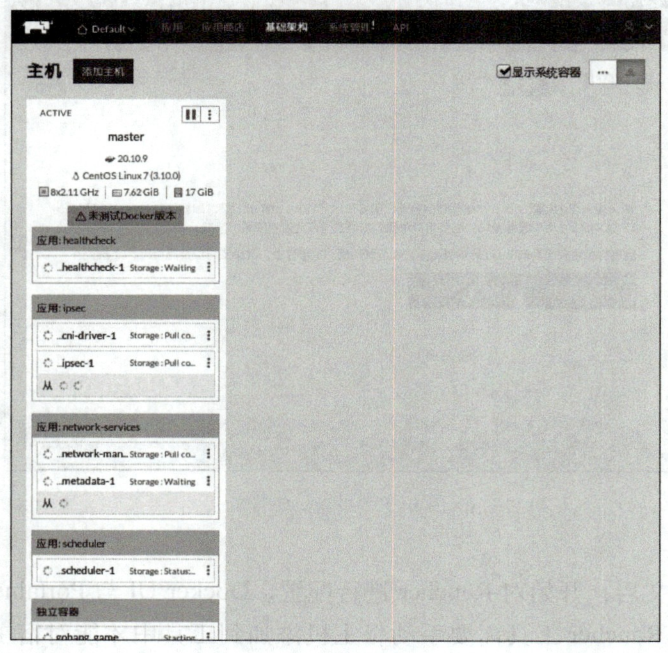

图 6-37　主机添加完成

（2）应用商店的使用

Rancher 工具对容器的操作与 Portainer 工具基本类似，但 Rancher 中能够将容器按照应用类型进行分类，而且 Rancher 中不能够对镜像进行操作（如拉取、删除和构建等）。Rancher 比较出色的是应用商店，其应用商店中有上百种应用支持一键部署，如图 6-38 所示。

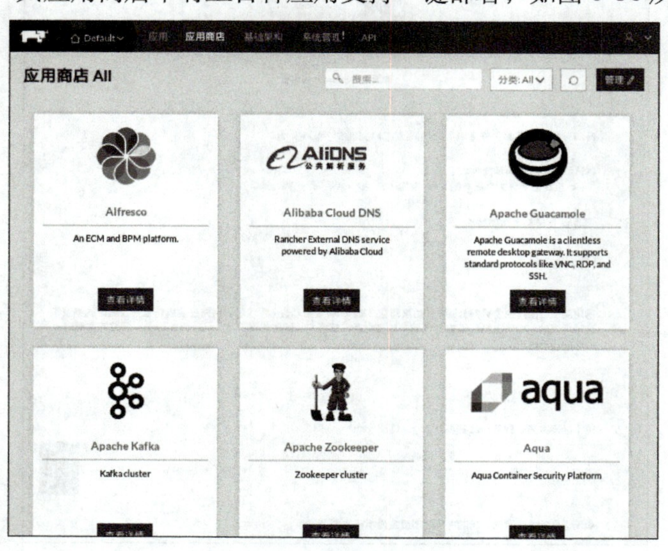

图 6-38　Rancher 应用商店

项目实施

完成 Nextcloud 网盘工具的部署。项目流程如图 6-39 所示。

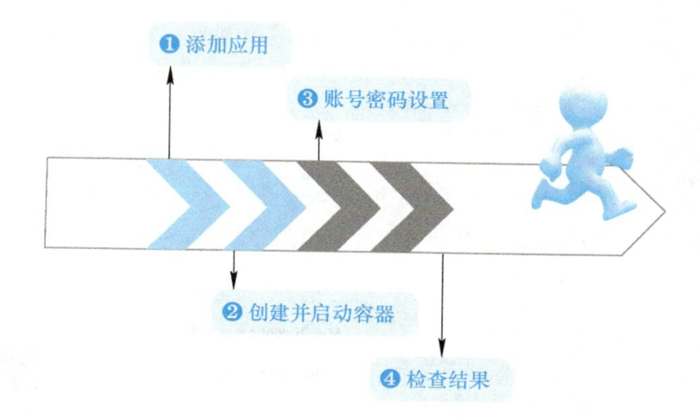

图 6-39 项目流程

【实施步骤】

第一步：登录 Docker 宿主机的 8000 端口访问 Rancher 页面，单击“应用商店”→“全部”命令，在搜索栏中搜索“Nextcloud”，如图 6-40 所示。

图 6-40 搜索 Nextcloud

第二步：在“Nextcloud”处单击“查看详情”命令进入添加应用界面。在该界面中需要用户自行设置应用的名称（容器名称）。因为 Nextcloud 需要使用 MySQL 数据库，所以要为 MySQL 数据库生成两个默认密码才能够启动成功，如图 6-41 所示。

图 6-41　配置应用

第三步：单击“启动”按钮开始创建并启动容器。在容器启动过程中，页面会跳转到 Nextcloud 应用状态页面，如图 6-42 所示表示启动成功。

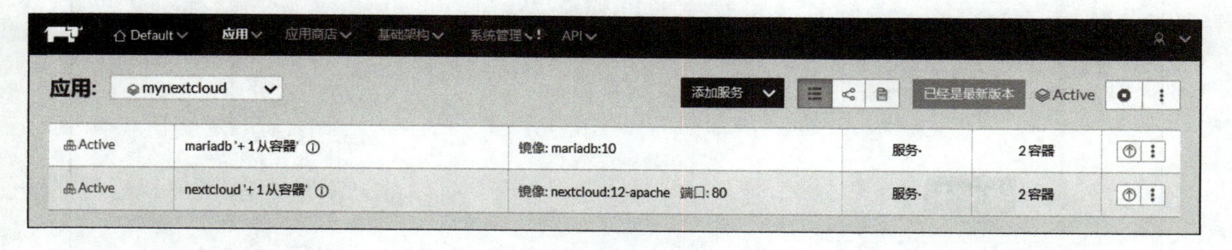

图 6-42　容器启动成功

第四步：容器启动完成后，通过访问 Docker 宿主机的 80 端口即可看到 Nextcloud 管理员账号注册页面（首次登录需要注册）。账号和密码设置完成后单击“安装完成”按钮，如图 6-43 所示。

图 6-43　注册管理员账号

第五步：账号注册完成后，页面会自动跳转到网盘主页，如图 6-44 所示。可通过拖拽的方式将文件上传到服务器中。

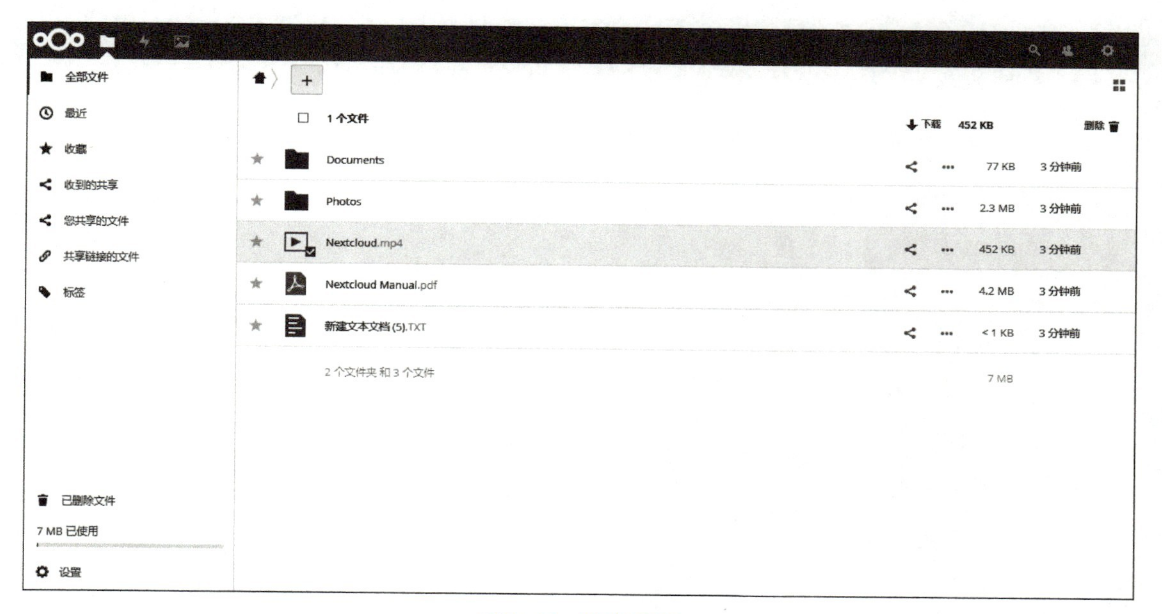

图 6-44　网盘主页

Project 7

项目七

Docker集群搭建

Project 7

项目描述

单台服务器的资源总是有限的，当服务量增多时无法满足运行需求，如果使用多台服务器分别部署 Docker 的话，又会面临着管理空调资源浪费等问题。技术主管与技术人员谈话如下。

技术主管：管理工具学得怎么样了？

技术人员：学得不是很好，还需要再复习复习。

技术主管：嗯嗯，不要着急，慢慢学。

技术人员：好的。

技术主管：不过学到现在，大部分知识已经学完了，只需再学一部分，你就可以出师了。

技术人员：是吗？那真是太好了！

技术主管：接下来学习的是集群搭建工具，也是最后一部分了。

技术人员：好的，我这就去学习。

一台服务器的硬件资源是有限的，当长时间使用容器部署或测试项目时最终会将硬件资源全部消耗。这时，可以重新部署一台服务器使用。当服务器数量足够多时，对这些服务器的管理又会是一大问题。而集群的概念很好地解决了以上两个问题。集群可以将多台服务器连接，并将所有硬件资源聚合为一个资源池，进行统一的管理。

学习目标

通过对 Docker 集群搭建的学习，了解 Docker 集群的特点，熟悉容器编排与集群配置，掌握 Compose 与 Swarm 的使用方法，具有搭建和使用 Docker 集群的能力。

项目分析

本项目主要通过 Compose 实现 Hadoop 分布式服务的部署。在“项目技能”中，简单讲解了 Docker Compose 的安装、配置和 Swarm 的集群部署，详细说明了 Docker Compose 命令的使用以及 Swarm 的集群操作。

项目技能

技能点一 Docker Compose 多容器管理

1. Docker Compose 简介

在使用微服务的框架系统当中一般包含了多个微服务，并且会在每个微服务内部署多个应用实例。当要将微服务关闭时，需要对每个微服务进行手动停止，这会导致效率降低、增大维护量和成本，这时可借助 Docker Compose 来高效地管理容器。

Docker Compose 是 Docker 官方的一个开源项目，用于定义和运行多容器的 Docker 应用的工具。Docker Compose 可以将 Docker 对容器的所有部署、文件映射、容器连接等操作配置到“.yml”配置文件中，通过 Docker Compose 即可部署所有服务。Docker Compose 为应用程序提供了整个生命周期操作，包括：

- 服务的启动、停止与重建。
- 检查服务运行状态。
- 输出流式服务日志。
- 在服务上运行一次性命令。

要实现 Docker Compose，需要包括以下步骤：

1）将应用程序环境变量放在 Docker 文件中以公开访问。

2）在 docker-compose.yml 文件中提供和配置服务名称，以便它们可以在隔离的环境中一起运行。

3）运行 docker-compose，启动并运行整个应用程序。

2. Docker Compose 的安装

Compose 能够通过 PIP 和二进制文件两种方式安装。通过这两种方式安装的 Docker Compose 在使用上并无差异。

（1）PIP 安装

在使用 PIP 安装 Docker Compose 之前需要确保本地的 PIP 能够正常使用。PIP 包管理工具安装方法如下。

```
[root@master ~]# yum -y install epel-release
[root@master ~]# yum -y install python-pip
[root@master ~]# pip --version
```

结果如图 7-1 所示。

```
root@master:~
File Edit View Search Terminal Help
Running transaction check
Running transaction test
Transaction test succeeded
Running transaction
  Installing : python2-pip-8.1.2-14.el7.noarch                          1/1
  Verifying  : python2-pip-8.1.2-14.el7.noarch                          1/1

Installed:
  python2-pip.noarch 0:8.1.2-14.el7

Complete!
[root@master ~]# pip --version
pip 22.2 from /usr/local/lib/python3.7/site-packages/pip (python 3.7)
[root@master ~]#
```

图 7-1 安装 PIP

PIP 包管理工具安装完成后，使用 PIP 包管理命令安装 Docker Compose，安装完成后查看 Docker Compose 版本，命令如下。

```
[root@master ~]# pip install docker-compose
[root@master ~]# docker-compose -version
```

结果如图 7-2 所示。

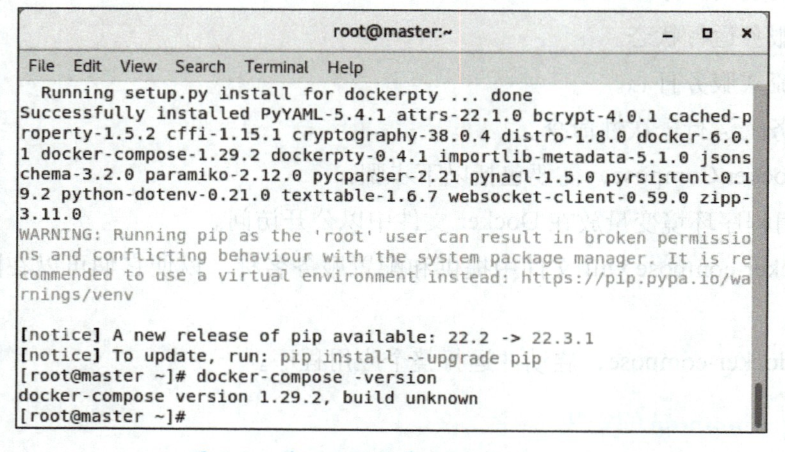

图 7-2 使用 PIP 安装 Docker Compose

（2）二进制文件安装

通过二进制文件安装需要使用 curl 命令下载二进制文件，然后以管理员身份运行二进制文件即可完成安装，使用二进制安装之前需要将使用 PIP 安装的 Docker Compose 卸载，命令如下。

```
[root@master ~]# pip uninstall docker-compose
[root@master ~]# sudo curl -L "https://github.com/docker/compose/releases/download/1.29.2/docker-compose-$(uname -s)-$(uname -m)" -o /usr/local/bin/docker-compose
[root@master ~]# sudo chmod +x /usr/local/bin/docker-compose
[root@master ~]# docker-compose --version
```

结果如图 7-3 所示。

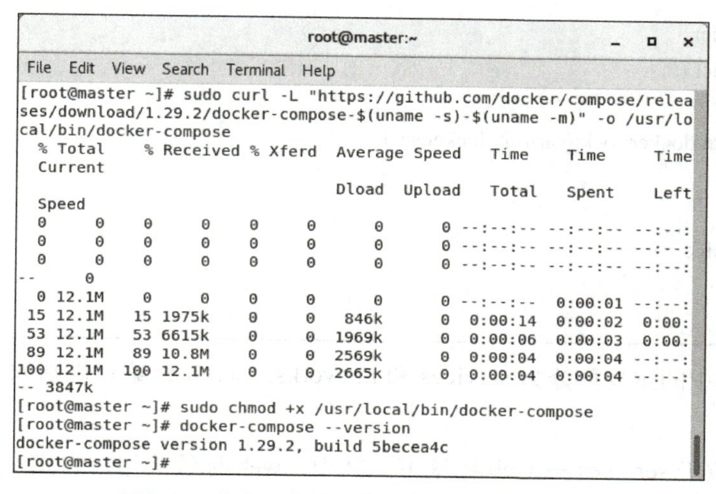

图 7-3　通过二进制文件安装 Docker Compose

3．Docker Compose 的配置文件

docker-compose 命令与 docker 命令非常类似，但在使用 docker-compose 命令时，需要有“.yml”文件的配合才能够完成。“.yml”配置文件主要由三部分构成，分别为 version、services 和 networks。模板文件如下。

```
version: '2'
services:
  web:
    image: dockercloud/hello-world
    ports:
      - 8080
    networks:
      - front-tier
      - back-tier
  redis:
    image: redis
    links:
      - web
    networks:
      - back-tier
```

```
    lb:
      image: dockercloud/haproxy
      ports:
        - 80:80
      links:
        - web
      networks:
        - front-tier
        - back-tier
      volumes:
        - /var/run/docker.sock:/var/run/docker.sock
networks:
    front-tier:
      driver: bridge
    back-tier:
driver: bridge
```

“.yml”文件中的重要部分为 services 和 networks。services 编写规则如下。

（1）image

image 标签位于 services → web 标签下。其中，web 标签为用户自定义标签，用来设置服务名称；image 标签指定服务的镜像名或镜像 ID。与 docker 命令类似，若本地不存在所指定的镜像，Compose 会尝试从镜像仓库中拉取镜像。image 配置格式如下。

```
image: redis
image: ubuntu:14.04
image: tutum/influxdb
image: example-registry.com:4000/postgresql
image: a4bc65fd
```

（2）build

服务时除使用指定镜像外，还能够通过 Dockerfile 文件构建一个新镜像，build 标签就是用来指定 Dockerfile 所在文件路径的。build 配置格式如下。

```
build: /path/to/build/dir       # 通过绝对路径设置
build: ./dir                    # 通过相对路径指定
build:                          # 设定文件根目录，指定 Dockerfile 文件
  context: ../
  dockerfile: path/of/Dockerfile
```

如果使用 build 标签的同时也使用了 image 标签，Docker Compose 会将 image 标签内容作为新镜像名称。

（3）command

command 标签能够制定可以覆盖容器启动后默认执行的命令。command 配置格式如下。

```
command: bundle exec thin -p 3000
```

（4）container_name

container_name 标签用于设置容器的名称。例如，将容器名称设置为 app，可以通过以下配置实现。

```
container_name: app
```

（5）depends_on

Compose 最大的优点是能够使用一条命令启动多个容器，但是容器会以一定的顺序依次启动，如果遇到容器间有依赖关系，则会造成服务启动失败，这时就可以使用 depends_on 来设置容器的启动顺序。例如，当前有一个 Web 服务依赖于 db 和 redis，此时需要先启动 db 和 redis，配置方式如下。

```
ersion: '2'
services:
  web:
    build: .
    depends_on:
      - db
      - redis
  redis:
    image: redis
  db:
    image: postgres
```

（6）dns

dns 用于设置容器的 DNS 服务器，与 --dns 参数功能一致，但该标签能够设置一个 dns 列表。dns 配置格式如下。

```
dns:
 -114.114.114.114
 -8.8.8.8
```

（7）tmpfs

tmpfs 标签将 Docker 宿主机中的目录临时挂载到容器内。tmpfs 配置格式如下。

```
tmpfs: /run
tmpfs:
  -    /run
  -    /tmp
```

（8）expose

expose 标签的功能与 Dockerfile 文件中的 EXPOSE 指令功能一致，用于设置暴露的端口。expose 配置格式如下。

```
expose
    -    "3000"
    -    "8000"
```

（9）extra_hosts

extra_hosts 标签用于添加主机名，会向“/etc/hosts”文件中添加一条记录。extra_hosts 配置格式如下。

```
extra_hosts
  -"master:192.168.40.1"
  -"slave:172.17.0.6"
```

（10）ports

ports 标签用于设置端口映射，映射格式为 HOST:CONTAINER；或只设置容器端口，然后将主机的端口随机映射到容器中。ports 标签配置格式如下。

```
ports:
  -"3000"
  -"8000:8000"
  -"172.17.16.32:8001:8001"
```

（11）volumes

volumes 标签用于将一个目录或数据卷挂载到容器中，挂载格式为 [HOST:CONTAINER] 和 [HOST:CONTAINER:or]。volumes 标签配置格式如下。

```
volumes:
   // 指定一个路径，Docker 会自动创建数据卷
   -/var/lib/mysql
   // 使用绝对路径挂载数据卷
   -/opt/data:/var/lib/mysql
```

（12）networks

networks 标签用于指定容器的网络类型，网络类型与 Docker 中的网络类型一致。networks 标签配置格式如下。

```
networks:
   front-tier:
     driver: bridge
   back-tier:
     driver: bridge
```

4．Docker Compose 命令的使用

Docker Compose 中的命令与 Docker 命令类似。Docker Compose 中的大部分命令都是针对项目本身或项目中的服务，因此，项目中的所有服务都会受命令的影响。Docker Compose 中包含的命令见表 7-1。

表 7-1 Docker Compose 中包含的命令

命令	说明
up	自动完成包括构建镜像、创建服务、启动服务并关联服务相关容器的一系列操作
ps	显示所有容器
stop	将指定容器停止运行
start	将一个已经存在的容器作为服务启动
restart	重新启动容器
rm	删除指定容器

虽然 docker-compose 命令与 docker 命令类似，但是 docker-compose 的命令都是用于对项目进行操作，而创建项目需要使用“.yml”文件，命令如下。

```
[root@master ~]# mkdir /usr/local/nginxapp
[root@master ~]# cd /usr/local/nginxapp/
[root@master nginxapp]# vi docker-compose.yml    # 文件内容如下
version: '2.0'
services:
  nginx:
    restart: always
    image: nginx:1.11.6-alpine
    ports:
      - 8080:80
      - 443:443
    volumes:
      - ./conf.d:/etc/nginx/conf.d
      - ./log:/var/log/nginx
      - ./www:/var/www
      - /etc/letsencrypt:/etc/letsencrypt
```

docker-compose 命令与 docker 命令的使用方法一致，如下。

（1）up

up 命令用于创建容器服务，当容器服务已经存在时，会根据“.yml”文件对容器进行更新操作。docker-compose up 命令中常用参数见表 7-2。

表 7-2 up 命令参数

参数	说明
-d	后台运行命令
--build	在启动容器之前构建镜像
--no-color	输出时不显示颜色
--quiet-pull	不显示进度条
--no-build	不要建立一个镜像，即使不存在

使用“docker-compose up”命令启动“docker-compose.yml”文件中定义的容器，命令如下。

```
[root@master nginxapp]# docker-compose up -d
```

结果如图 7-4 所示。

```
root@master:/usr/local/nginxapp
File  Edit  View  Search  Terminal  Help
[root@master nginxapp]# docker-compose up -d
Creating network "nginxapp_default" with the default driver
Pulling nginx (nginx:1.11.6-alpine)...
1.11.6-alpine: Pulling from library/nginx
3690ec4760f9: Pull complete
f8fdeb23f7ad: Pull complete
1ba450842ec7: Pull complete
3886e6ddf80b: Pull complete
Digest: sha256:aee97412fee873bd3d8fc2331b80862d7bd58913f7b12740cae8515
edc1a66e4
Status: Downloaded newer image for nginx:1.11.6-alpine
Creating nginxapp_nginx_1 ... done
[root@master nginxapp]#
```

图 7-4　启动容器

（2）ps

ps 命令用于查看正在运行的容器。与 Docker 查看容器命令的区别在于，Docker 能够分别查看正在运行中的容器和所有容器，而 Docker Compose 只能查看运行中的容器，命令参数只有一个“-q”，含义为只列出容器 ID。使用“docker-compose ps”命令查询正在运行的容器，命令如下。

```
[root@master nginxapp]# docker-compose ps
```

结果如图 7-5 所示。

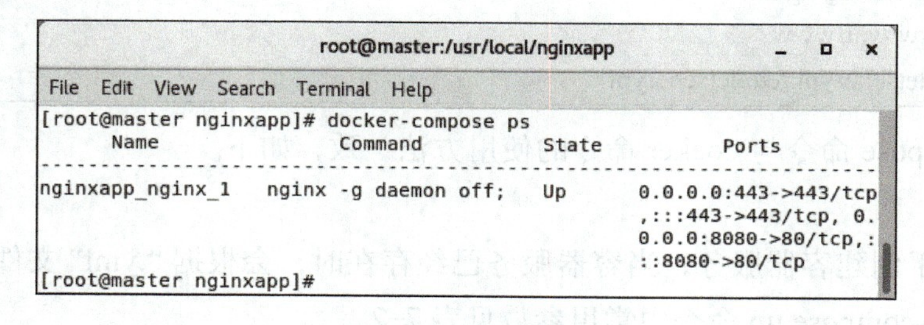

图 7-5　查看容器

（3）stop

“docker-compose stop”命令用于停止容器，与“docker stop”命令功能一致，区别在于，“docker-compose stop”命令不能停止指定容器。“docker-compose stop”命令使用方法如下。

```
[root@master nginxapp]# docker-compose stop
[root@master nginxapp]# docker-compose ps
```

结果如图 7-6 所示。

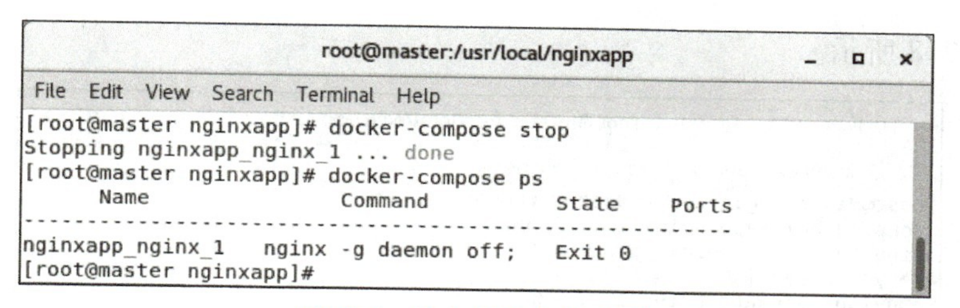

图 7-6 停止运行中的容器

（4）start 与 restart

start 命令与 stop 命令相反，用于启动停止状态下的容器，同样不能与“docker start”命令一样指定需要启动的某个容器。restart 命令是指将容器先停止再启动，类似于 stop 和 start 命令的结合。docker-compose start 与 restart 命令的使用方法如下。

```
[root@master nginxapp]# docker-compose start
[root@master nginxapp]# docker-compose restart
[root@master nginxapp]# docker-compose ps
```

结果如图 7-7 所示。

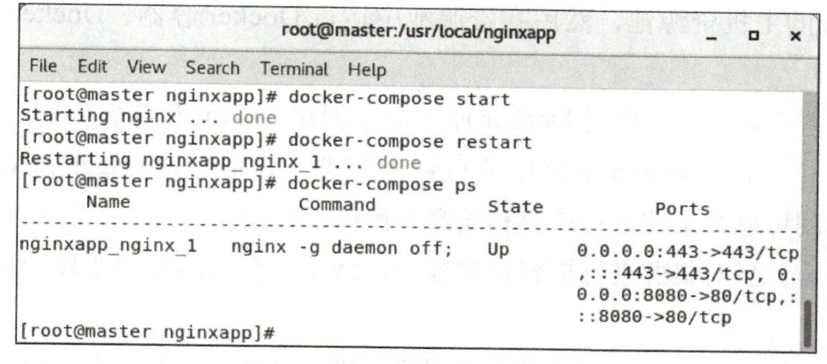

图 7-7 启动容器

（5）rm

“docker-compose rm”命令用于删除容器。在默认状态下，容器在删除前需要保证不在运行状态，且在删除时不会删除相关的匿名数据卷。通过附加参数可以解决这两个问题。“docker-compose rm”命令的参数见表 7-3。

表 7-3 rm 命令参数

参　数	说　明
-f	强制删除容器
-s	用于删除正在运行的容器，先停止再删除
-v	删除容器的同时删除相关数据卷

使用“docker-compose rm”命令删除正在运行中的容器，命令如下。

```
[root@master nginxapp]# docker-compose rm -s
[root@master nginxapp]# docker-compose ps
```

结果如图 7-8 所示。

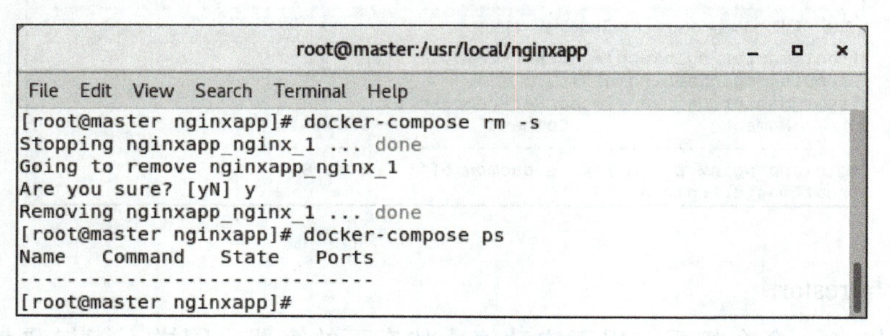

图 7-8 删除容器

技能点二 Docker Swarm 集群管理

1. Swarm 简介

Swarm 是由 Docker 官方维护的一个用来搭建和管理 Docker 集群的工具，Swarm 能够为多台 Docker 主机提供统一的管理接口。也就是说，Docker Swarm 支持用户创建可运行 Docker Daemon 的主机资源池，然后在资源池中运行 Docker 容器。Docker Swarm 的特点如下。

- 原生集群管理工具：使用 Docker 原生命令创建 Swarm 和部署应用。
- 去中心化设计：Swarm 集群中节点包含两类，分别为 Manager 和 Worker，在集群运行期间可以对集群进行扩容和缩容等操作，且操作过程中不需要重启集群服务。
- 自动伸缩：当对集群进行扩容和缩容时，Swarm 会自动新增或移除任务，维持预期状态。
- 目标状态保持：Swarm 管理节点会对集群进行持续的监控，当发现目标状态与实际状态有差异时会自动调整。
- 多重网络：支持为服务定义一层叠加网络，当 Swarm 初始化或升级应用时，会自动分配网络地址给镜像。
- 服务发现：集群中的 Swarm Manager Node 会给每个服务分配唯一的 DNS 名称，并且能够通过 DNS Server 查询集群 Docker 容器状态。
- 负载均衡：Swarm 支持指定如何在不同节点之间分发容器实现负载均衡，也可暴露服务容器的端口使用集群外部的负载均衡器。
- 安全：Swarm 集群中节点之间强制使用 TLS 双向认证，每个节点之间都会进行加密通信。

Docker Swarm 为 Docker 提供了组建和管理集群的能力，能够将 Docker Engine 组合为一个集群实现多容器服务。因为 Swarm 调用了标准的 Docker API，所以用户可以直接使用“docker run”命令。Docker Swarm 基本架构如图 7-9 所示。

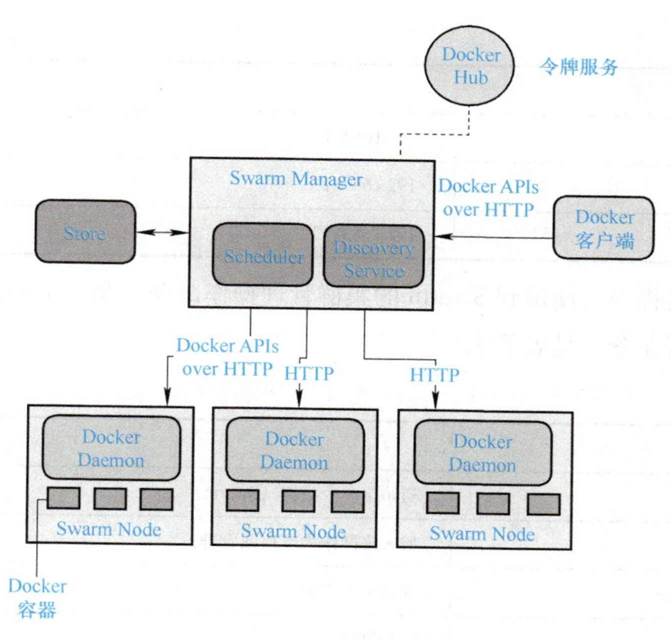

图 7-9　Docker Swarm 基本架构

从图 7-9 中看出，每个 Swarm 节点都表示加入 Swarm 集群中的 Docker 实例，在该 Docker 实例上可以创建和管理多个容器。Swarm Manager 表示在 Docker 集群创建时的第一个节点，在所有的节点中可以按照职责划分为管理节点（Manager Node）和工作节点（Worker Node）。

（1）Manager Node

Manager Node 负责调度 Task（任务）。一个 Task 表示要在 Swarm 集群中的某个节点上启动 Docker 容器，一个或多个 Docker 容器运行在 Swarm 集群中的某个 Worker Node 上。同时，Manager Node 还负责编排容器和集群管理功能（或者更准确地说，是具有 Manager 管理职能的节点），维护集群的状态。需要注意的是，在默认情况下，Manager Node 也作为一个 Worker Node 来执行 Task。Swarm 支持配置 Manager 只作为一个专用的管理节点，后面会详细说明。

（2）Worker Node

Worker Node 接收由 Manager Node 调度并指派的 Task，启动一个 Docker 容器来运行指定的服务，并且 Worker Node 需要向 Manager Node 汇报被指派的 Task 的执行状态。

2．Swarm 集群部署

使用 Swarm 集群部署前需要保证每个节点都已经安装了 Docker 服务、节点之间能够正常通信且每个节点都包含 Swarm 镜像。这里使用三个节点讲解 Docker 集群部署方法，节点说明见表 7-4。

表 7-4　节点说明

主 机 名	IP
master	192.168.0.10
slave1	192.168.0.11
slave2	192.168.0.12

在集群部署过程中会使用到 Swarm 的集群管理操作命令“docker swarm”，包括初始化集群、加入集群等命令，见表 7-5。

表 7-5　Docker Swarm 中包含的部分集群管理操作命令

命　令	描　述
docker swarm init	初始化一个集群（Swarm）
docker swarm join	加入集群作为节点或管理器
docker swarm join-token	管理加入令牌
docker swarm leave	离开集群
docker swarm update	更新集群
docker swarm unlock	解锁集群
docker swarm unlock-key	管理解锁钥匙

下面通过表 7-5 中列出的部分命令构建一个 Docker 集群，过程中会详细讲解每个命令的使用方法和具体参数。使用 Swarm 部署 Docker 集群的方法如下。

（1）docker swarm init

“docker swarm init”命令用于初始化一个 Docker 集群，该命令只需要在 Manager Node 运行即可，不需要在所有节点执行，命令格式如下。

```
docker swarm init [OPTIONS]
```

OPTIONS 常用参数见表 7-6。

表 7-6　init 命令常用参数

参　数	说　明
--advertise-addr	广播地址
--autolock	启用管理器自动锁定
--cert-expiry	节点证书的有效期
--dispatcher-heartbeat	调度程序心跳周期
--force-new-cluster	强制从当前状态创建一个新的群集
--listen-addr	监听地址

例如，使用“docker swarm init”命令在 master 节点上初始化一个集群，让 master 节点作为 Manager Node 节点，命令执行后会生成一个唯一的 token（其他工作主机进入集群的唯一令牌），命令如下。

```
[root@master ~]# docker swarm init
```

结果如图 7-10 所示。

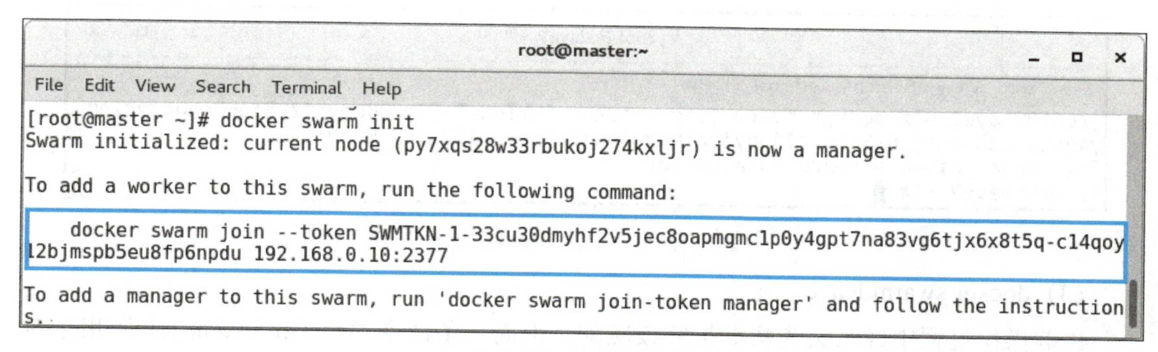
```
[root@master ~]# docker swarm init
Swarm initialized: current node (py7xqs28w33rbukoj274kxljr) is now a manager.

To add a worker to this swarm, run the following command:

    docker swarm join --token SWMTKN-1-33cu30dmyhf2v5jec8oapmgmc1p0y4gpt7na83vg6tjx6x8t5q-c14qoy12bjmspb5eu8fp6npdu 192.168.0.10:2377

To add a manager to this swarm, run 'docker swarm join-token manager' and follow the instructions.
```

图 7-10 初始化集群

（2）docker swarm join

“docker swarm join”命令用于将一台工作主机作为 Worker Node 加入到集群。使用该命令时需要用到初始化集群时返回的唯一令牌。“docker swarm join”命令格式如下。

```
docker swarm join [OPTIONS] HOST:PORT
```

OPTINOS 常用参数见表 7-7。

表 7-7 join 命令常用参数

参 数	说 明
--advertise-addr	广播地址（格式为 <ip | interface> [：port]）
--availability	节点的可用性（"active"|"pause"|"drain"），默认为 "active"
--data-path-addr	用于数据路径流量的地址或接口（格式：<ip | interface>）
--listen-addr	监听地址（格式为 <ip | interface> [：port]）
--token	用于进入群体的令牌

例如，使用“docker swarm join”命令分别将 slave1、slave2 主机作为 Worker Node 加入到集群中，命令如下。

```
[root@slave1 ~]# docker swarm join --token SWMTKN-1-33cu30dmyhf2v5jec8oapmgm
c1p0y4gpt7na83vg6tjx6x8t5q-c14qoy12bjmspb5eu8fp6npdu 192.168.0.10:2377
[root@slave2 ~]# docker swarm join --token SWMTKN-1-33cu30dmyhf2v5jec8oapmgmc1
p0y4gpt7na83vg6tjx6x8t5q-c14qoy12bjmspb5eu8fp6npdu 192.168.0.10:2377
```

结果如图 7-11 和图 7-12 所示。

```
root@slave1:~
File  Edit  View  Search  Terminal  Help
[root@slave1 ~]# docker swarm join --token SWMTKN-1-33cu30dmyhf2v5jec8oapmgmc1p0
y4gpt7na83vg6tjx6x8t5q-c14qoy12bjmspb5eu8fp6npdu 192.168.0.10:2377
This node joined a swarm as a worker.
```

图 7-11　将 slave1 添加到集群

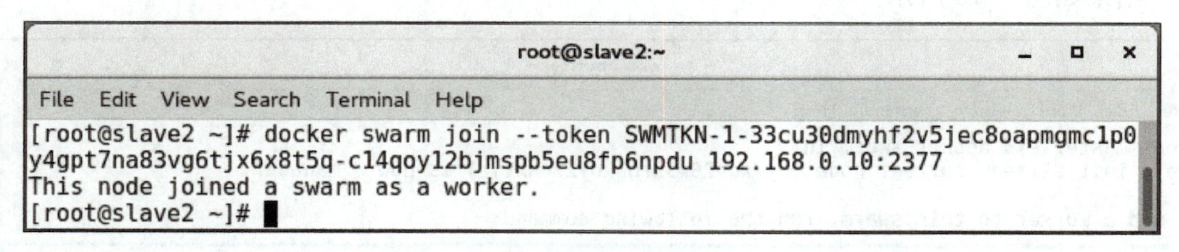

图 7-12　将 slave2 添加到集群

（3）docker swarm leave

集群操作过程中经常会为集群扩容或减配。上面一条命令“docker swarm join”用于对集群进行扩容。当集群的使用需求量减少时，可使用“docker swarm leave”命令减少配置，命令格式如下。

```
docker swarm leave [OPTIONS]
```

OPTIONS 常用参数见表 7-8。

表 7-8　leave 命令常用参数

参　数	命　令
--force , -f	强制此节点离开群集，忽略警告

例如，使用“docker swarm leave”命令将 slave2 节点从 Docker 集群中删除，命令如下。

```
[root@slave2 ~]# docker swarm leave -f
```

结果如图 7-13 所示。

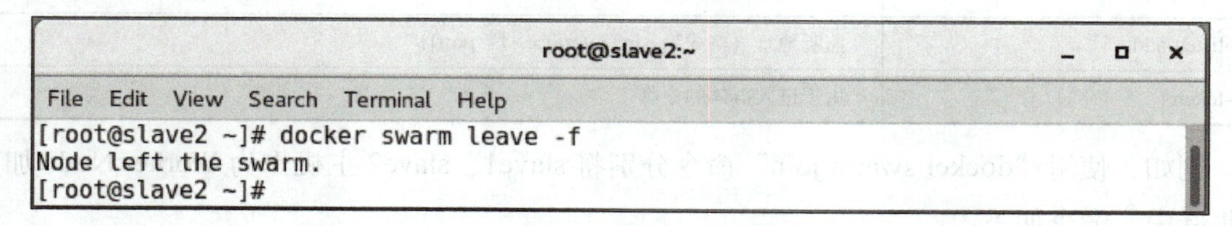

图 7-13　将 slave2 从集群中删除

（4）docker swarm join-token

集群长时间运行后需要添加节点时，需要使用“docker swarm join-token”命令查看集群的令牌信息，命令格式如下。

```
docker swarm join-token [OPTIONS] (worker|manager)
```

OPTIONS 包含的部分参数见表 7-9。

表 7-9　join-token 命令包含的部分参数

参　数	描　述
--quiet , -q	仅显示令牌
--rotate	旋转连接令牌

例如，使用“docker swarm join-token”命令查看集群的令牌信息，命令如下。

```
docker swarm join-token worker
```

结果如图 7-14 所示。

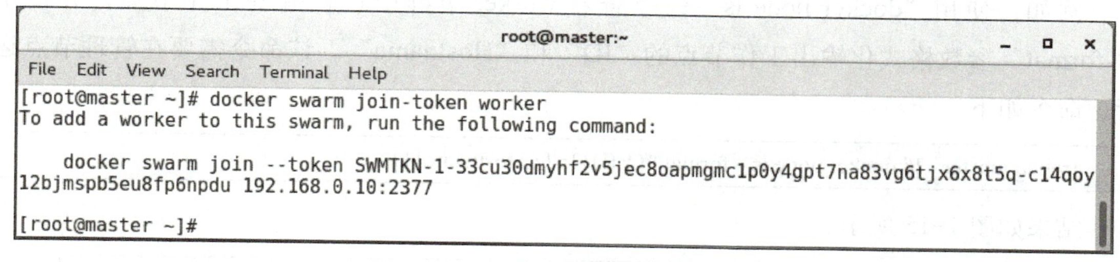

图 7-14　查看集群的令牌信息

3. 集群操作

集群操作主要分对集群中的节点或服务进行操作两种。节点操作主要是针对节点做出的查看、删除、更新等操作；服务操作则主要是完成对服务的创建、查询和删除等操作。

（1）节点操作

在 Docker Swarm 中，除了包含着一些集群的相关操作外，还有一些节点操作的相关命令，如节点的查询、删除、更新等。Docker Swarm 中包含的部分节点操作相关命令见表 7-10。

表 7-10　节点操作相关命令

命　令	说　明
docker node demote	从群中的管理器降级一个或多个节点
docker node ls	列出群中的节点
docker node promote	将一个或多个节点提升为群中的管理器
docker node ps	列出在一个或多个节点上运行的任务，默认为当前节点
docker node rm	从群中删除一个或多个节点
docker node inspect	显示一个或多个节点的详细信息
docker node update	更新节点

表 7-10 中较为常用的命令的使用方法如下。

1）docker node ls。

使用“docker node ls”命令可以列出 Docker 集群中的所有节点。该命令常用于检查工

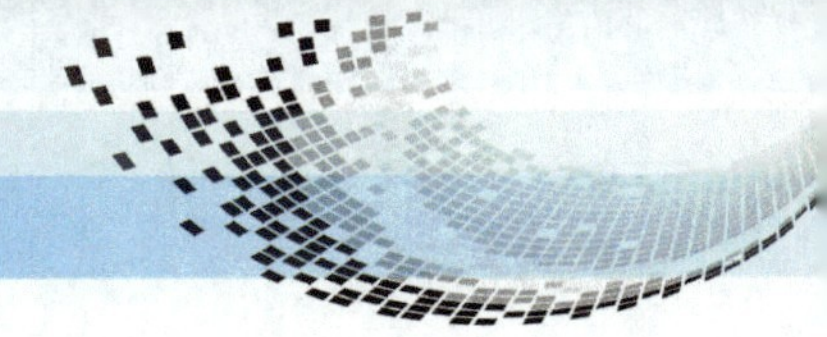

作节点加入集群是否成功。“docker node ls”命令格式如下。

```
docker node ls [OPTIONS]
```

OPTIONS 常用参数见表 7-11。

表 7-11 “docker node ls”命令常用参数

参数	说明
--filter , -f	根据提供的条件过滤输出
--format	格式化输出
--quiet , -q	仅显示 ID

例如，使用“docker node ls”命令查看 worker 集群中包含哪些工作节点，并使用“-format”参数格式化输出工作节点的“ID”和“Hostname”。该命令需要在管理节点运行，命令如下。

```
[root@master ~]# docker node ls --format "{{.ID}}: {{.Hostname}}}"
```

结果如图 7-15 所示。

```
root@master:~
File Edit View Search Terminal Help
[root@master ~]# docker node ls --format "{{.ID}}: {{.Hostname}}}"
py7xqs28w33rbukoj274kxljr: master.localdomain}
ym2q9y1qbn4d00oiethu14ifm: slave1.localdomain}
km647g6aflnzxlyel204g6mpu: slave2.localdomain}
[root@master ~]#
```

图 7-15 查看集群中的所有工作节点

2）docker node rm。

“docker node rm”命令用于将工作节点从集群中彻底删除。与“docker swarm leave”命令的区别在于，“docker node rm”命令能够真正从集群中删除节点，而“docker swarm leave”命令只是改变了其节点状态。“docker node rm”命令格式如下。

```
docker node rm [OPTIONS] NODE [NODE...]
```

OPTIONS 常用参数见表 7-12。

表 7-12 “docker node rm”命令常用参数

参数	说明
--force , -f	强制从群中删除节点

例如，使用“docker node rm”命令将“slave2”节点彻底从集群中删除，如果节点处于活跃状态需要先使用“docker swarm leavel”命令关闭节点，命令如下。

```
[root@master ~]# docker node rm slave2.localdomain
[root@master ~]# docker node ls --format "{{.ID}}: {{.Hostname}}}"
```

结果如图 7-16 所示。

```
root@master:~
File  Edit  View  Search  Terminal  Help
[root@master ~]# docker node rm slave2.localdomain
slave2.localdomain
[root@master ~]# docker node ls --format "{{.ID}}: {{.Hostname}}}"
py7xqs28w33rbukoj274kxljr: master.localdomain}
ym2q9y1qbn4d00oiethu14ifm: slave1.localdomain}
[root@master ~]#
```

图 7-16　删除工作节点

3）docker node inspect。

“docker node inspect”命令与“docker inspect”命令的功能类似，两者的区别在于，“docker node inspect”命令用于查看工作节点的详细信息，而“docker inspect”命令用于查看镜像信息。“docker node inspect”命令格式如下。

```
docker node inspect [OPTIONS] self|NODE [NODE...]
```

OPTIONS 常用参数见表 7-13。

表 7-13　“docker node inspect”命令常用参数

参　数	说　明
--format , -f	使用给定的 Go 模板格式化输出
--pretty	以人性化的格式打印信息

例如，使用“docker node inspect”命令查看“slave1”工作节点的详细信息，并采用格式化输出方式，命令如下。

```
[root@master ~]# docker node inspect slave1.localdomain --pretty self
```

结果如图 7-17 所示。

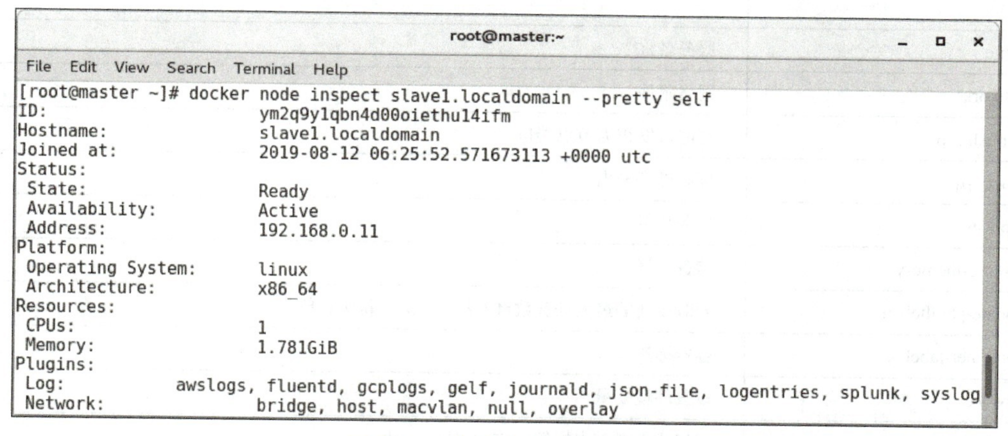

图 7-17　查看节点的详细信息

(2) 服务操作

Swarm 的服务操作与 Compose 中的服务操作类似，两者的区别是 Swarm 不需要使用

".yml"文件，由于 Swarm 是基于 Docker API 开发的，所以服务的创建、删除、查看等操作也与 Docker 命令类似，见表 7-14。

表 7-14　服务操作相关命令

命　令	描　述
docker service create	创建一个新服务
docker service ls	查询服务
docker service inspect	显示一个或多个服务的详细信息
docker service ps	查询一个或多个服务的任务
docker service scale	扩展一个或多个复制的服务
docker service rm	删除一个或多个服务
docker service logs	获取服务或任务的日志
docker service rollback	还原对服务配置的更改
docker service update	更新服务

由表 7-14 可以看出，与 Docker 命令的区别并不大，使用时只需要加入"service"即可。下面使用一个服务的生命周期对部分命令进行讲解。

1）docker service create。

"docker service create"命令能够在集群中创建一个服务，类似于 Docekr 创建容器操作，区别在于，可以指定服务的副本数量。"docker service create"命令格式如下。

```
docker service create [OPTIONS] IMAGE [COMMAND] [ARG...]
```

OPTIONS 常用参数见表 7-15。

表 7-15　"docker service create"命令常用参数

参　数	描　述
--name	服务名称
--network	网络附件
--publish , -p	将端口发布为节点端口
--quiet , -q	抑制进度输出
--replicas	任务数量
--reserve-memory	储备记忆
--update-parallelism	同时更新的最大任务数（0 表示一次更新所有任务）
--container-label	容器标签
--env , -e	设置环境变量
--label-add	添加或更新节点标签，方式：key=value
--label-rm	删除节点标签

例如，使用"docker service create"命令创建一个名为"tomcat"的服务，副本数量设

置为一个，并将服务的 8080 端口映射到主机，命令如下。

```
[root@master ~]# docker service create --replicas 1 --name tomcat -p 8080:8080 tomcat
```

结果如图 7-18 所示。

```
root@master:~
File  Edit  View  Search  Terminal  Help
[root@master ~]# docker service create --replicas 1 --name tomcat -p 8080:8080 tomcat
qqi1qadcpm024c7c6zdnjud06
overall progress: 1 out of 1 tasks
1/1: running   [==================================================>]
verify: Service converged
[root@master ~]#
```

图 7-18　创建服务

服务创建成功后可通过访问 Docker 宿主机的 8080 端口访问 Tomcat 默认主页，如图 7-19 所示。

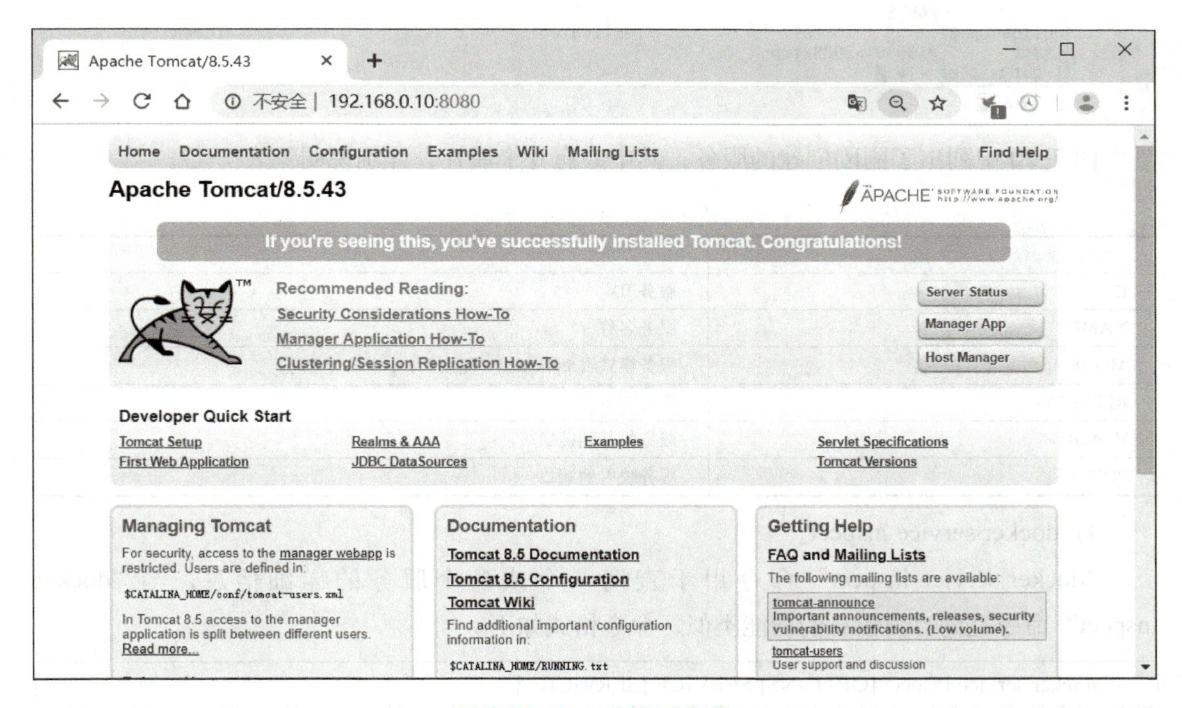

图 7-19　Tomcat 默认主页

2）docker service ls。

“docker service ls”命令用于列出集群中所有的微服务，与“docker ps”命令类似，当需要对某个服务进行操作而又不记得服务的全部名称时，可使用该命令进行查询。“docker service ls”命令格式如下。

```
docker service ls [OPTIONS]
```

OPTIONS 常用参数见表 7-16。

表 7-16 “docker service ls”命令常用参数

参　数	说　明
--filter , -f	根据提供的条件过滤输出
--format	格式化输出
--quiet , -q	仅显示 ID

例如，使用“docker service ls”命令列出集群中的所有服务，结果包含服务的 ID、名称、服务模式、端口映射等信息，命令如下。

```
[root@master ~]# docker service ls
```

结果如图 7-20 所示。

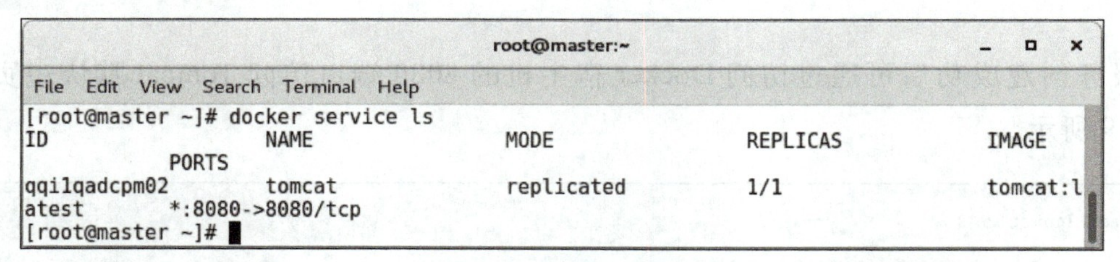

图 7-20 查询所有的服务

图 7-20 中列出了刚刚创建的服务，其中共有 6 个属性，详细说明见表 7-17。

表 7-17 服务属性说明

属　性	说　明
ID	服务 ID
NAME	服务名称
MODE	服务模式（replicated（复制），global（全局）
REPLICAS	服务副本
IMAGE	服务的基础镜像
PORTS	服务映射的端口

3）docker service inspect。

“docker service inspect” 命令用于查询一个或多个服务的详细信息，与“docker inspect”命令查询容器信息的功能类似，命令格式如下。

```
docker service inspect [OPTIONS] SERVICE [SERVICE...]
```

OPTIONS 常用参数见表 7-18。

表 7-18 “docker service inspect”命令常用参数

参　数	说　明
--format , -f	格式化输出信息，使用方法与“docker inspect”一致
--pretty	以人性化的格式打印信息

例如，使用“docker service inspect”命令查询当前 Docker 集群中“tomcat”服务的详细信息，命令如下。

```
[root@master ~]# docker service inspect tomcat
```

结果如图 7-21 所示。

```
[root@master ~]# docker service inspect tomcat
[
    {
        "ID": "qqilqadcpm024c7c6zdnjud06",
        "Version": {
            "Index": 1909
        },
        "CreatedAt": "2019-08-12T09:06:37.78335336Z",
        "UpdatedAt": "2019-08-12T09:06:37.783930315Z",
        "Spec": {
            "Name": "tomcat",
            "Labels": {},
            "TaskTemplate": {
                "ContainerSpec": {
                    "Image": "tomcat:latest@sha256:2785fac92d1bcd69d98f2461c6799390555a41fd50d3f847b5443
68d594c637b",
                    "Init": false,
                    "StopGracePeriod": 10000000000,
                    "DNSConfig": {},
```

图 7-21　查询服务的详细信息

4）docker service rm。

“docker service rm”命令用于删除集群中的服务，与使用“docker rm”命令删除容器的效果和使用方法一致，在删除时会将不同节点上的服务也一同删除。“docker service rm”命令格式如下。

```
docker service rm SERVICE [SERVICE...]
```

例如，使用“docker service rm”命令将集群中的“tomcat”服务删除，并使用“docker service ls”命令查询是否删除成功，命令如下。

```
[root@master ~]# docker service rm tomcat
[root@master ~]# docker service ls
```

结果如图 7-22 所示。

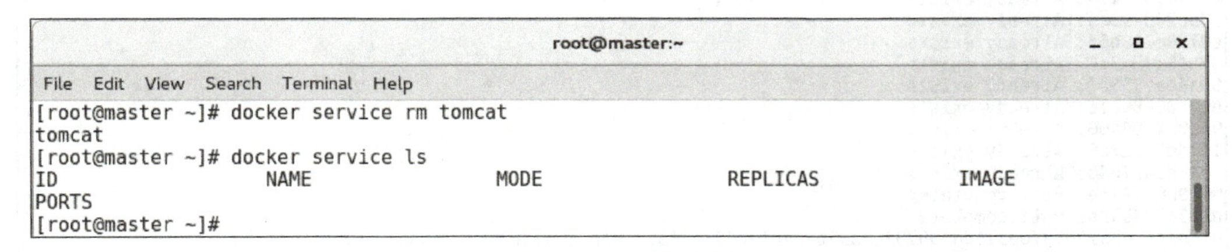

图 7-22　删除服务

项目实施

实现 Hadoop 分布式服务在 Docker 中的部署。项目流程如图 7-23 所示。

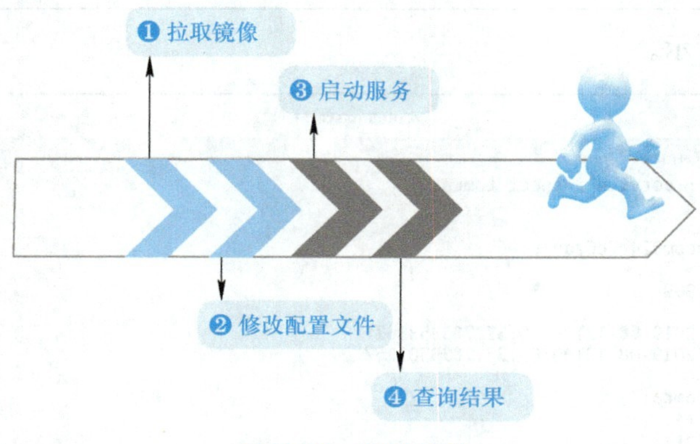

图 7-23　项目流程

【实施步骤】

第一步： 部署前需要检查 Docker Compose 是否安装，其次要为 Hadoop 服务拉取五个基础镜像，命令如下。

```
[root@master ~]# docker-compose –version
[root@master ~]# docker pull bde2020/hadoop-datanode:1.1.0-hadoop2.7.1-java8
[root@master ~]# docker pull bde2020/hadoop-namenode:1.1.0-hadoop2.7.1-java8
[root@master ~]# docker pull bde2020/hadoop-resourcemanager:1.1.0-hadoop2.7.1-java8
[root@master ~]# docker pull bde2020/hadoop-historyserver:1.1.0-hadoop2.7.1-java8
[root@master ~]# docker pull bde2020/hadoop-nodemanager:1.1.0-hadoop2.7.1-java8
[root@master ~]# docker images
```

结果如图 7-24 所示。

```
root@master:~
File  Edit  View  Search  Terminal  Help
6bf0d530c479: Already exists
373b24d496c5: Already exists
c9750e228b6f: Already exists
32a48ff3a7f0: Already exists
55a4eaf358bf: Already exists
b92c01686c1e: Already exists
95b0e1b94400: Already exists
1f7fe502c7b6: Already exists
0ea8d1437b46: Already exists
9d10b6e528ee: Pull complete
b3f5d224553b: Pull complete
Digest: sha256:3f0e511dd108783e7a37b324cf9c057d6fbc87bfd01be1b87367574b55ed26c3
Status: Downloaded newer image for bde2020/hadoop-nodemanager:1.1.0-hadoop2.7.1-java8
[root@master ~]# docker images
REPOSITORY                      TAG                       IMAGE ID       CREATED        SIZE
centos                          7.2.1511                  9aec5c5fe4ba   5 months ago   195MB
bde2020/hadoop-historyserver    1.1.0-hadoop2.7.1-java8   e24a99556c74   2 years ago    629MB
bde2020/hadoop-datanode         1.1.0-hadoop2.7.1-java8   47c9e2fca683   2 years ago    715MB
bde2020/hadoop-namenode         1.1.0-hadoop2.7.1-java8   ec69e99ce832   2 years ago    715MB
bde2020/hadoop-resourcemanager  1.1.0-hadoop2.7.1-java8   4524e7571974   2 years ago    715MB
bde2020/hadoop-nodemanager      1.1.0-hadoop2.7.1-java8   be3ab919cedd   2 years ago    715MB
[root@master ~]# ^C
[root@master ~]#
```

图 7-24　拉取镜像

第二步：编写用于 Docker Compose 启动服务的“.yml”文件。文件中设置使用第一步中拉取的五个基础镜像，并将 Hadoop 服务使用的端口全部映射到 Docker 宿主机中，代码如下。

```
[root@master ~]# mkdir /usr/local/hadoop
[root@master ~]# cd /usr/local/hadoop/
[root@master hadoop]# vi docker-compose.yml                    # 配置文件内容如下
version: "2"

services:
  namenode:
    image: bde2020/hadoop-namenode:1.1.0-hadoop2.7.1-java8
    ports:
      - 50070:50070
    container_name: namenode
    volumes:
      - hadoop_namenode:/hadoop/dfs/name
    environment:
      - CLUSTER_NAME=test
    env_file:
      - ./hadoop.env

  resourcemanager:
    image: bde2020/hadoop-resourcemanager:1.1.0-hadoop2.7.1-java8
    container_name: resourcemanager
    depends_on:
      - namenode
      - datanode1
      - datanode2
    env_file:
      - ./hadoop.env

  historyserver:
    image: bde2020/hadoop-historyserver:1.1.0-hadoop2.7.1-java8
    container_name: historyserver
    depends_on:
      - namenode
      - datanode1
      - datanode2
    volumes:
      - hadoop_historyserver:/hadoop/yarn/timeline
    env_file:
      - ./hadoop.env
```

```
nodemanager1:
  image: bde2020/hadoop-nodemanager:1.1.0-hadoop2.7.1-java8
  container_name: nodemanager1
  depends_on:
    - namenode
    - datanode1
    - datanode2
  env_file:
    - ./hadoop.env

datanode1:
  image: bde2020/hadoop-datanode:1.1.0-hadoop2.7.1-java8
  container_name: datanode1
  depends_on:
    - namenode
  volumes:
    - hadoop_datanode1:/hadoop/dfs/data
  env_file:
    - ./hadoop.env

datanode2:
  image: bde2020/hadoop-datanode:1.1.0-hadoop2.7.1-java8
  container_name: datanode2
  depends_on:
    - namenode
  volumes:
    - hadoop_datanode2:/hadoop/dfs/data
  env_file:
    - ./hadoop.env

datanode3:
  image: bde2020/hadoop-datanode:1.1.0-hadoop2.7.1-java8
  container_name: datanode3
  depends_on:
- namenode
  volumes:
    - hadoop_datanode3:/hadoop/dfs/data
  env_file:
    - ./hadoop.env
```

```
volumes:
  hadoop_namenode:
  hadoop_datanode1:
  hadoop_datanode2:
  hadoop_datanode3:
  hadoop_historyserver:
[root@master hadoop]# ls
```

结果如图 7-25 所示。

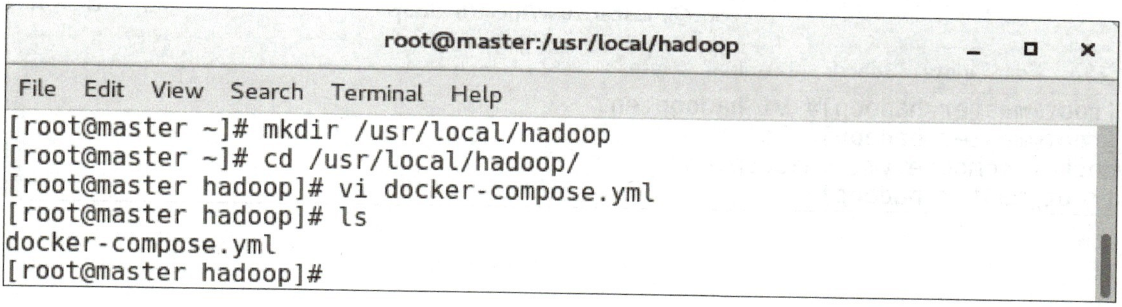

```
root@master:/usr/local/hadoop
File  Edit  View  Search  Terminal  Help
[root@master ~]# mkdir /usr/local/hadoop
[root@master ~]# cd /usr/local/hadoop/
[root@master hadoop]# vi docker-compose.yml
[root@master hadoop]# ls
docker-compose.yml
[root@master hadoop]#
```

图 7-25　配置 .yml 文件

第三步：“.yml”文件配置完成后，在该目录下，创建“hadoop.env”配置文件，在启动 Hadoop 服务时，会使用该文件配置 Hadoop 环境变量等信息，命令如下。

```
[root@master hadoop]# vi hadoop.env                    # 文件内容如下
CORE_CONF_fs_defaultFS=hdfs://namenode:8020
CORE_CONF_hadoop_http_staticuser_user=root
CORE_CONF_hadoop_proxyuser_hue_hosts=*
CORE_CONF_hadoop_proxyuser_hue_groups=*

HDFS_CONF_dfs_webhdfs_enabled=true
HDFS_CONF_dfs_permissions_enabled=false

YARN_CONF_yarn_log___aggregation___enable=true
YARN_CONF_yarn_resourcemanager_recovery_enabled=true
YARN_CONF_yarn_resourcemanager_store_class=org.apache.hadoop.yarn.server.resourcemanager.
recovery.FileSystemRMStateStore
YARN_CONF_yarn_resourcemanager_fs_state___store_uri=/rmstate
YARN_CONF_yarn_nodemanager_remote___app___log___dir=/app-logs
YARN_CONF_yarn_log_server_url=http://historyserver:8188/applicationhistory/logs/
YARN_CONF_yarn_timeline___service_enabled=true
YARN_CONF_yarn_timeline___service_generic___application___history_enabled=true
YARN_CONF_yarn_resourcemanager_system___metrics___publisher_enabled=true
YARN_CONF_yarn_resourcemanager_hostname=resourcemanager
```

```
YARN_CONF_yarn_timeline___service_hostname=historyserver
YARN_CONF_yarn_resourcemanager_address=resourcemanager:8032
YARN_CONF_yarn_resourcemanager_scheduler_address=resourcemanager:8030
YARN_CONF_yarn_resourcemanager_resource___tracker_address=resourcemanager:8031
[root@master hadoop]# ls
```

结果如图 7-26 所示。

```
root@master:/usr/local/hadoop
File Edit View Search Terminal Help
[root@master hadoop]# vi hadoop.env
[root@master hadoop]# ls
docker-compose.yml  hadoop.env
[root@master hadoop]#
```

图 7-26 配置 hadoop.env

第四步：基础文件准备好之后开始使用 “docker-compose up -d” 命令启动服务，因为之前通过手动方式已经将容器拉取到本地，所以容器启动速度会很快，命令如下。

```
[root@master hadoop]# docker-compose up -d
[root@master hadoop]#  docker-compose ps
```

结果如图 7-27 所示。

```
root@master:/usr/local/hadoop
File Edit View Search Terminal Help
[root@master hadoop]# docker-compose ps
     Name               Command             State          Ports
--------------------------------------------------------------------------------
datanode1       /entrypoint.sh /run.sh   Up      50075/tcp
datanode2       /entrypoint.sh /run.sh   Up      50075/tcp
datanode3       /entrypoint.sh /run.sh   Up      50075/tcp
historyserver   /entrypoint.sh /run.sh   Up      8188/tcp
namenode        /entrypoint.sh /run.sh   Up      0.0.0.0:50070->50070/tcp
nodemanager1    /entrypoint.sh /run.sh   Up      8042/tcp
resourcemanager /entrypoint.sh /run.sh   Up      8088/tcp
[root@master hadoop]#
```

图 7-27 启动 Hadoop 服务

第五步：至此，操作已经基本完成，通过对服务的查询可知五个服务已经全部正常启动，使用 Docker 宿主机 IP:50070 的方式访问 Hadoop，页面如图 7-28 所示。

图 7-28 Hadoop 页面

参 考 文 献

[1] 李文强．Docker+Kubernetes 应用开发与快速上云 [M]．北京：机械工业出版社，2020．

[2] 杨保华，戴王剑，曹亚仑．Docker 技术入门与实战 [M]．北京：机械工业出版社，2018．

[3] 戴远泉，王勇，钟小平．Docker 容器技术配置、部署与应用 [M]．北京：人民邮电出版社，2021．

[4] 李树峰，钟小平．Docker 容器技术与运维 [M]．北京：人民邮电出版社，2021．

[5] 朱晓彦，聂哲，刘学普，等．Docker 容器技术与应用 [M]．北京：高等教育出版社，2017．

[6] 肖睿，刘震．Docker 容器技术与高可用实战 [M]．北京：人民邮电出版社，2019．

[7] 黄靖钧，冯立灿．容器云运维实战：Docker 与 Kubernetes 集群 [M]．北京：电子工业出版社，2019．

[8] 马献章．Docker 数据中心及其内核技术 [M]．北京：清华大学出版社，2019．

[9] 程宁，刘桂兰．Docker 容器技术与应用 [M]．北京：人民邮电出版社，2020．